21 世纪高职高专土建立体化系列规划教材

建筑制图与识图

（第 2 版）

主　编　曹雪梅
副主编　郑宏飞　张　瀚
参　编　庞小滢　阮志刚　李宗晔

内 容 简 介

“建筑制图与识图”是土建专业一门实践性很强的专业基础课。该课程以画法几何基本理论为基础，培养学生绘制和阅读专业图的能力。

本书主要包括：绪论，制图基本知识，形体投影图的绘制和识图，剖面图、断面图的绘制和识图，建筑工程施工图的一般知识，建筑施工图和结构施工图。全书内容统一按照新规范编写，力求内容精炼、言简意赅、图文并茂、便于学习。

本书可作为高等职业院校建筑类相关专业的教材，也可供从事建筑工程设计与施工的相关工程人员学习参考。

图书在版编目(CIP)数据

建筑制图与识图/曹雪梅主编．—2 版．—北京：北京大学出版社，2015.8
（21 世纪高职高专土建立体化系列规划教材）
ISBN 978-7-301-24386-2

Ⅰ.①建… Ⅱ.①曹… Ⅲ.①建筑制图—识别—高等职业教育—教材 Ⅳ.①TU204

中国版本图书馆 CIP 数据核字（2014）第 129908 号

书　　名	建筑制图与识图（第 2 版）
著作责任者	曹雪梅　主编
责任编辑	王红樱
标准书号	ISBN 978-7-301-24386-2
出版发行	北京大学出版社
地　　址	北京市海淀区成府路 205 号　100871
网　　址	http://www.pup.cn　新浪微博：@北京大学出版社
电子信箱	编辑部 pup6@pup.cn　总编室 zpup@pup.cn
电　　话	邮购部 010-62752015　发行部 010-62750672　编辑部 010-62750667
印 刷 者	北京虎彩文化传播有限公司
经 销 者	新华书店
	787 毫米×1092 毫米　16 开本　15.5 印张　353 千字
	2011 年 5 月第 1 版
	2015 年 8 月第 2 版　2023 年 8 月第 4 次印刷
定　　价	44.00 元

第 2 版前言

本书自 2011 年出版以来，从实际教学情况来看，本书的内容在深度和广度上基本符合高等职业技术教育的要求。为了更好地便于教学，适应广大学生学习的要求，我们对本书进行了修订。为了更贴近专业，这次修订我们还邀请了业内人士参加。

这次修订主要做了以下工作：

（1）从学生好用、实用、够用的角度出发，重新梳理认知的重点、要点。

（2）修订增补了直线与平面、平面与平面的相对关系，基本表面体的求作，轴测投影的形成及其有关概念等内容。

（3）增补了一些例题。

（4）第 4 章、第 5 章和第 6 章做了大量修改。

（5）为了增强直观性，便于读图，在第 4 章、第 5 章和第 6 章增补了大量的实物照片。

（6）对全书的版式进行了全新的编排，突出教学要点、职业能力、实例分析，优化了能力训练项目。

本书第 1 章由四川交通职业技术学院庞小滢编写修订，第 2 章由四川交通职业技术学院曹雪梅编写修订，第 3 章由四川交通职业技术学院阮志刚编写修订，第 4 章由首钢地产重庆公司李宗晔编写，第 5 章由重庆城市管理职业学院张瀚编写，第 6 章由重庆城市管理职业学院郑宏飞编写。全书由曹雪梅统稿。

对于本版存在的不足和差错，敬请读者批评指正。对使用本书、关注本书及提出修改意见的同行们表示深深的感谢。

编　者

2015 年 3 月

第1版前言

建筑工程制图是土建类专业一门实践性很强的一门专业基础课。为贯彻“以素质教育为基础、以就业为导向、以能力为本位、以学生为主体”的职业教育思想和方针，适应人才培养模式的转变，本教材依据教育部对高职高专人才培养目标、培养规格、培养模式及与之相适应的知识、技能、能力和素质结构的要求，通过对生产一线施工员、资料员、投标人员、合同管理员、监理员等岗位工作的调查分析，我们遵循学生职业能力培养的基本规律，整合教学内容，编写了这本教材。

本教材全面系统地阐述了制图的基本知识、三视图的作图和读图、剖面和断面的基本知识、房屋建筑施工图等相关知识。力求内容精练，言简意赅，图文并茂，便于学习。通过精选内容、巧设结构，本教材主要突出以下教育特色：

(1) 以就业为导向，与职业资格标准衔接。

(2) 适应高职学生的特点，理论知识浅显易懂，贴近生活。采用丰富的图样和图片，使表达直观化和情景化。

(3) 以学生为主体，加强实践教学环节。配套教材有习题集和学材，使学生通过练习、讨论等实践活动掌握制图和读图的基本知识，突出“做中教、做中学”的职业教育特色，适应案例教学和项目教学等新型教学模式的要求。

(4) 以应用为主线，摒除脱离实际应用的制图知识；以应用为目的，以必需、够用为原则，精简画法几何，紧紧围绕以工程图样识图能力培养为主的教学目标编写。

(5) 贯彻新的国家制图标注，力求严谨、规范、准确。

(6) 以任务为导向的编写方式，以引案提出任务，阐述知识点；通过特别提示，使学生明确知识点的难点和疑点，清晰思路。

(7) 本教材体现了教学内容弹性化，教学要求层次化，教材结构模块化，有利于按需施教，因材施教。

本书的第1章由四川交通职业技术学院的庞小滢编写，第2章由四川交通职业技术学院的曹雪梅编写，第3章由四川交通职业技术学院的阮志刚编写，第4章由重庆城市职业学院的王海霞编写，第5章由重庆城市职业学院的周舟编写，第6章由重庆城市职业学院的郑宏飞编写，全书由曹雪梅统稿。本书在编写过程中得到了多方人士的关心和支持，在此表示感谢。

由于编者的水平所限，书中难免有错误和缺陷，希望使用本书的师生及其他读者批评指正，以便适时修改。

编　者
2011年1月

CONTENTS

目录

绪　论

在工业生产实践中，需要将生产意图和设计思想表达确切。对于简单的事物用语言或文字便可以叙述清楚了，但是对于较为复杂的事物，仅仅依靠语言和文字的描述来生产，就不可能达到技术上的要求，或者根本制造不出来。因此，在技术上需要一种特殊的语言，那就是图样。准确地表达工程结构物的形状、大小及其技术要求的图形，称为工程图样。设计者将产品的形状、大小及各部分之间的相互关系和技术上的要求，都精确地表达在图样上；施工者根据图样进行加工，产品就可以正确地制造出来。所以图样不仅可用来表达设计者的设计意图，也是指导实践、研究问题、交流经验的主要技术文件。

在工程技术中，人们把图样比喻为工程界的语言。现代工业中，无论是建造房屋、修路架桥或者制造机器都需要依照图样进行施工或生产。图样已成为人们表达设计意图、交流技术思想的工具。因此说：图样是工程界的语言，它既是人类语言的补充，也是人类语言在更高发展阶段的具体体现。所以工程图样是工业生产中的一种重要的技术资料，是技术交流的工具，工程界共同的语言。本课程的教学目的就是为了掌握这种语言，即通过学习图示理论与方法，掌握绘制和阅读工程图样的技能。它是一门既有系统的理论又有较强的实践性的技术基础课。

当研究空间物体在平面上如何用图形来表达时，因空间物体的形状、大小和相互位置等各不相同，不便以个别物体来逐一研究，并且为了能正确地研究物体及所得结论能广泛地应用于所有物体，采用几何学中将空间物体综合概括成抽象的点、线、面等几何元素的方法，研究这些几何元素在平面上如何用图形来表达，以及如何通过作图来解决它们的几何问题。这种用图形来表示空间几何形体和运用几何图来解决它们的几何问题的研究是一门学科，称为画法几何。

把工程上具体的物体视为由几何形体所组成，根据画法几何的理论，研究它们在平面上用图形来表达的问题，进而形成工程图。在工程图中，除了有表达物体形状的线条以外，还要应用国家制图标准规定的一些表达方法和符号，注以必要的尺寸和文字说明，使得工程图能完善、明确和清晰地表达出物体的形状、大小和位置等。研究绘制工程图的这门学科，称为工程制图。

1. 本课程的地位、性质和任务

工程图样被喻为“工程界的语言”，是表达、交流技术思想的重要工具和工程技术部门的一项重要技术文件，也是指导生产、施工、管理等必不可少的技术资料。因此，所有从事工程技术的人员，都必须熟练地绘制和阅读本专业的工程图样。

“建筑制图”是建筑工程技术专业的一门主要专业基础课，是一门既有系统的理论又有较强实践性的专业基础课，课程的主要任务是研究正投影法的基本原理及应用，学习绘制与识读工程图样。培养学生的制图技能和空间想象力，掌握投影知识，贯彻国标要求，培养绘制和阅读土建工程图样的基本能力。

2. 本课程的学习要求和方法

1）学习要求

通过对本课程的学习，为其他如“混凝土结构施工”、“砌体施工与组织管理”、“混凝土结构施工组织管理”等专业课程奠定基础。学生学完本课程应达到以下要求：

（1）通过学习制图的基本知识和技能，应熟悉并遵守制图国家标准的基本规定，学会正确使用绘图工具和仪器，掌握绘图的方法与技巧。

（2）通过学习投影原理和投影图的形成及画法，应掌握用投影法表达空间物体的基本理论与方法。要充分发挥空间想象力，能根据投影图想象出空间形体的形状和组合关系。

（3）通过学习专业图，应熟悉有关专业图的内容和图示特点，能绘制和阅读有关的专业图。

2）学习方法

本课程具有很强的实践性，因此，必须加强实践性教学环节，保证认真地完成一定数量的作业和习题，并将学习投影原理、制图标准与培养空间想象能力、培养绘图和读图能力紧密地结合起来。

学习制图基础部分时，要自觉培养正确使用工具的习惯，严格遵守国家颁布的建筑标准和技术制图标准。

学习画法几何部分时，要充分理解基本概念，养成空间思维的习惯。要善于针对具体问题具体分析，多看、多想、多画，反复实践由物画图和由图画物。

学习专业图时，在可能的条件下，宜尽量多阅读一些专业图，必须在读懂图纸的基础上进行制图，切忌似懂非懂地抄图，应将制图和读图的训练紧密地结合起来。

应强调的是：在本课程的学习中，要逐步增强自学的能力，随着学习进度及时复习和小结。

第1章

制图基本知识

教学目标

掌握有关国家制图标准的基本规定，能利用制图工具和仪器，按照基本制图标准，用几何作图方式绘制工程图样。了解投影的基本知识；掌握正投影图的形成和特性；掌握点、直线、平面的正投影及其规律；掌握点、直线、平面投影图的识读方法。

教学要求

能力目标	知识要点	权重	自测分数
掌握制图工具和仪器的使用方法；了解绘图的一般步骤及要求。熟练掌握有关国家制图标准的基本规定。能利用制图工具和仪器，按照基本制图标准，用几何作图方式绘制工程图样	制图标准	15%	
	制图工具和仪器的使用方法	5%	
	几何作图	10%	
了解投影的基本知识；掌握正投影图的形成和特性	投影的形成与分类	5%	
	平行投影的特性	5%	
	三面正投影	10%	
掌握点、直线、平面的正投影及其规律；掌握点、直线、平面投影图的识读	点的投影	15%	
	直线的投影	20%	
	平面的投影	15%	

章节导读

制图基础是绘制工程图样的前提，只有掌握好工程制图的基本要求，才能做到所绘制的工程图样准确、合理和满足工程需要。

在绘制建筑工程结构物时，必须具备能够完整而准确地表示出工程结构物的形状和大小的图样。绘制这种图样，通常采用投影的原理和方法绘制。本章着重介绍正投影法的基本原理和三面投影图的形成及其基本规律。

点、直线、平面是构成空间形体最基本的几何元素，在学习空间形体的投影方法之前，必须先学习点、直线、平面的投影方法。

引例

建筑房屋要先画出图样，再根据图样建造各种各样的建筑物和构筑图，因此建筑工程图是工程建设中不可缺少的资料，是工程施工、生产、管理等环节最重要的技术文件，也是工程的技术语言。作为教师，在现在的教学过程中经常听到不少学生提出：当今计算机绘图如此普及，学习手绘工程图还有必要吗？其实，建筑工程制图不但是设计的基础，而且还是计算机绘图的基础，它与CAD等应用软件的学习有着不可分割的关系。更为重要的是，学好工程制图课程，对学生的影响不仅仅是在会不会画图上，而更多的是在对三维空间的理解和应用上，培养的是学生的三维空间概念，这对学生今后从事设计将起到潜移默化的作用。

案例小结

图样和文字、数字一样，都是人们用来表达、构思、分析和交流思想的基本工具之一。国家的语言需要统一，同样，工程界的语言——图样绘制也是需要规范的。所以熟悉现行国家建筑制图标准，掌握正确使用绘图仪器和工具的方法，掌握正投影的基本知识，以及点、直线、平面的正投影规律和识读方法正是本章学习的重点。

此外，从事建筑施工的工人和工程技术人员必须具有熟练的识图技能，只有这样才能生产出合格的建筑产品，因此，要明确学习目的和正确的学习方法。为此，学习中必须做到以下几点。

(1) 认真听讲，结合实际，独立完成作业，及时复习，做到边学、边想、边分析，培养空间想象能力。

(2) 多画图、多识图、多练习、多实践。画图是手段，识图是目的，在画图练习中加深印象，熟悉内容，提高识图能力。

(3) 养成严肃认真的工作态度和耐心细致的工作作风。

1.1 制图标准及制图工具、仪器的使用

1.1.1 制图标准

工程图样是设计和施工过程中的重要技术资料和重要依据，是一种特殊的技术交流语言，为保证工程图样图形准确、图纸清晰，满足生产要求和便于技术交流，国家指定专门机关负责组织制定“国家标准”，简称国标，代号“GB”。随着建筑技术的不断发展，根据住房与城乡建设部的要求，由住房与城乡建设部会同有关部门共同对《房屋建筑制图统一标准》等6项标准进行修订，批准并颁布了《房屋建筑制图统一标准》(GB/T 50001—2010)、《总图制图标准》(GB/T 50103—2010)、《建筑制图标准》(GB/T 50104—2001)、《建筑结构制图标准》(GB/T 50105—2010)、《给水排水制图标准》(GB/T 50106—2010)和《暖通空调制图标准》(GB/T 50114—2010)。所有从事建筑工程技术的人员，在设计、施工、管理中都应该严格执行国家有关建筑制图的标准。本节仅对标准中图幅、图线、字体、比例、尺寸标注等基本规定进行介绍。

1. 图幅、标题栏、会签栏

1）图幅

图幅是指图纸的幅面大小。对于一整套的图纸，为了便于装订、保存和合理使用，国家标准对图纸幅面进行了规定，见表1-1。表中尺寸单位为mm，尺寸代号如图1.1所示。在选用图幅时，应根据实际情况，以一种规格的图纸为主，尽量避免大小幅面掺杂使用。

根据需要，图纸幅面尺寸中长边可以加长，但短边不得加宽，长边加长的尺寸应符合表1-2的有关规定。长边加长时图幅A0、A2、A4应为150mm的整倍数，图幅A1、A3应为210mm的整倍数。

表1-1 图幅及图框尺寸　　单位：mm

尺寸代号 \ 图幅代号	A0	A1	A2	A3	A4
$B\times L$	841×1189	594×841	420×594	297420	210×297
a	25				
c	10			5	

表 1-2　幅面尺寸加长表　　单位：mm

幅面代号	长边尺寸	长边加长后尺寸
A0	1189	1338、1487、1635、1784、1932、2081、2230、2387
A1	841	1051、1261、1472、1682、1892、2102
A2	594	743、892、1041、1189、1338、1487、1635、1783
		1932、2080
A3	420	631、841、1051、1261、1472、1682、1892

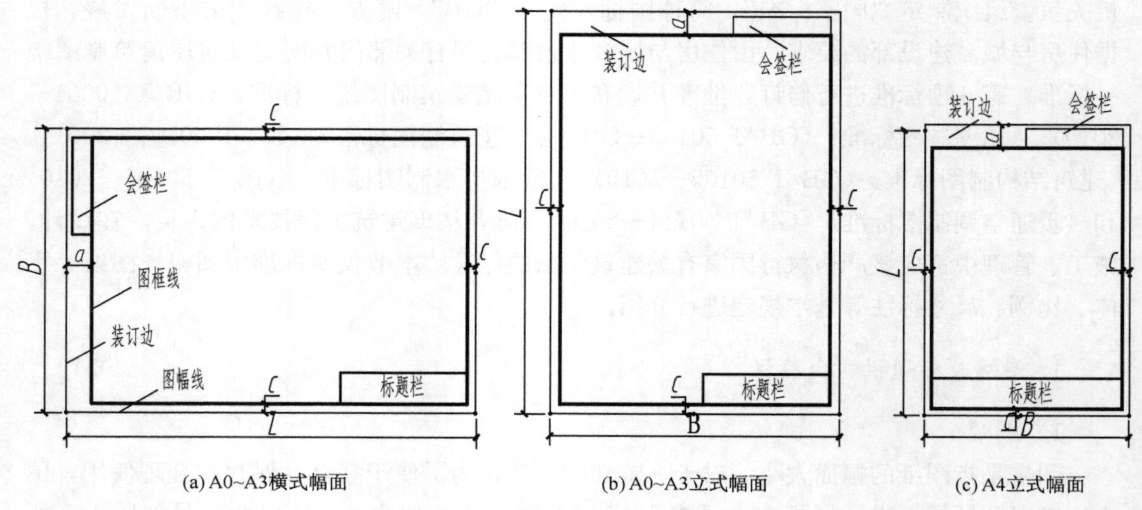

图 1.1　幅面格式

特别提示

图纸幅面的长边是短边的$\sqrt{2}$倍，即$L=\sqrt{2}B$，且 A0 幅面的面积为 $1m^2$。A1 幅面是沿 A0 幅面长边的对裁，A2 幅面是沿 A1 幅面长边的对裁，其他幅面类推。

2）标题栏

为了方便查阅图纸，图框内右下角应绘图纸标题栏，标题栏由名称及代号区，签字区，变更区和其他区组成，用粗实线绘制。标题栏的格式和尺寸应按《技术制图　标题栏》(GB 10609.1—2008)中有关规定绘制和填写；学生作业用标题栏可按图 1.2 的格式绘制。

3）会签栏

需要会签的图纸，在图框外左上角应绘制会签栏，格式如图 1.3 所示；学生作业不用画会签栏。

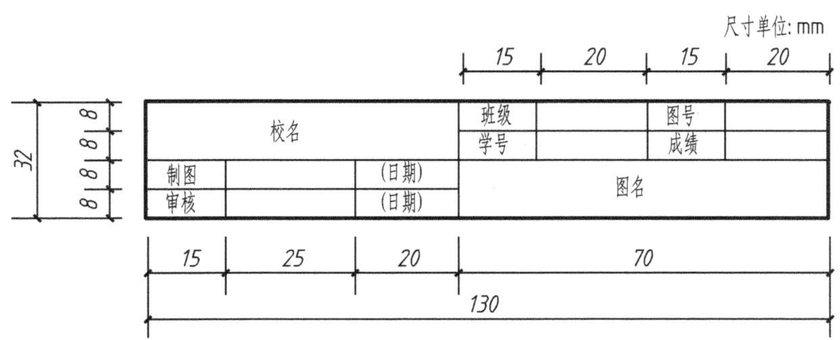

图 1.2　学生标题栏(尺寸单位：mm)

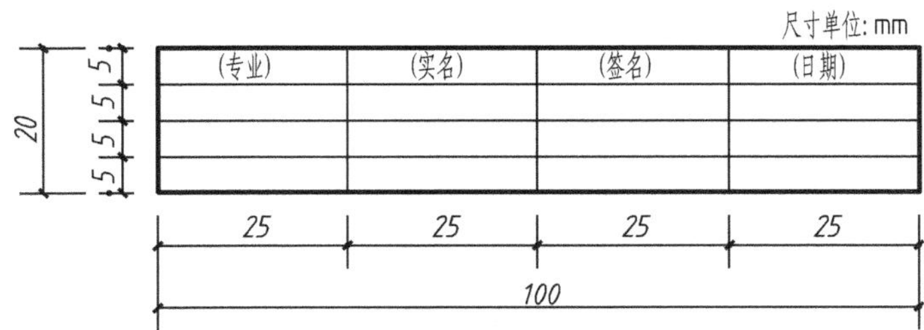

图 1.3　会签栏(尺寸单位：mm)

2. 图线

工程图是由不同种类的线型所构成，这些图线可表达图样的不同内容，以及分清图中的主次，国标对线型及线宽作了规定。工程图中的图线的线型、画法和适用范围，见表 1-3。

图线的宽度应根据所绘工程图的复杂程度及比例大小，从国标规定的线宽系列中选取：0.18、0.25、0.35、0.5、0.7、1.0、1.4、2.0(mm)。每个图样一般使用三种线宽，即粗线(线宽为 b)、中粗线、细线，比例规定为 b ∶ $0.5b$ ∶ $0.35b$。绘图时，应根据图样的不同情况，选用线宽组合，见表 1-4。

在同一张图纸内相同比例的各图形，应采用相同的线宽组合。图纸图框线和标题栏的宽度，见表 1-5。

表 1-3　图线的线型、线宽及用途

名称		线型	线宽	用　　途
实线	粗	————————	b	(1) 主要轮廓线 (2) 平、剖面图中被剖切的主要建筑构配件的轮廓线 (3) 建筑立面图的外轮廓线 (4) 建筑构造详图中被剖切的主要部分的轮廓线 (5) 建筑构配件详图中构件的外轮廓线 (6) 新建各种给排水管道线

续表

名称		线型	线宽	用途
实线	中	————	0.5b	(1) 平、剖面图中被剖切的次要建筑构配件的轮廓线 (2) 建筑平、立、剖面图中一般建筑构配件的轮廓线 (3) 建筑构造详图及建筑配件详图中一般轮廓线 (4) 总平面图中新建花坛等可见轮廓线，道路、桥涵、围墙等的可见轮廓线和区域分界线 (5) 尺寸起止线
	细	————	0.25b	(1) 总平面图中新建人行道、排水沟、草地、花坛等可见轮廓线，原建筑物、铁路、道路、桥涵、围墙等的可见轮廓线 (2) 图例线、索引符号、尺寸线、尺寸界线、引出线、标高符号
虚线	粗	- - - - - -	b	(1) 新建建筑物的不可见轮廓线 (2) 结构图上不可见钢筋线
	中	- - - - - -	0.5b	(1) 一般不可见轮廓线 (2) 建筑构、配件不可见轮廓线 (3) 总平面图中计划扩建的建筑物、铁路、道路、桥涵、围墙等的不可见轮廓线
	细	- - - - - -	0.25b	(1) 总平面图中原有的建筑物、铁路、道路、桥涵、围墙等的不可见轮廓线 (2) 图例线
点划线	粗	—·—·—·	b	(1) 吊车轨道线 (2) 结构图的支撑线
	中	—·—·—·	0.5b	土方挖填区的零点线
	细	—·—·—·	0.25b	中心线、对称线、定位轴线
双点划线	粗	—··—··—	b	预应力钢筋线
	中	—··—··—	0.25b	假想轮廓线、成型前原始轮廓线
折断线		—/\—	0.25b	断开界线
波浪线		∽∽	0.25b	断开界线

表 1-4　线宽组合

单位：mm

线宽比	线宽组				
b	1.4	1.0	0.7	0.5	0.35
0.5b	0.7	0.5	0.35	0.25	0.25
0.25b	0.35	0.25	0.18 (0.2)	0.13 (0.15)	0.13 (0.15)

表 1-5 图纸图框线和标题栏的宽度 单位：mm

幅面代号	图框线	标题栏外框线	标题栏分格线、会签线
A0、A1	1.4	0.7	0.35
A2、A3、A4	1.0	0.7	0.35

图样中图线相交是常有的现象，而相交图线的绘制则应符合下列规定。

（1）线条相交时要求整齐、准确，不得随意延长或缩短[图 1.4(a)]。

（2）当虚线与虚线或虚线与实线相交时，相交处不应留空隙[图 1.4(b)、(c)、(d)]。

（3）当实线的延长线为虚线时，应留空隙[图 1.4(e)、(f)]。

（4）当点划线与点划线或点划线与其他线相交时，交点应设在线段处[图 1.4(g)]。

（5）图线不得与文字、数字或符号重叠、交叉，不可避免时应首先保证文字、数字和符号的清晰。

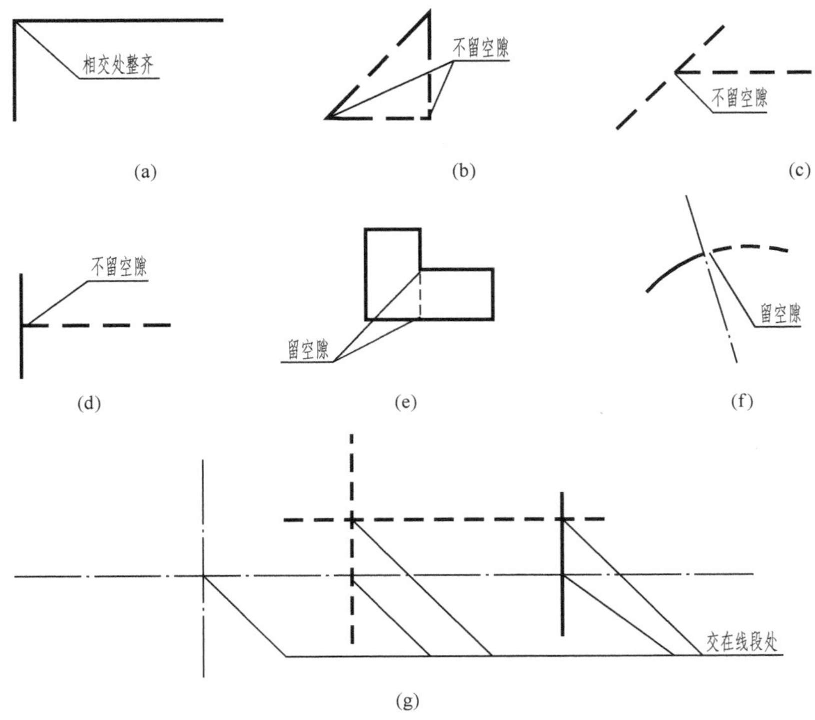

图 1.4 图线相交的画法

特别提示

（1）在同一张图纸内，同类图线的宽度应基本一致。

（2）相互平行的图线(包括剖面线)，其间隙不宜小于其中的粗线宽度，且不宜小于 0.7mm。

(3) 虚线、点画线及双点画线的线段长度和间隔应大致相等。

(4) 图形的对称中心线、回转体轴线等的细点画线，一般要超出图形外约 2～5mm；绘制圆的对称中心线时，圆心应为画的交点；单点画线和双点画线的首末两端应是线而不是点；在较小的图形上绘制点画线或双点画线有困难时，可用细实线代替。

3. 字体

文字、数字、字母或符号是工程图的重要组成部分。若字迹潦草，会影响图面的整洁美观，导致辨认困难，或引起读图错误，造成工程事故，给国家和社会带来巨大损失。因此要求字体端正、笔画清晰、排列整齐、标点符号清楚正确；而且要求采用规定的字体和按规定的大小书写。

1) 汉字

国家标准规定工程图中汉字应采用长仿宋体字，又称工程字，并采用国家正式公布的简化字，除有特殊要求外，不得采用繁体字。汉字的宽度与高度的比例为2∶3，见表1-6。字体的高度(用 h 表示，单位为 mm)即为字号，如 10、7、5 号字，说明它们的字高分别是 10mm、7mm 和 5mm。常用的有 3.5、5、7、10、14、20 等 6 种字号；如需要书写更大的字，其字体高度应按$\sqrt{2}$的比值递增。汉字书写要求采用从左向右、横向书写的格式，且汉字高度最小不宜小于 3.5mm。

表 1-6　长仿宋体字的高度尺寸　　单位：mm

字高(字号)	20	14	10	7	5	3.5
字宽	14	10	7	5	3.5	2.5

初学者书写时可先按字号打好方格，然后再写，以保证字体的大小一致和整齐美观。长仿宋字的基本笔画有：点、横、竖、撇、捺、挑、折、勾等，其基本笔画示例见表 1-7。书写长仿宋体字的要领是：横平竖直，起落分明，排列匀称，填满方格；汉字示例如图 1.5 所示。

表 1-7 长仿宋字基本笔画示例

名称	横	竖	撇	捺	挑	点	钩
形状					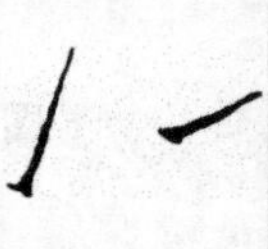		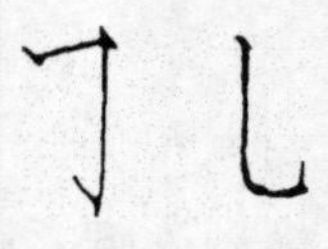
笔法						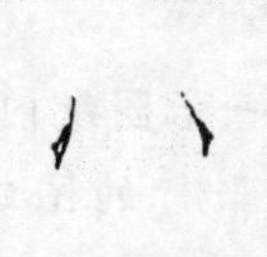	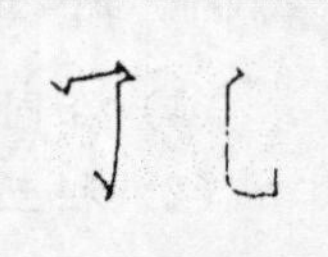

10号字体

字体工整　笔画清晰　间隔均匀　排列整齐

7号字体

横平竖直　　注意起落　　结构匀称　　填满方格

5号字体

机械制图螺纹齿轮表面粗糙度极限与配合化工电子建筑船舶桥梁矿山纺织汽车航空石油

3.5号字体

图样是工程界的技术语言国家标准《技术制图》与《机械制图》是工程技术人员必须严格遵守的基本规定并具备查阅的能力

图 1.5　汉字示例

2）数字和字母

图纸中所涉及的阿拉伯数字、外文字母、汉语拼音字母笔画宽度宜为字高的 1/10。大写字母的宽度宜为字高的 2/3，小写字母的字宽宜为字高的 1/2。

数字与字母的字体有直体或斜体两种形式，直体笔画的横与竖应为 90°；斜体的字头向右倾斜，与水平线接近 75°。同一册图纸中的数字和字母一般应保持一致，数字与字母若与汉字同行书写，其字高应比汉字的高小一号。数字与字母示例如图 1.6 所示。

图 1.6　数字和字母示例

特别提示

当图纸中有需要说明的事项时，宜在每张图纸的右下角图标上方处加以注释。该部分文字应采用“注”字表明，“注”写在叙述事项的左上角，每条注释的结尾应标以句号。

如果说明事项需要划分层次时，第一、二、三层次的编号应分别用阿拉伯数字、带括号的阿拉伯数字及带圆圈的阿拉伯数字标注。当表示数量时，应采用阿拉伯数字书写，如五千零五十毫米应写成5050mm，二十四小时应写成24h。分数不得用数字与汉字混合表示，如三分之一应写成1/3，不得写成3分之1。不够整数位的小数数字，小数点前应加0定位。

4. 比例

图中图形与其实物相对应要素的线型尺寸之比称为比例。比例符号以“：”表示，比例的表示方法如：1：1、1：2、1：100等。比例的大小是指比值的大小，如1：50大于1：100。书写时比例字高应比图名的字高小一号或二号，字的底线应取水平，写在图名的右侧，如图1.7所示。

平面图 1:100　　⑤ 1:10

图1.7　比例的书写示例

绘图的过程中，一般应遵循布图合理、均匀、美观的原则，并根据图形大小和图面复杂程度来选择相应的比例，常用比例，见表1-8。

表1-8　绘图所用的比例

常用比例	1：1、1：2、1：5、1：10、1：20、1：50 1：100、1：200、1：500、1：1000 1：2000、1：5000、1：10000、1：20000 1：50000、1：100000、1：200000
可用比例	1：3、1：15、1：25、1：30、1：40、1：60 1：150、1：250、1：300、1：400、1：600 1：1500、1：2500、1：3000、1：4000 1：6000、1：15000、1：30000

特别提示

图样不论采用放大或缩小比例，不论作图的精确程度如何，在标注尺寸时，均应按空间形体的实际尺寸和角度标注。

一般情况下，一个图样应选择用一种比例。根据专业制图需要，同一图样也可以选用两种比例。当一张图纸采用的比例相同时，可在图标中的比例一栏中注明，也可以在图纸中适当位置标注；如果同一张图纸中各图比例不同时，则应分别标注，其位置应在各图名的右侧。

当需要竖直方向与水平方向采用不同的比例时，可采用下图所示，V 表示竖直方向比例，用 H 表示水平方向比例。

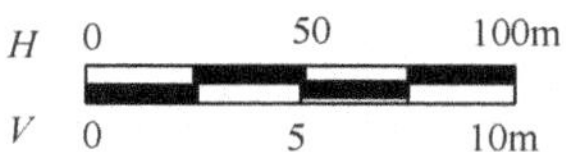

5. 尺寸标注

工程图上除了要画出构造物的形状外，还必须准确、完整、清晰地标注出构造物的实际尺寸，以作为施工的依据。如果尺寸有遗漏和错误，就会给生产带来困难和损失，因此，尺寸标注是图样必不可少的组成部分。建筑制图国家标准规定了尺寸标注的基本规则和方法，绘图和识图时必须遵守。表 1－9 中列出了标注尺寸的基本规则。

表 1－9　尺寸标注的基本规则

	说　　明	图　　例
总则	(1) 完整的尺寸，由下列内容组成 ① 尺寸线(细实线) ② 尺寸界线(细实线) ③ 尺寸数字 ④ 尺寸起止符号(中实线) (2) 实物的真实大小，应以图上所注尺寸数据为依据，与图形的比例无关 (3) 除标高及总平面图以 m 为单位外，尺寸单位都是 mm，不需要注明	尺寸界线　尺寸线　尺寸起止符号　尺寸数字　大于2mm　大于10mm　7~10mm　2~3mm　45°　900　1500　900　120　3300　3540
尺寸数字	尺寸的数字应按图(a)所示的方向填写和识读，并尽量避免在图示 30°范围内标注尺寸，当无法避免时可按图(b)的形式标注	30°　60　72 (a)　(b)

续表

	说　明	图　例
尺寸数字	线性尺寸的数字应依据读数方向注写在尺寸线的上方中部，如没有足够的注写位置，最外边的可注在尺寸界线的外侧，中间相邻的尺寸数字可错开注写，也可引出注写	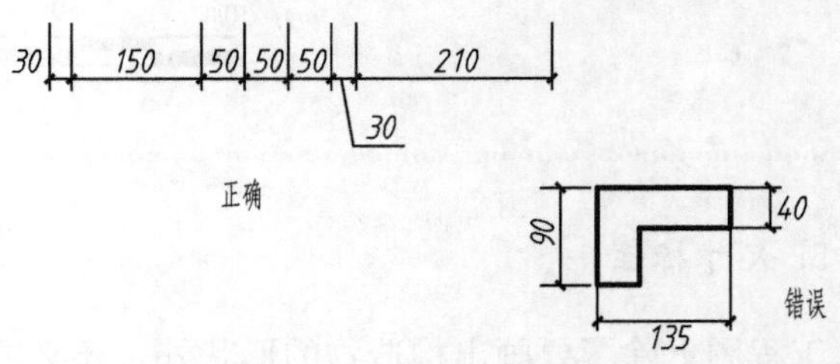 30　150　50　50　50　210　30 正确 90　40　135 错误
	任何图线不得与尺寸数字相交，无法避免时，应将图线断开	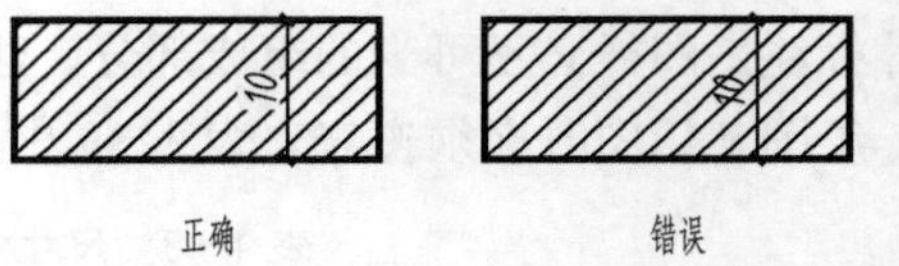 10　正确 10　错误
尺寸线	尺寸线应用细实线绘制，应与被注长度平行，轮廓线、中心线等不能作尺寸线	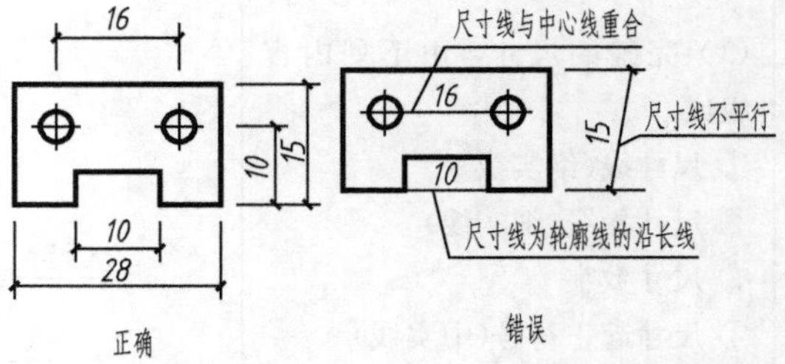 16　10　15　10　28 正确 尺寸线与中心线重合　16　15　尺寸线不平行　10　尺寸线为轮廓线的沿长线 错误
尺寸界线	轮廓线、中心线可作尺寸界线	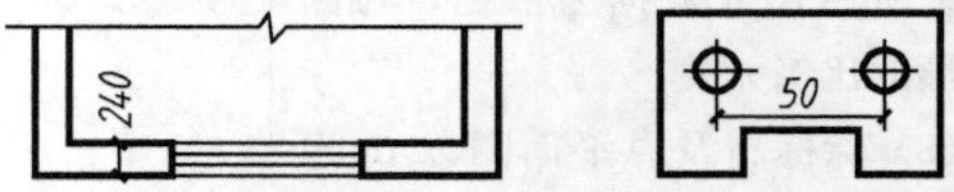 240　50
直径与半径	(1) 标注直径尺寸时应在尺寸数字前加注符号“ϕ”，标注半径尺寸时，加注符合“*R*” (2) 半径的尺寸线，一端从圆心开始，另一端画箭头指至圆弧；直径的尺寸线应通过圆心，两端箭头指至圆弧 (3) 较大或较小的半径、直径尺寸按图示标注	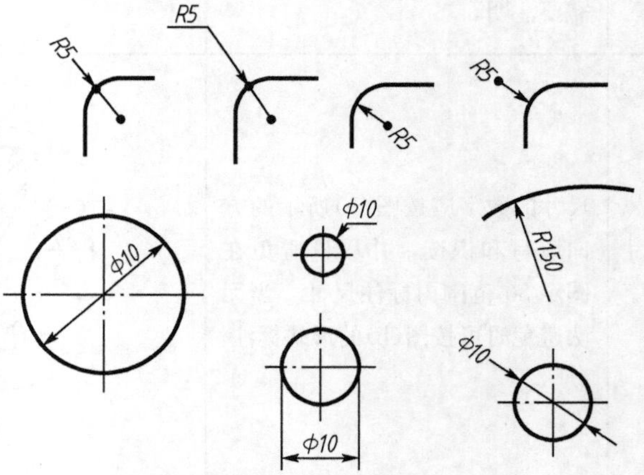 R5　R5　R5　R5 ϕ10　ϕ10　R150 ϕ10　ϕ10

续表

	说　明	图　例
角度、弧长、弦长	(1) 角度的尺寸线应以圆弧线表示，角的两个边为尺寸界线，起止符号用箭头表示，若没有足够的位置，可用圆点代替，角度数字应水平方向注写 (2) 圆弧的尺寸线为该圆弧同心的圆弧，尺寸界线应垂直该圆弧的弦，起止符号用箭头表示，在弧长数字上方加注“⌒” (3) 弦长的尺寸线应与弦长平行，尺寸界线与弦垂直，起止符号用45°斜短划线	

1.1.2 制图工具和仪器的使用方法

1. 铅笔

绘图使用的铅笔的铅芯硬度用B和H表示，B表示笔芯软而浓，H表示硬而淡，HB表示软硬适中。画底稿时常用H～2H铅笔，描粗和加深图线时常用HB～2B铅笔。

铅笔应削成如图1.8所示的式样，削好的铅笔一般要用“0”号砂纸将铅笔芯磨成圆锥形，以保证所画图线粗细均匀。使用铅笔绘图时，握笔要稳，运笔要自如，握铅笔的姿势如图1.9所示。画长线时可转动铅笔，使图线粗细均匀。

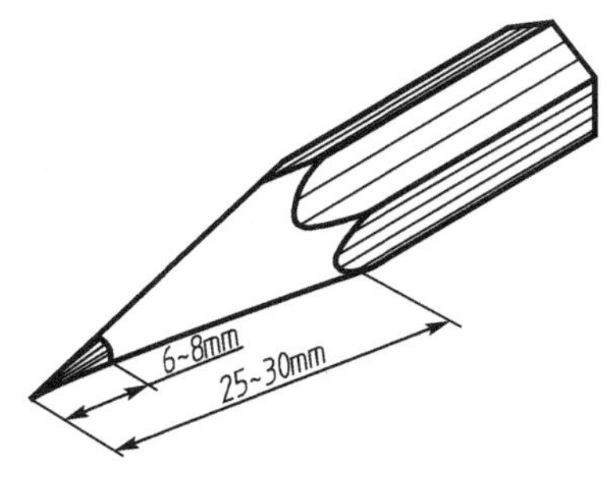

图1.8　绘图铅笔的削法

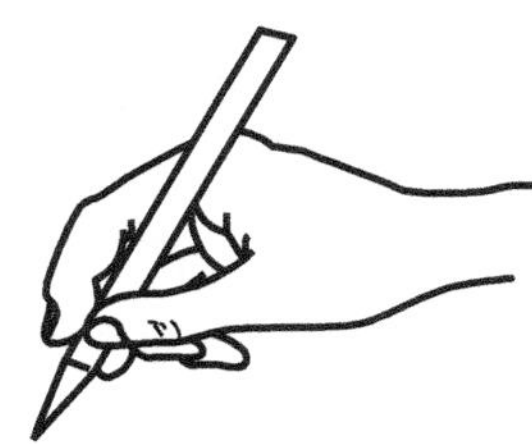

图1.9　握铅笔的姿势

2. 图板、丁字尺、三角板

图板通常用胶合板制成，四周镶以硬木边条，以防翘曲，主要用作画图的垫板。图板板面应质地松软、光滑平整、有弹性、图板两端要平整，四角互相垂直，图板的左侧为工作边，又称导边。图板的大小有 0 号、1 号、2 号等各种不同规格，可根据所画图幅的大小而选定。

丁字尺是用胶合板或者有机玻璃制成，防止因受潮、暴晒等原因产生变形。丁字尺由相互垂直的尺头和尺身构成，丁字尺与图板配合主要用来画水平线，如图 1.10 所示。

用丁字尺画水平线时，铅笔应沿着尺身工作边从左画到右，如水平线较多，则应由上而下逐条画出。丁字尺每次移动位置都要注意尺头是否紧靠图板，画线时应防止尺身移动。如图 1.11 所示为移动丁字尺的手势。

为保证图线的准确，不允许用丁字尺的下边画线，也不许把尺头靠在图板的上边、下边或右边来画铅垂线或水平线。

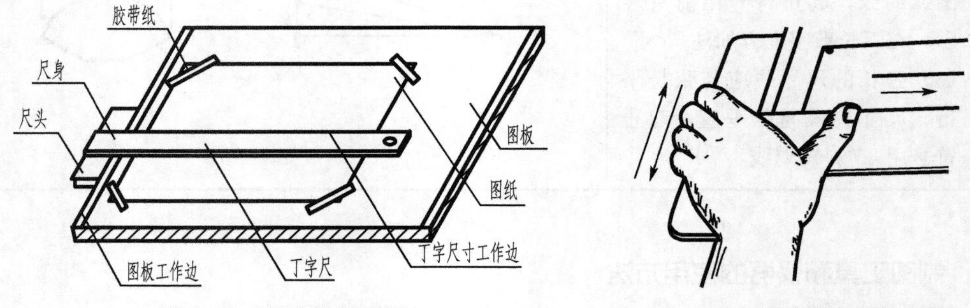

图 1.10　丁字尺与图板

图 1.11　移动丁字尺的手势

三角板主要与丁字尺配合，来画铅垂线和某些角度的斜线，一副三角板包括含 45°角和 30°、60°角的三角板各一块。

使用三角板画铅垂线时，应使丁字尺尺头靠紧图板的工作边，以防产生滑动，三角板的一直角边紧靠在丁字尺的工作边上，再用左手轻轻按住丁字尺和三角板，右手持铅笔，自下而上画出铅垂线，如图 1.12 所示。

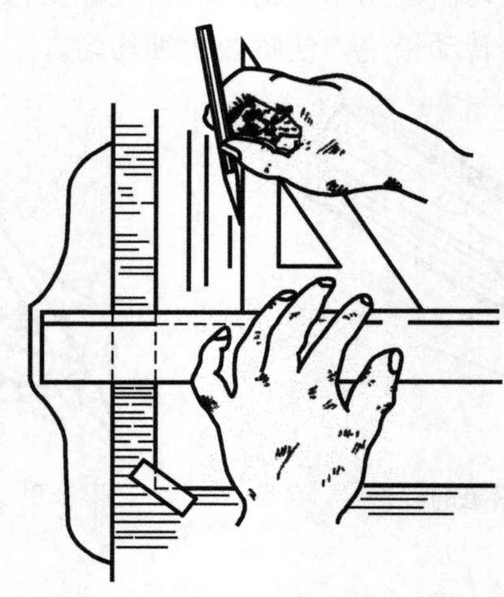

图 1.12　用三角板画铅垂线

用一副三角板和丁字尺配合可画出与水平线成 15°及其倍数角(30°、45°、60°、75°)的斜线，如图 1.13 所示。

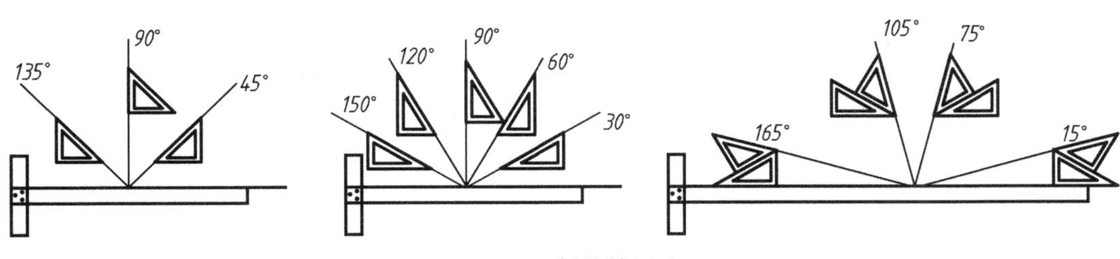

图 1.13 斜线的画法

3. 比例尺

为了方便绘制不同比例的图样，可使用比例尺来绘图。常用的比例尺是三棱比例尺，上面有 6 种刻度，如图 1.14 所示。画图时可按所需比例，用尺上标注的刻度直接量取，不需要换算。

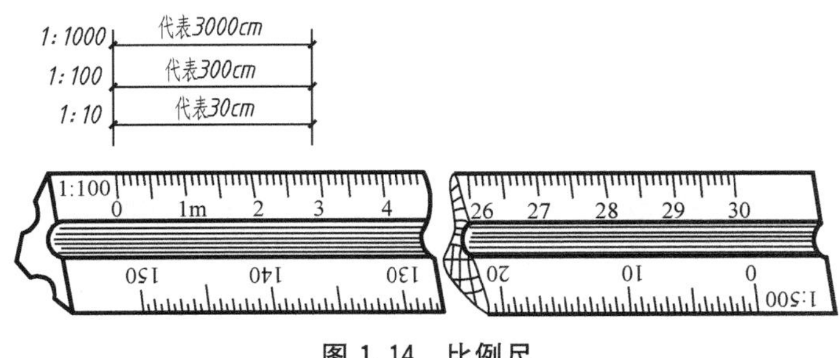

图 1.14 比例尺

4. 圆规、分规

圆规是用来画圆或圆弧的仪器，在一腿上附有插脚，换上不同的插脚可作不同的用途，其插脚有 3 种：钢针插脚、铅笔插脚和墨水笔插脚，如图 1.15 所示。

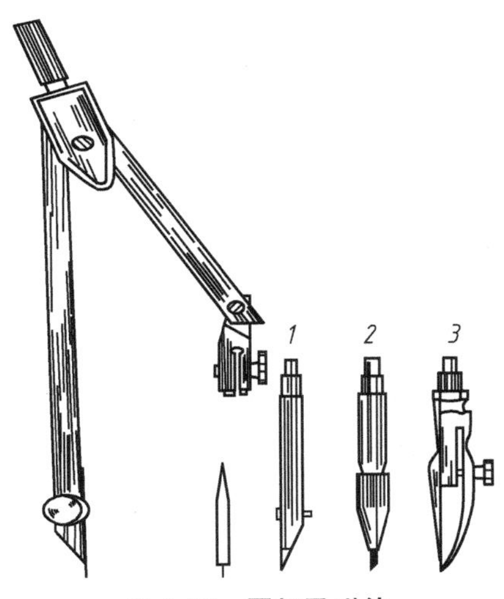

图 1.15 圆规及附件

1—钢针插脚；2—铅笔插脚；3—墨水笔插脚

圆规的用法如图 1.16 所示。画圆时，圆规应稍向前倾斜，圆或圆弧应一次画完，画较大的圆弧时，应使圆规两脚与纸面垂直。画更大的圆弧时要接上延长杆，如图 1.17 所示。圆规铅芯应磨成楔形，并使斜面向外，其硬度应比所画同种直线的铅笔软一号，以保证图线深浅一致。

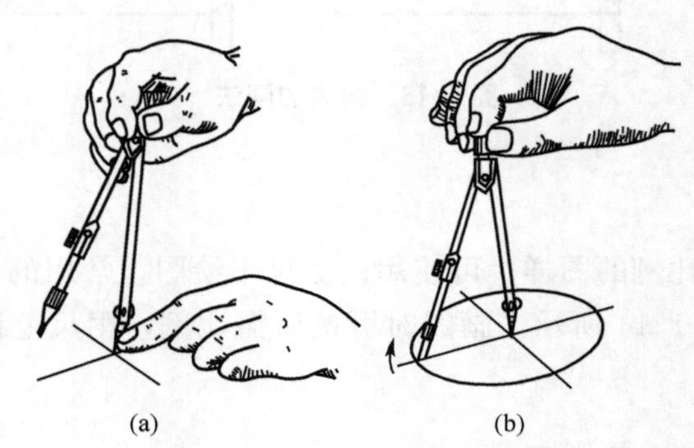

图 1.16　圆规的用法

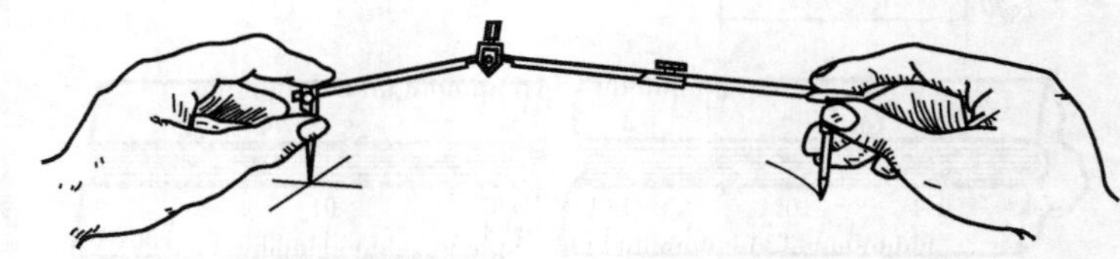

图 1.17　接上延长杆画大圆

分规是量取长度和等分线段的主要工具，其使用方法如图 1.18 所示。

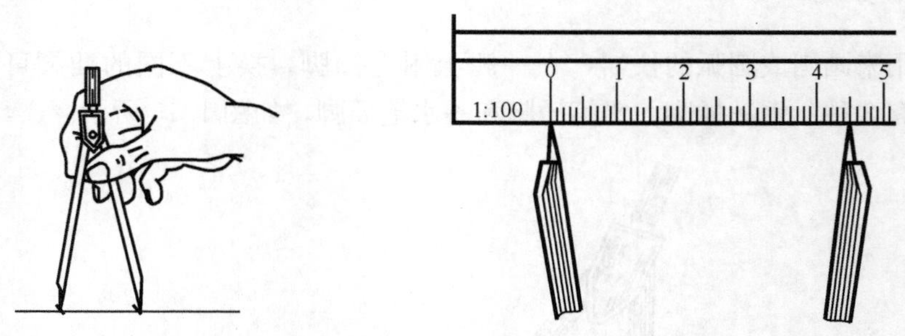

图 1.18　分规用法

5. 曲线板

曲线板是用以画非圆曲线的工具，曲线板的使用方法如图 1.19 所示。首先求得曲线上若干点，再徒手用铅笔过各点轻轻勾画出曲线，然后将曲线板靠上，在曲线板边缘上选择一段至少能经过曲线上 3～4 个点，沿曲线板边缘自点 1 起画曲线至点 3 与点 4 的中间，再移动曲线板，选择一段边缘能过 3、4、5、6 诸点，自前段接画曲线至点 5 与点 6，如此延续下去，即可画完整段曲线。

图 1.19　曲线板及其使用方法

6. 模板、擦图片

为了提高制图速度和质量，将图样上常用的符号、图形刻在有机玻璃上，做成模板，方便使用。模板的种类很多，如建筑模板、家具模板、结构模板、给排水模板等，如图 1.20 所示为建筑模板。

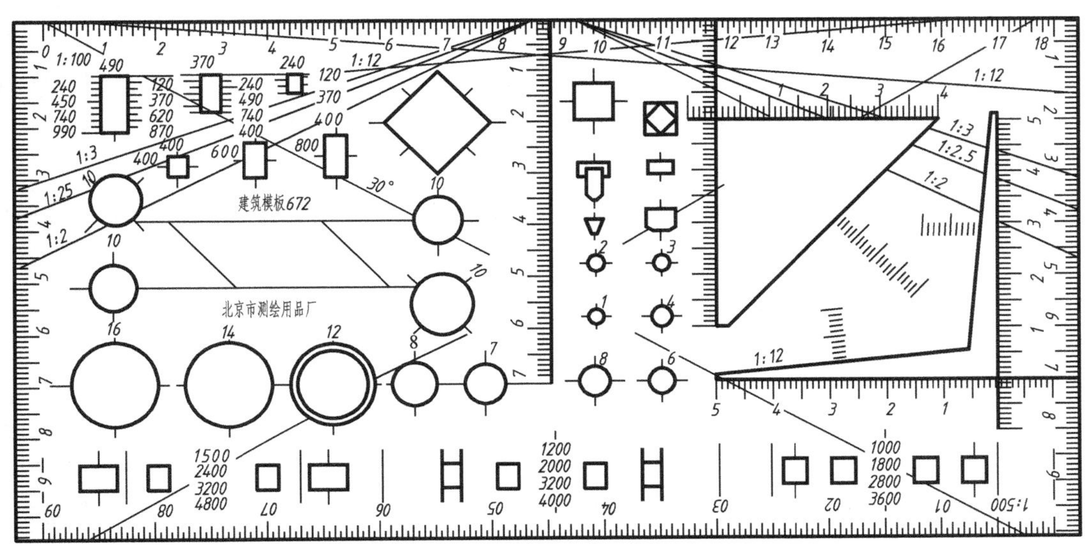

图 1.20　建筑模板

擦图片是用来修改图线的，使用时只要将该擦去的图线对准擦图片上相应的孔洞，用橡皮轻轻擦拭即可。如图 1.21 所示为擦图片。

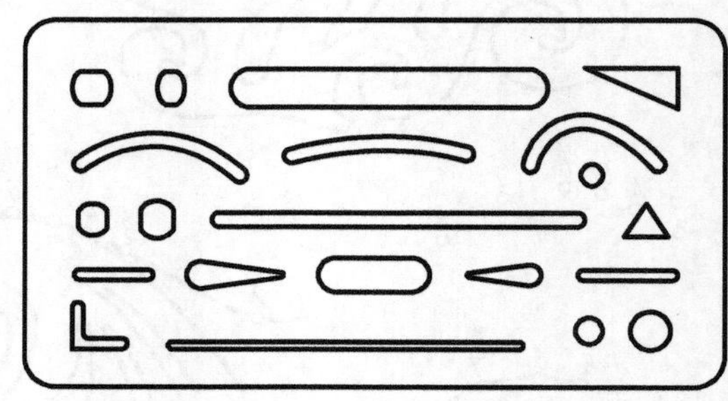

图 1.21　擦图片

1.1.3　几何作图

工程图样复杂多样，绘制的图样应做到尺寸齐全，字体工整，图面整洁，符合国标，因此必须从一开始就严格要求，加强平时基本功的训练，掌握正确的制图步骤和方法，力求作图准确、迅速、美观。而物体的图形是由直线、圆弧和曲线组合而成的，为了准确、迅速地绘制这些图形，必须掌握作图的基本方法，为日后工作打下良好基础，以下就制图的步骤和方法、制图中的美学应用、一些基本图线的绘制方法重点介绍。

1. 制图的步骤与方法

1）绘图的准备工作

(1) 安排合适的绘图工作地点。绘图是一项细致的工作，要求绘图工作地点明亮、柔和，应使光线从左前方照来。绘图桌椅高度要配置合适，绘图时姿势要正确。否则不仅影响工作效率，而且会妨碍身体健康。

(2) 准备必需的绘图工具，使用之前应逐件进行检查校正和擦拭干净，以保证质量和图面整洁。各种绘图工具应放在绘图桌的适当地方，做到使用方便，保管妥当。

(3) 准备有关绘图的参考资料，以备随时查阅。

(4) 根据所绘工程图的要求，按国家标准规定选用图幅大小。一般图纸在图板上粘贴的位置尽量靠近左边(离图板边缘 3～5cm)，图纸下边至图板边缘的距离略大于丁尺的宽度。

(5) 根据国家标准规定，画出图框和标题栏。

2）绘制底稿

(1) 任何工程图的绘制必须先画底稿，再进行加深或描图。图面布置之后，根据选定的比例用 H 或 2H 铅笔轻轻画出底稿。底稿必须认真画出，以保证图样的正确性和精确度。若发现错误，不要立即就擦，可用铅笔轻轻做上记号待全图完成之后，再一次擦净，以保证图面整洁。

（2）画底稿时尺寸的量取，是用分规从比例尺上量取长度。相同长度尺寸应一次量取，以保证尺寸的准确和提高画图速度。

（3）画完底稿之后，必须认真逐图检查，看是否有遗漏和错误的地方，切不可匆忙加深或上墨。

3）加深和描图

在检查底稿确定无误之后，即可加深或描图。

（1）加深。

① 加深之前，应先确定标准实线的宽度，再根据线型确定其他线型。同类图线应粗细一致。一般粗度在 b 以上的图线用 B 或 2B 铅笔加深；或更细的图线和尺寸数字、注解等可用 H 或 HB 铅笔绘写。

② 为使图线粗细均匀，色调一致，铅笔应该经常修磨，加深粗实线一次不够时，则应重复再画，切不可来回描粗。

③ 加深图线的步骤是：同类型的图线一次加深；先画细线，后画粗线；先画曲线，后画直线；先画图，后标注尺寸和注解；最后加深图框和标题栏。这样不仅能加快绘图速度和提高精度，而且可减少丁字尺与三角板在图纸上的摩擦，保持图面清洁。

④ 全部加深之后，再仔细检查；若有错误应及时改正。这种用绘图仪器画出的图，叫做仪器图。

（2）描图。凡有保存价值和需要复制的图样均需描图。描图是将描图覆盖在铅笔底稿上用描图墨水描绘的。描图的步骤同加深基本一样，主要是要熟练掌握墨线笔的使用，调好不同类线型的粗度，将相同宽度的图线一次画好。要特别注意防止墨水污损图纸。每画完一条图线，要待墨水干后才能用了尺或三角板覆盖，描线时，应使底稿线处于墨线的正中。在描图过程时，图纸不得有任何移动。

全部描完之后，必须严格检查。如有错误，应待墨汁干后，在图纸下垫以丁字尺或三角板将刀片垂直图纸轻轻朝一个方向刮去墨迹；并用硬橡皮擦去污点，再把图纸压平后，才可在上面重画。

4）图样复制

图样复制除利用复印机复印外，还可采用复晒方法复制。其方法是先将描图纸放在晒图框内，再将感光线紧贴在描图纸背面，然后把晒图框放在太阳或强烈灯光下曝光。曝光后的感光纸经过汽熏处理，即得复制的图样，这种图样称为“蓝图”。

2. 几种常见的几何作图

1）过已知点作已知直线的平行线。

（1）已知点 A 和直线 BC[图 1.22(a)]。

（2）用第一块三角板的一边与 BC 重合，第二块三角板与它的另一边紧靠[图 1.22(b)]。

（3）推动第一块三角板至 A 点，画一直线即为所求[图 1.22(c)]。

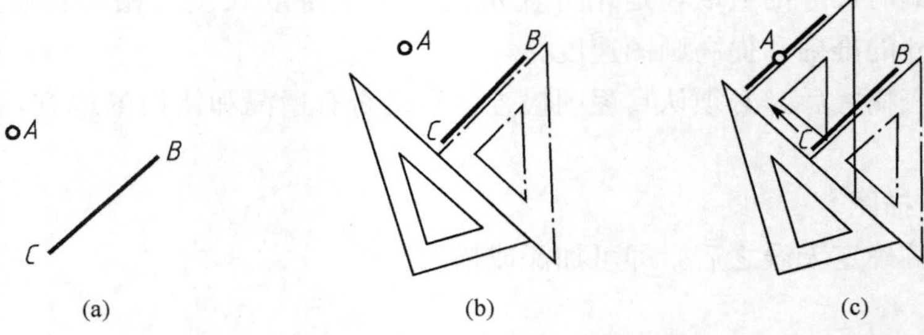

图 1.22　过已知点作已知直线的平行线

2）过已知点作已知直线的垂直线。

（1）已知点 A 和直线 BC［图 1.23(a)］。

（2）先使 45°三角板的一直角边与 BC 重合，再使其斜边紧靠另一三角板［图 1.23(b)］。

（3）推动 45°三角板，使另一直角边靠紧 A 点，画一直线，即为所求［图 1.23(c)］。

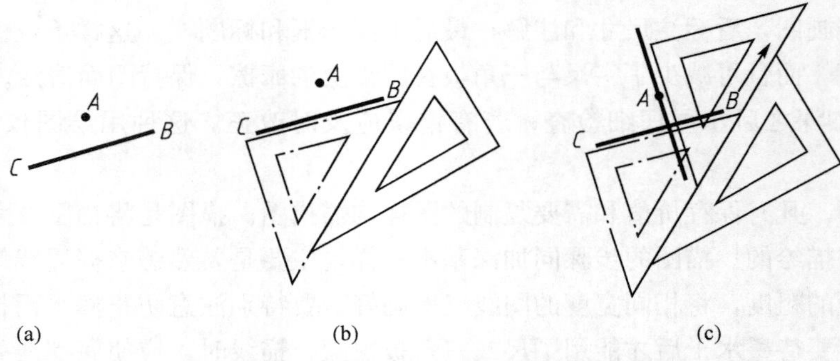

图 1.23　过已知直线作已知直线的垂直线

3）分已知线段为任意等份。

（1）已知直线 AB，分 AB 为 6 等份［图 1.24(a)］。

（2）过 A 点作任意直线 AC，在 AC 上任意截取 6 等份，标以 1、2、3、4、5、6 点，以第 6 点作为 C 点，并连接 BC［图 1.24(b)］。

（3）分别过各等分点作 BC 的平行线交 AB 得 5 个点，即分 AB 为 6 等份［图 1.24(c)］。

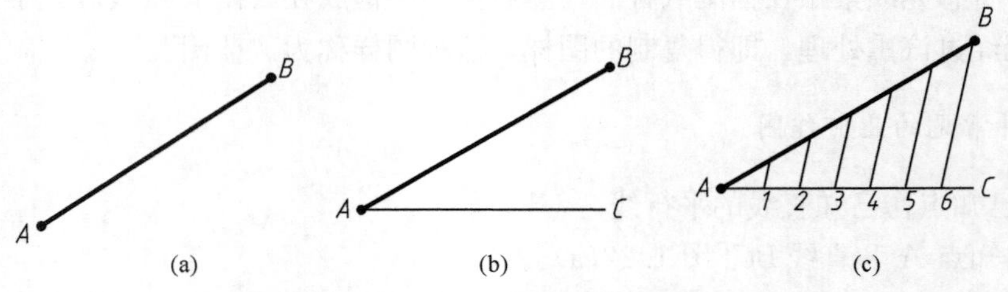

图 1.24　分已知线段为任意等份

4）分两行平行线间的距离为任意等份。

（1）已知平行线 AB 和 CD，分其间距为 6 等份［图 1.25(a)］。

(2) 将直尺上刻度的0点固定在 AB 上并以0为圆心摆动直尺，使刻度的5点落在 CD 上，在1、2、3、4、5各点处做标记[图1.25(b)]。

(3) 过各分点作 AB 的平行线即为所求[图1.25(c)]。

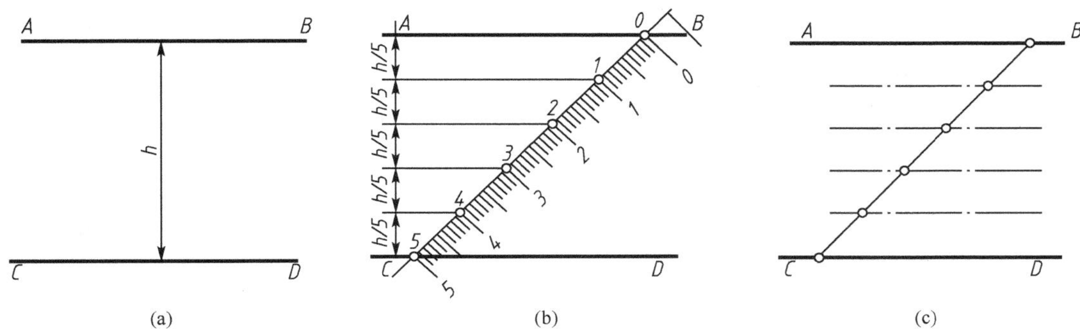

图1.25　分两平行线间的距离为任意等份

5) 已知外接圆求作正五边形。

(1) 已知外接圆的圆心 O，作内接正五形，先平分半径 OA，得平分点 B[图1.26(a)]。

(2) 以 B 为圆心，$B1$ 为半径作弧交 BO 延长线于 C，$C1$ 即为五边形的边长[图1.26(b)]。

(3) 以1为圆心，以 $C1$ 为半径作弧，得2、5两点[图1.26(c)]。

(4) 分别以2、5点为圆心，以 $C1$ 为半径在圆弧上截取3、4两点。顺次连接各点，即得正五边形[图1.26(d)]。

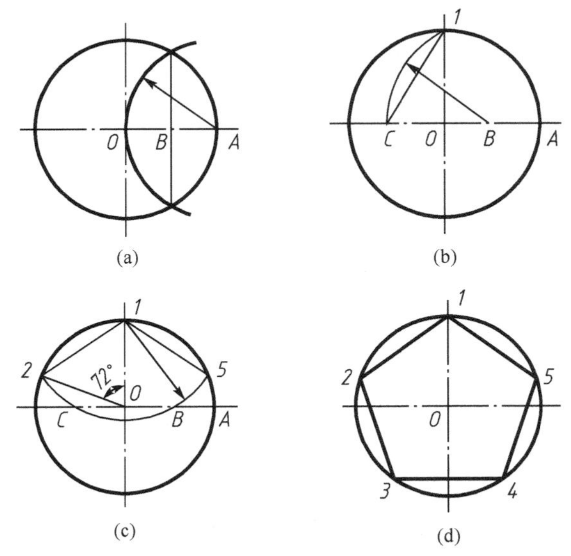

图1.26　已知外接圆求正五边形

6) 作圆内接任意正多边形(现以七边形为例)。

(1) 已知外接圆，作内接正七边形，先将直径 AB 分成为7等份，如图1.27(a)所示。

(2) 以 B 为圆心，AB 为半径，画圆弧与 DC 延长线相交于 E，再自 E 引直线与

AB 上每隔一分点(如 2、4、6)连接，并延长与圆周交于 F、G、H 等点，如图 1.27(b)所示。

(3) 求 F、G 和 H 的对称点 K、J 和 I，并顺次连接 F、G、H、I、K、A 等点即得正七边形，如图 1.27(c)所示。

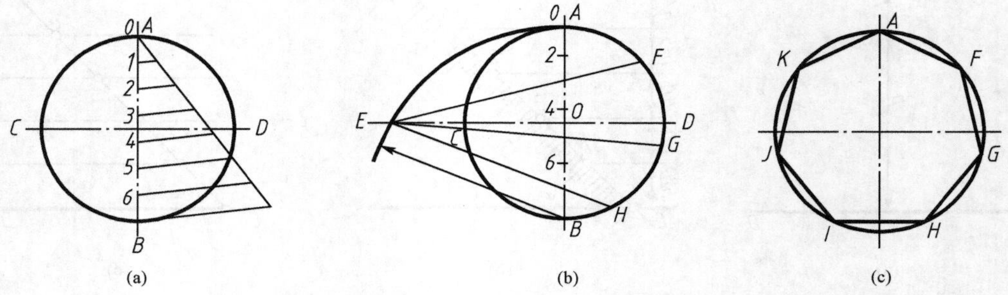

图 1.27 作圆内任意正多边形

7) 圆弧连接

(1) 圆弧与两直线连接，如图 1.28 所示。

① 已知直线 Ⅰ、Ⅱ和连接圆弧的半径 R[图 1.28(a)]。

② 在Ⅰ、Ⅱ上各取任意点 a、b，过 a、b 分别作 $aa' \perp$ Ⅰ，$bb' \perp$ Ⅱ，并截取 $aa'=bb'=R$[图 1.28(b)]。

③ 过 a'、b'分别作Ⅰ、Ⅱ的平行线相交于 O，点 O 即为所求连接圆弧的圆心[图 1.28(c)]。

④ 过 O 分别作Ⅰ、Ⅱ的垂线，得垂足 A、B，即为所求的切点。以 O 为圆心，R 为半径，作圆弧即为所求[图 1.28(d)]。

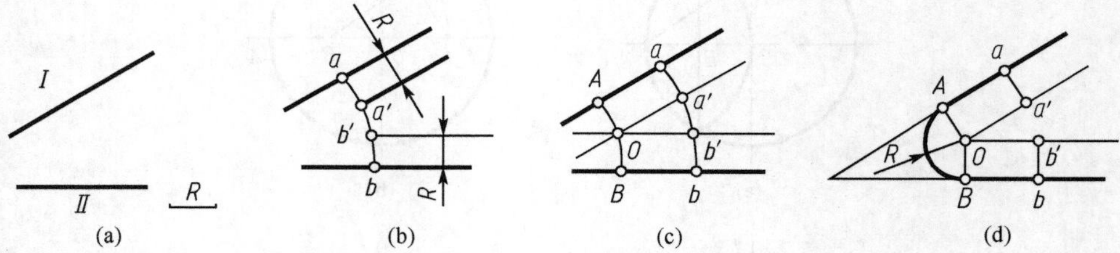

图 1.28 圆弧和两直线连接

(2) 圆弧与一直线和一圆弧连接，如图 1.29 所示。

① 已知直线 I 及以 R_1 为半径的圆弧和连接圆弧的半径 R，求作圆弧与Ⅰ及已知圆弧相连接[图 1.29(a)]。

② 以 O_1 为圆心，R_1+R 为半径，作圆弧，并作 I 的平行线，使其间距为 R，平行线与半径为 R_1+R 的圆弧交于 O 点[图 1.29(b)]。

③ 连接 OO_1 与已知半径 R_1 的圆弧交于 B 点，过 O 作 I 的垂线得垂足 A，A、B 即为切点[图 1.29(c)]。

④ 以 O 为圆心，R 为半径，作圆弧即为所求[图 1.29(d)]。

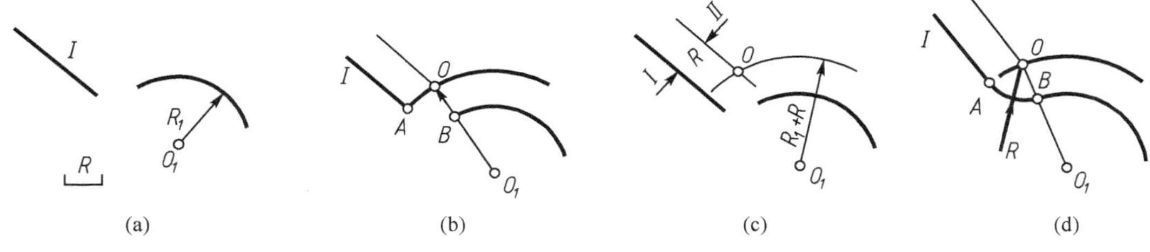

图 1.29 圆弧与一直线和圆弧连接

(3) 圆弧与两圆弧连接。

① 外连接，如图 1.30 所示。

a. 已知半径为 R_1 和 R_2 的两圆弧，外连接圆弧的半径为 R，求作圆弧与已知两圆弧外连接[图 1.30(a)]。

b. O_1 为圆心，R_1+R 为半径，作圆弧；以 O_2 为圆心，R_2+R 为半径，作圆弧，两圆弧相交于 O，即为所求圆心[图 1.30(b)]。

c. 连接 O_1O 和 O_2O，分别交两已知圆弧于 A、B 点，A、B 即为所求切点[图 1.30(c)]。

d. 以 O 为圆心，R 为半径，作圆弧即为所求[图 1.30(d)]。

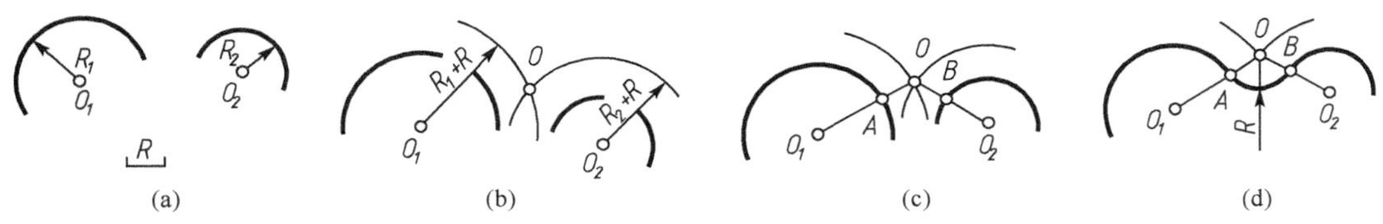

图 1.30 圆弧与两圆弧外连接

② 内连接，如图 1.31 所示。

a. 已知半径为 R_1 和 R_2 的两圆弧，内连接圆弧的半径 R，求作圆弧与已知两圆弧内连接[图 1.31(a)]。

b. 以 O_1 为圆心，$R-R_1$ 为半径，作圆弧；以 O_2 为圆心，$R-R_2$ 为半径，作圆弧，两圆弧相交于 O 即为所求圆心[图 1.31(b)]。

c. 连接 OO_1 和 OO_2，并延长交两已知圆弧于 A、B 两点，A、B 即为所求切点[图 1.31(c)]。

d. 以 O 为圆心，R 为半径，作圆弧即为所求[图 1.31(d)]。

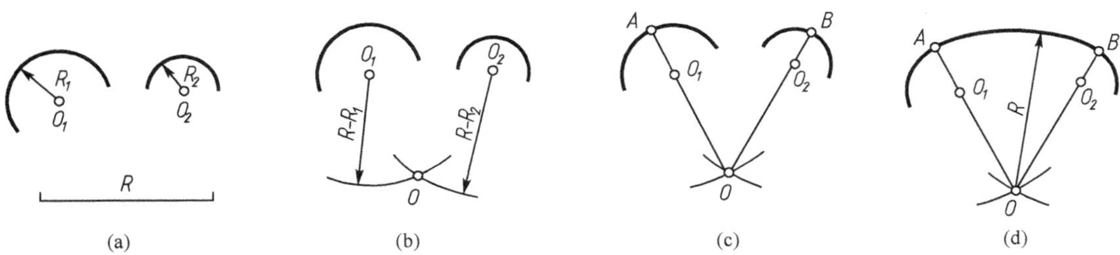

图 1.31 圆弧与圆弧内连接

③ 混合连接，如图 1.32 所示。

a. 知半径 R_1、R_2 的两圆弧和连接圆弧的半径 R，求作圆弧与已知两圆弧混合连接[图 1.32(a)]。

b. 以 O_1 为圆心，R_1+R 为半径，作圆弧；以 O_2 为圆心，R_2-R 为半径，作圆弧；两圆弧相交于为 O，即为所求圆心[图 1.32(b)]。

c. 连接 O_1O 与以 R_1 为半径的圆弧交于 A；连 OO_2 并延长与以 R_2 为半径的圆弧交于 B，A、B 即为所求切点 [图 1.32(c)]。

d. 以 O 为圆心，R 为半径，作圆弧即为所求 [图 1.32(d)]。

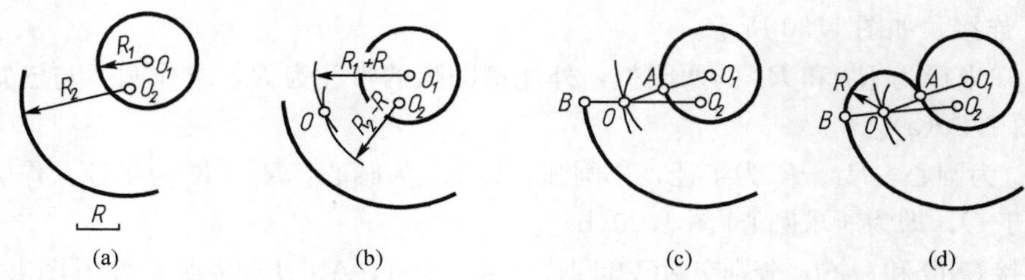

图 1.32　混合连接

④ 反向曲线连接，如图 1.33 所示。

a. 已知两平行线 AB、CD 及 AB、CD 上的切点 T_1、T_2，求反向曲线 [图 1.33(a)]。

b. 连接切点 T_1、T_2，并在其上取曲线的反向点 E，分别作 T_1E 和 ET_2 的垂直平分线 [图 1.33(b)]。

c. 过切点 T_1 和 T_2 分别作 AB 和 CD 的垂线交 T_1E 和 ET_2 的垂直平分线于 O_1 和 O_2 [图 1.33(c)]。

d. 分别以 O_1、O_2 为圆心，O_1T_1、O_2T_2 为半径，作圆弧，即为所求的反向曲线 [图 1.33(d)]。

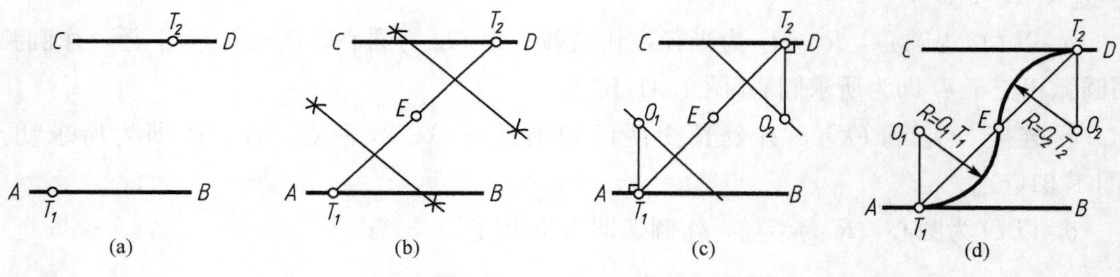

图 1.33　反向曲线连接

圆弧连接是指用一圆弧光滑地连接相邻两线段的作图方法，虽然圆弧连接的形式比较多，但其关键都是根据已知条件，确定连接圆弧的圆心和切点(即连接点)的位置。

8）椭圆的画法

（1）用同心圆法画椭圆，如图 1.34 所示。

① 已知椭圆长轴 AB 和短轴 CD，求作椭圆。

② 以 O 为圆心，分别以 AB 和 CD 为直径画同心圆［图 1.34(a)］。

③ 分圆为若干等份(如 12 等份)，得 1，2，…和 $1'$，$2'$，…点［图 1.34(b)］。

④ 过大圆上各点作 CD 的平行线，过小圆上各点作 AB 的平行线，各对应直线交于 E、F、G、H、I、J、K、L 点［图 1.34(c)］。。

⑤ 用平滑的曲线连接 C，E，F，B，…，A，K，L，C 等点，即为所求椭圆［图 1.34(d)］。

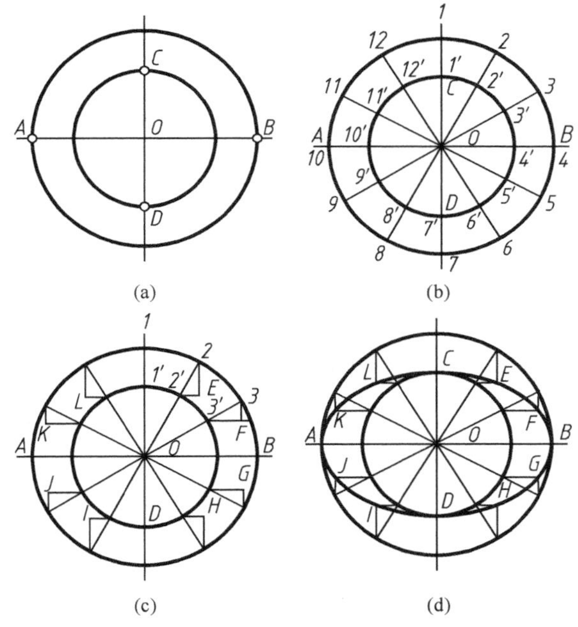

图 1.34 同心圆法

（2）用共轭轴法画椭圆，如图 1.35 所示。

① 已知共轭直径 AB 和 CD［图 1.35(a)］。

② 过 $ABCD$ 作平行四边形 $efgh$，将 ef、gh 和 AB 分为相同的等份(如 8 等份)，并标以数字［图 1.35(b)］。

③ 连接 D 点与 Ae、AB、Bh 上的各等分点，又连接 C 点与 fA、AB、gB 上的各等分点［图 1.35(c)］。

④ 将四边形内带有相同数字的各线的交点依次平滑连接即成椭圆［图 1.35(d)］。

（3）用四心圆法画近似椭圆，如图 1.36 所示。

① 已知椭圆长轴 AB、短轴 CD，求作椭圆［图 1.36(a)］。

② 以 O 为圆心，OA(或 OB)为半径作圆弧，并交 DC 沿线于 E，又以 C 为圆心，CE 为半径，作圆弧交 AC 于 F［图 1.36(b)］。

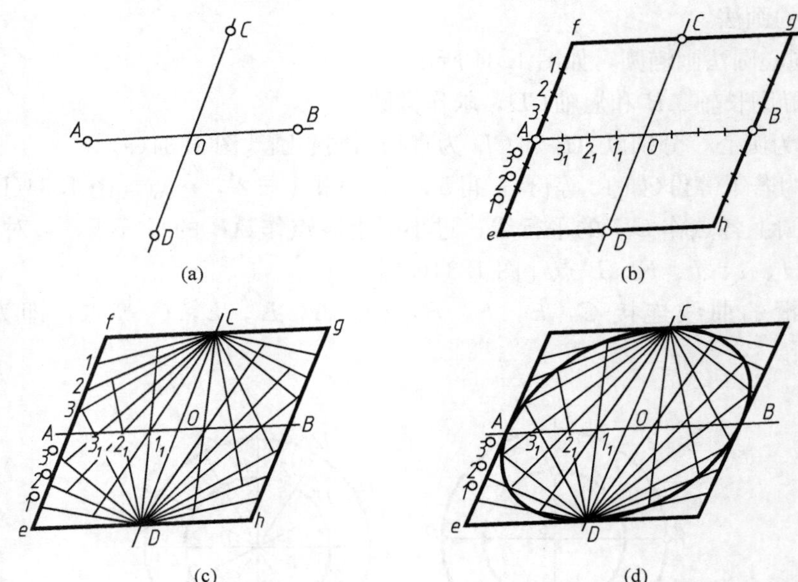

图 1.35　共轭轴画法

③ 作 AF 的垂直平分线，并交长轴 AB 于 O_1，交短轴 CD 于 O_4［图 1.36(c)］。

④ 作出 O_1 和 O_4 的对称点 O_2 和 O_3，并将 O_1、O_2、O_3 和 O_4 两两相连［图 1.36(d)］。

⑤ 分别以 O_3、O_4 为圆心，O_4C(或 O_3D)为半径，作圆弧［图 1.36(e)］。

⑥ 分别以 O_1、O_2 为圆心，O_1A（或 O_2B）为半径，作圆弧，即得所求的近似椭圆［图 1.36(f)］。

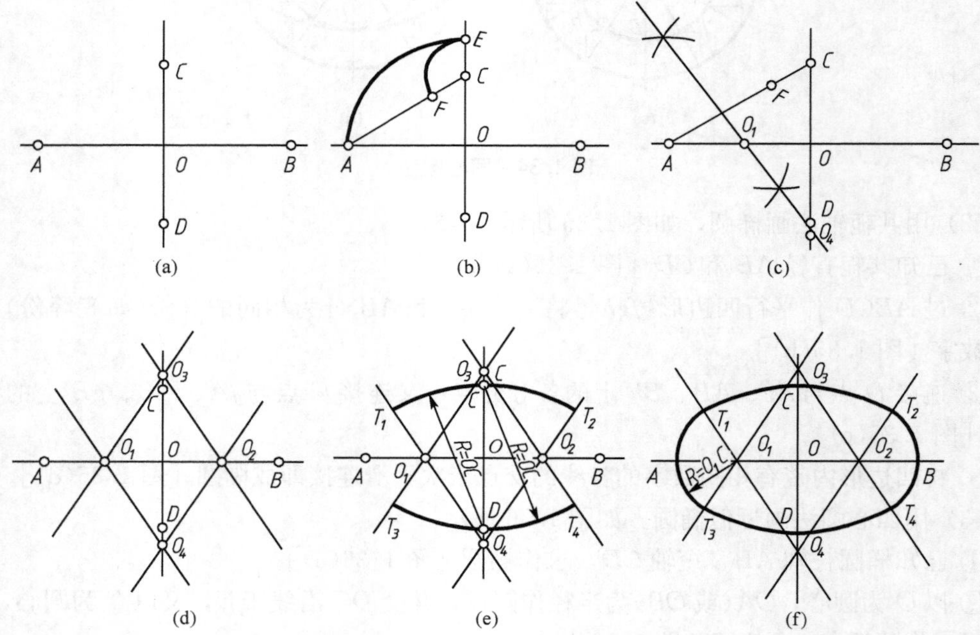

图 1.36　四心圆法

1.2 投影的基本知识

在绘制建筑工程结构物时，必须具备能够完整而准确地表示出工程结构物的形状和大小的图样。绘制这种图样，通常采用投影的原理和方法绘制。本章着重介绍正投影法的基本原理和三面投影图的形成及其基本规律。

1.2.1 投影的形成与分类

1. 投影的概念

日常生活中，物体在光线(灯光和阳光)的照射下，就会在地面或墙面上产生影子，这是常见的自然现象。当光线照射的角度或距离改变时，影子的位置、大小及形状也随之改变，由此看来，光线、物体和影子三者之间，存在着一定的联系。

如图 1.37(a)所示，桥台模型在正上方的灯光照射下，产生了影子，随着光源、物体和投影面之间距离的变化，影子会发生相应的变化，这是光线从一点射出的情形。如果假想把光源移到无穷远处，即假设光线变为互相平行并垂直于地面时，影子的大小就和基础底板一样大了，如图 1.37(b)所示。

人们通过对这种现象进行科学的抽象，按照投影的方法，把形体的所有内外轮廓和内外表面交线全部表示出来，且依投影方向凡可见的轮廓线画实线，不可见的轮廓线画虚线。这样，形体的影子就发展成为能满足生产需要的投影图，简称投影，如图 1.37(c)所示。这种投影的方法满足了用二维平面表示三维形体的方法，称为投影法。我们把光线称为投射线，把承受投影的平面称为投影面。

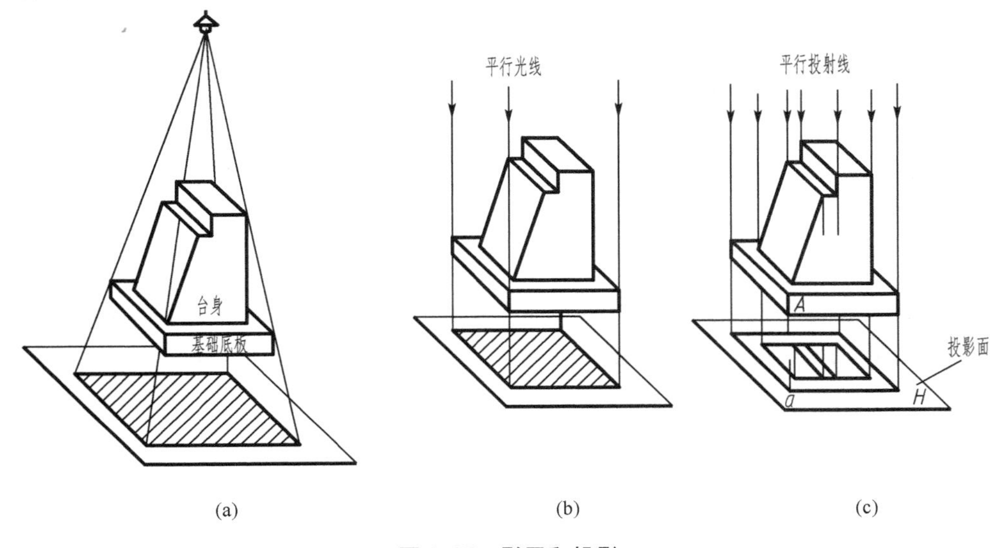

图 1.37 影子和投影

2. 投影的分类

按投射线的不同情况，投影可分为两大类。

1） 中心投影

所有投射线都从一点(投影中心)引出的投影，称为中心投影。如图 1.38 所示，若投影中心为 S，把投射线与投影面 H 的各交点相连，即得三角板的中心投影。

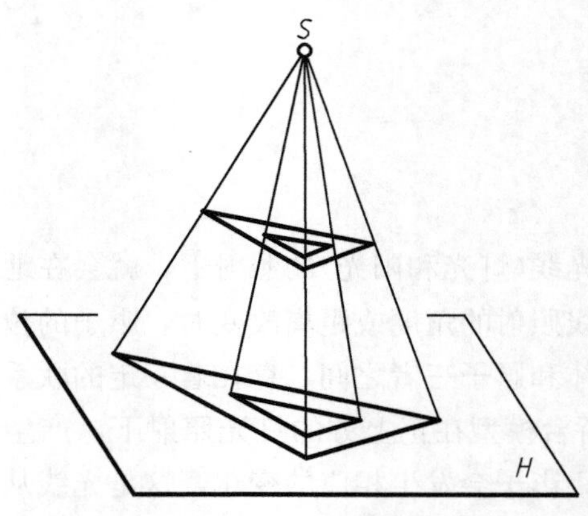

图 1.38　平行投影

2） 平行投影

所有投射线互相平行的投影称为平行投影。投射线与投影面斜交的投影，称为斜角投影或斜投影，如图 1.39(a)所示；投射线与投影面垂直的投影，称为直角投影或正投影，如图 1.39(b)所示。

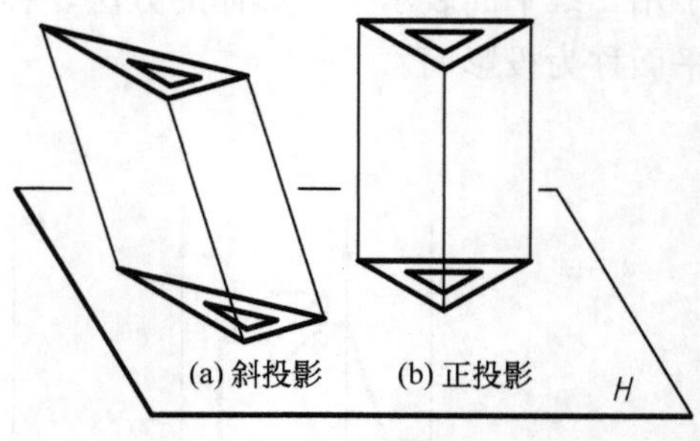

图 1.39　中心投影

大多数的工程图，都是采用正投影法来绘制。正投影法是本课程研究的主要内容，本课程中凡未作特别说明的，都属正投影。

3. 工程上常用的投影图

图示工程结构物时，根据被表达对象的特征不同和实际需要，可采用不同的图示方法。常用的图示方法有：正投影法、轴测投影法、透视投影法和标高投影法。

1）正投影法

正投影法是一种多面投影。空间几何体在两个或两个以上互相垂直的投影面上进行正投影，然后将这些带有几何体投影图的投影面展开在一个平面上，从而得到几何体的多面正投影图，由这些投影便能完全确定该几何体的空间位置和形状。如图 1.40 所示为台阶的三面正投影图。

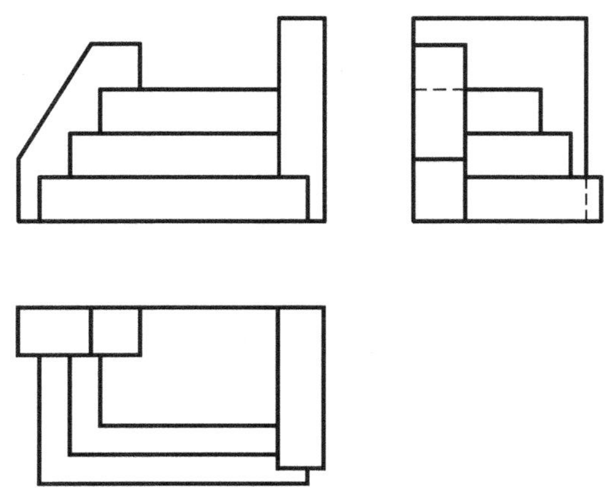

图 1.40　台阶的三面投影图

正投影图的优点是作图较简便，而且采用正投影法时，常将几何体的主要平面放置成与相应的投影面相互平行的位置，这样画出的投影图能反映出这些平面的实形，因此，从图上可以直接量得空间几何体的较多尺寸，即正投影图有良好的度量性，所以在工程上应用最广。其缺点是无立体感，直观性较差。

2）轴测投影

轴测投影采用单面投影图，是平行投影之一，它是把物体按平行投影法投射至单一投影面上所得到的投影图。如图 1.41 所示，为台阶的正等测轴测图。轴测投影的特点是在投影图上可以同时反映出长、宽、高三个方向上的形状，所以富有立体感，直观性较好，但不能完整地表达物体的形状，而且作图复杂、度量性差，一般只作为工程上的辅助图样。

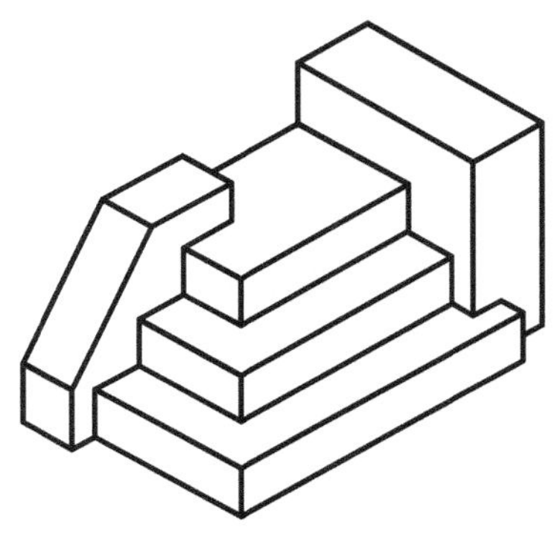

图 1.41　台阶的正等测轴测图

3）透视投影

透视投影法即中心投影法。如图 1.42 所示，是按中心投影法画出的桥台的透视图。由于透视图和照相原理相似，它符合人们的视觉，图像接近于视觉映像，逼真、悦目，直观性很强，常用为设计方案比较、展览用的图样。但绘制较繁，且不能直接反映物体的真实大小，不便度量。

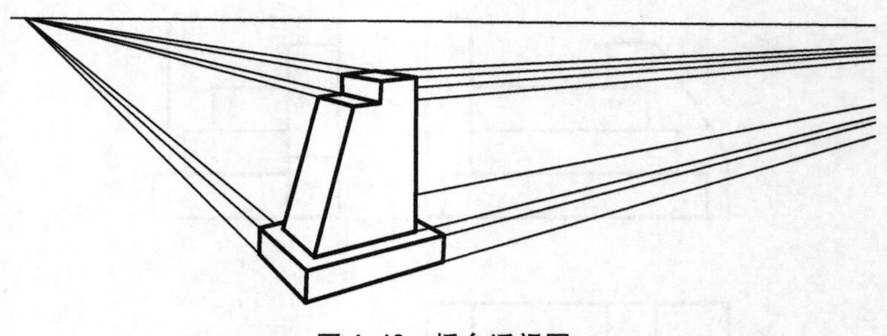

图 1.42　桥台透视图

4）标高投影

标高投影是一种带有数字标记的单面正投影，常用来表示不规则曲面。假定某一山峰被一系列水平面所截割(图 1.43)，用标有高程数字的截交线(等高线)来表示地面的起伏，这就是标高投影法。它具有一般正投影的优缺点。用这种方法表达地形所画出的图称为地形图，在工程中被广泛采用。

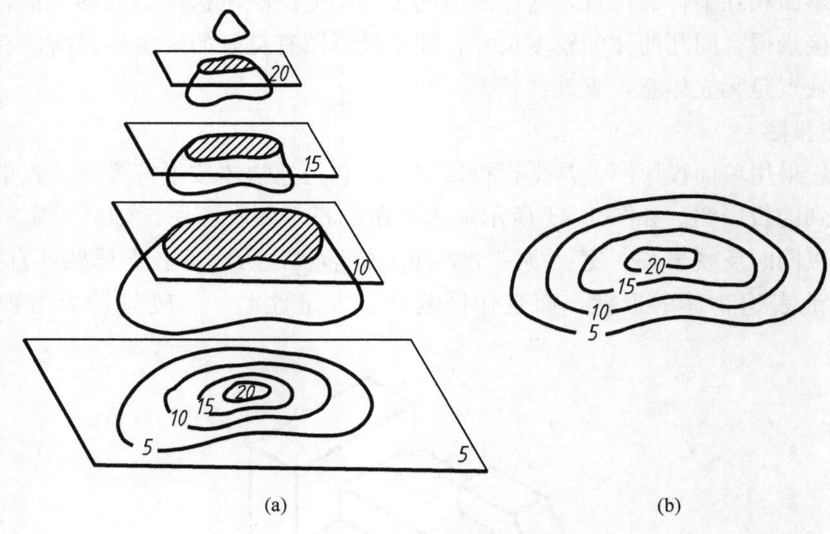

图 1.43　山峰的标高投影

1.2.2　平行投影的特性

平行投影具有以下几个特性。

1. 真实性

平行于投影面的直线和平面，其投影反映实长和实形。

如图 1.44 所示，直线 AB 平行于投影面 H，其投影 $ab=AB$，即反映 AB 的真实长度；平面 $ABCD // H$，其投影 $abcd$ 反映 $ABCD$ 的真实大小。

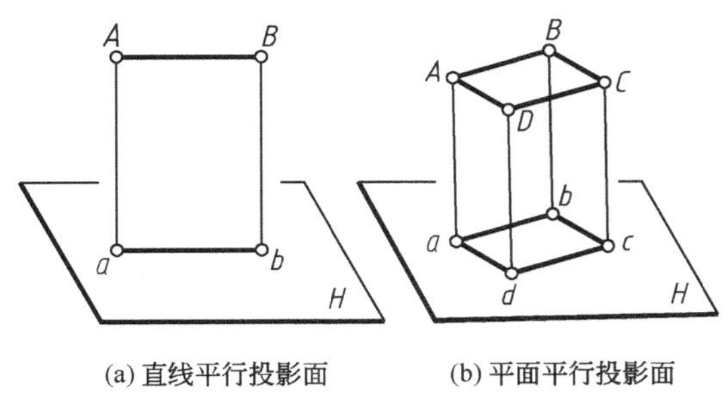

(a) 直线平行投影面　　(b) 平面平行投影面

图 1.44　投影的真实性

2. 积聚性

垂直于投影面的直线，其投影积聚为一点；垂直于投影面的平面，其投影积聚为一条直线。如图 1.45 所示，直线 AB 垂直于投影面 H，其投影积聚成一点 $a(b)$；平面 $ABCD$ 垂直于投影面 H，其投影积聚成一直线 $ab(dc)$。

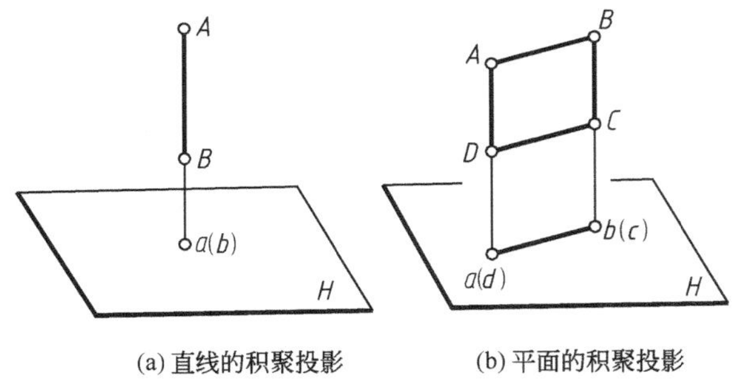

(a) 直线的积聚投影　　(b) 平面的积聚投影

图 1.45　直线和平面的积聚性

3. 类似性

(1) 点的投影仍是点，如图 1.46(a)所示。

(2) 直线的投影在一般情况下仍为直线，当直线段倾斜于投影面时，其正投影短于实长，如图 1.46(b)所示，通过直线 AB 上各点的投射线，形成一平面 $ABba$，它与投影面 H 的交线 ab 即为 AB 的投影。

(3) 平面的投影在一般情况下仍为平面，当平面倾斜于投影面时，其正投影小于实形，如图 1.46(c)所示。

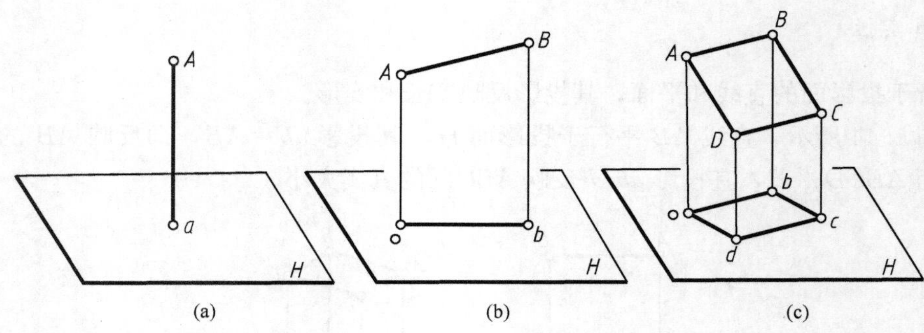

图 1.46　点、线、面的投影

4. 从属性

若点在直线上，则点的投影必在该直线的投影上。如图 1.47 所示，点 K 在直线 AB 上，投射线 Kk 必与 Aa、Bb 在同一平面上，因此点 K 的投影 k 一定在 ab 上。

5. 定比性

直线上一点把该直线分成两段，该两段之比，等于其投影之比。如图 1.47 所示，由于 $Aa /\!/ Kk /\!/ Bb$，所以 $AK : KB = ak : kb$。

6. 平行不变性

两平行直线的投影仍互相平行，且其投影长度之比等于两平行线段长度之比。如图 1.48 所示，$AB /\!/ CD$，其投影 $ab /\!/ cd$，且 $ab : cd = AB : CD$。

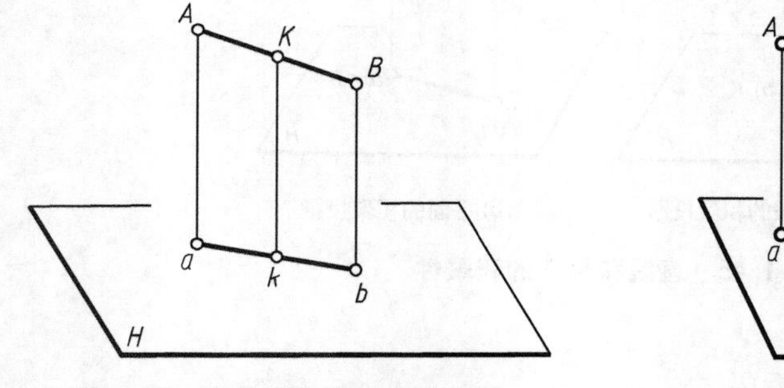

图 1.47　直线的从属性和定比性

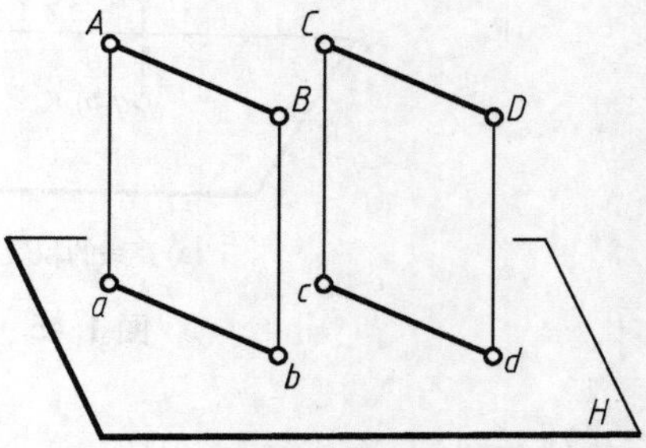

图 1.48　两平行直线的投影

1.2.3　三面正投影

1. 三面投影体系

如图 1.49 所示根据平行投影，图中三个形状不同的形体，在同一投影面的投影却是相同的。这说明由形体的一个投影，不能准确地表示形体的形状，因此，需要用多个投影面来反映形体的实形。一般把形体放在三个互相垂直的平面所组成的三面投影体系中进行投影，如图1.50所示。在三面投影体系中，水平放置的平面称为水平投影面，用字母“H”表示，简称为H面；正对观察者的平面称为正立投影面，用字母“V”表示，简称V面；观察者右侧的平面称为侧立投影面，用字母“W”表示，简称W面。三投影面两两相交，构成三条投影轴OX、OY和OZ，三轴的交点O称为原点。只有在这个体系中，才能比较充分地表示出形体的空间形状。

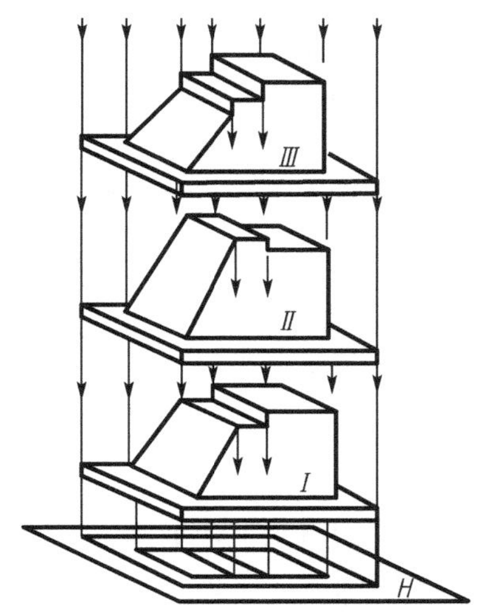

图1.49 一个投影图不能确定形体的空间形状

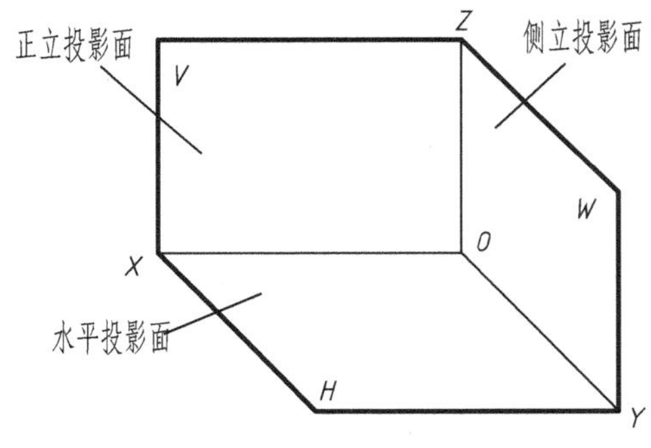

图1.50 三面投影体系

2. 三面投影图的形成

将形体置于三面投影体系中，且形体在观察者和投影面之间。如图1.51所示，形体靠近观察者一面称为前面，反之称为后面。由观察者的角度出发，定出形体的左、右、上、下四个面。由安放位置可知，形体的前、后两面均与V面平行，顶底两面则与H面平行。用三组分别垂直于三个投影面的投射线对形体进行投影，就得到该形体在三个投影面上的投影。

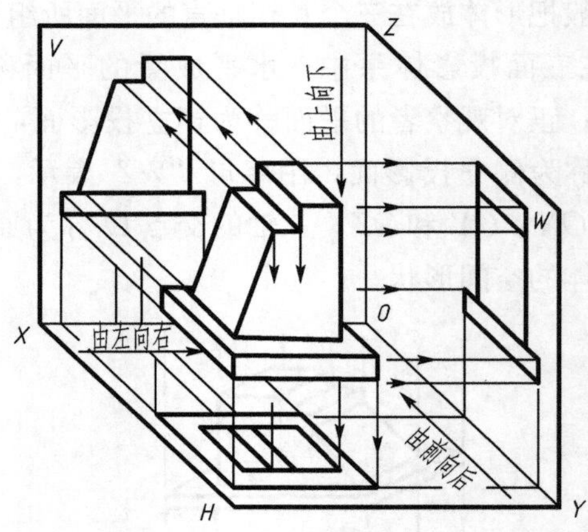

图 1.51　三面投影图的形成

（1）由上而下投影，在 H 面上所得的投影图，称为水平投影图，简称 H 面投影；

（2）由前向后投影，在 V 面上所得的投影图，称为正立面投影图，简称 V 面投影；

（3）由左向右投影，在 W 面上所得的投影图，称为(左)侧立面投影图，简称 W 面投影。

上述所得的 H、V、W 三个投影图就是形体最基本的三面投影图。

为了使三个投影图能画在一张图纸上，还必须把三个投影面展开，使之摊平在同一个平面上，完成从空间到平面的过程。国家标准规定：V 面不动，H 面绕 OX 轴向下旋转 90°，W 面绕 OZ 轴向右旋转 90°，使它们转至与 V 面同在一个平面上，如图 1.52 所示，这样就得到在同一平面上的三面投影图。这时 Y 轴出现两次，一次是随 H 面旋转至下方，与 Z 轴在同一铅垂线上，标以 Y_H；另一次随 W 面转至右方，与 X 轴在同一水平线上，标以 Y_W。摊平后的三面投影图如图 1.53(a)所示。

为了使作图简化，在三面投影图中不画投影图的边框线，投影图之间的距离可根据需要确定，三条轴线也可省去，如图 1.53(b)所示。

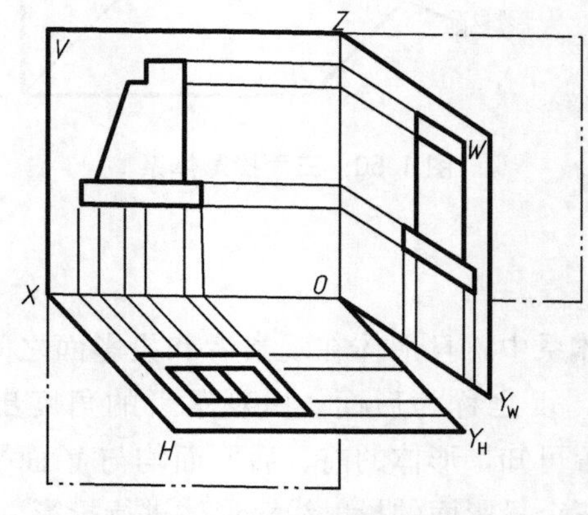

图 1.52　三面投影图的展开

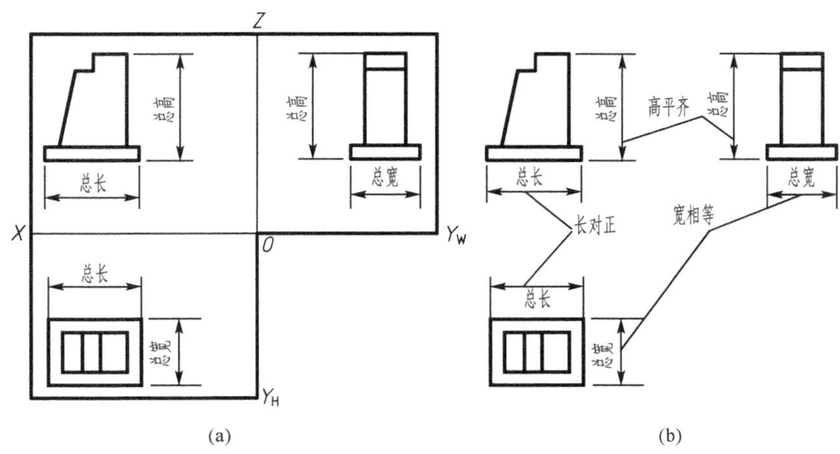

图 1.53 三面投影图的形成和投影规律

3. 三面投影图的对应关系

三面投影图是从形体的三个方向投影得到的。三个投影图之间是密切相关的，它们的关系主要表现在它们的度量和相互位置上的联系。

1）投影形成相互的顺序关系

在三面投影体系中：从前向后，以人→物→图的顺序形成 V 面投影；从上向下，以人→物→图的顺序形成 H 面投影；从左向右，以人→物→图的顺序形成 W 面投影。所以，投影形成相关的顺序关系是人→物→图。

2）投影中的长、宽、高和方位关系

每个形体都有长度、宽度、高度或左右、前后、上下三个方向的形状和大小变化。形体左右两点之间平行于 OX 轴的距离称为长度；上下两点之间平行于 OZ 轴的距离称为高度；前后两点之间平行于 OY 轴的距离称为宽度。

每个投影图能反映其中两个方向关系：H 面投影反映形体的长度和宽度，同时也反映左右和前后位置；V 面投影反映形体的长度和高度，同时也反映左右，上下位置；W 面投影反映形体的高度和宽度，同时也反映上下、前后位置，如图 1.53 所示。

3）投影图的三等关系

三面投影图是在形体安放位置不变的情况下，从 3 个不同方向投影所得到，它们共同表达同一形体，因此它们之间存在着紧密的关系：V、H 两面投影都反映形体的长度，展开后所反映形体的长度不变，因此画图时必须使它们左右对齐，即“长对正”的关系；同理，H、W 面投影都反映形体的宽度，有“宽相等”的关系；V、W 面投影都反映形体的高度，有“高平齐”的关系，总称为“三等关系”。

“长对正、高平齐、宽相等”是三面投影图最基本的投影规律。绘图时，无论是形体总的轮廓还是局部细节，都必须符合这一基本规律。

1.3 点、直线、平面的投影

1.3.1 点的投影

1. 点的投影规律

1）投影的形成

如图 1.54(a)所示，在三面投影体系中，有一个空间点 A，由 A 分别向三个投影面 V、H 和 W 作射线(垂线)，交得的三个垂足 a'、a、a''即空间点 A 点的三面投影。空间点用大写字母表示，如 A、B、C…；H 面投影用相应的小写字母表示，如 a、b、c…；V 面投影用相应的小写字母加一撇表示，如 a'、b'、c'…；W 面投影用相应的小写字母加两撇表示，如 a''、b''、c''…。

如图 1.54(b)、(c)所示，按投影体系的展开方法，将三个投影面展平在一个平面上并去掉边框线后，即得到点的三面投影图。在投影图中，点用小圆圈表示。

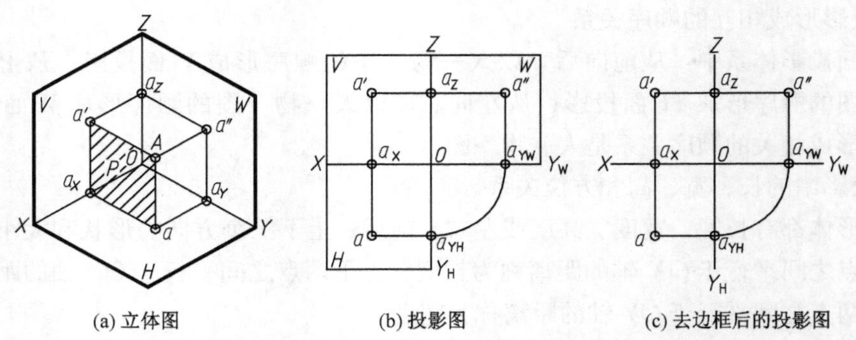

(a) 立体图　　(b) 投影图　　(c) 去边框后的投影图

图 1.54　点的三面投影

2）投影规律

(1) 垂直规律。点在相应两投影面上的投影的连线垂直于相应的投影轴，即：点的 V 面投影和 H 面投影的连线垂直于 OX 轴($a'a \perp OX$)；点的 V 面投影和 W 面投影的连线垂直于 OZ 轴($a'a'' \perp OZ$)。证明如下：

如图 1.54(a)所示，由投射线 Aa'、Aa 所构成的投射平面 $P(Aa'a_Xa)$与 OX 轴相交于 a_X 点，因 $P \perp V$、$P \perp H$，即 P、V、H 三面互相垂直，由立体几何可知，此三平面的交线必互相垂直，即 $a'a_X \perp OX$，$a_Xa \perp OX$，$a'a_X \perp a_Xa$，故 P 面为矩形。

当 H 面旋转至与 V 面重合时，a_X 不动，且 $a_Xa \perp OX$ 的关系不变，所以 a'、a_X、a 三点共线，即 $a'a \perp OX$ 轴。同理也可证得 $a'a'' \perp OZ$ 轴。

(2) 等距规律。空间点的投影到相应的投影轴的距离，反映该点到相应的投影面的距离。如图 1.54(a)所示，即：

$Aa=a'a_X=a''a_Y$，反映 A 点至 H 面的距离。

$Aa'=aa_X=a''a_Z$，反映 A 点至 V 面的距离。

$Aa''=a'a_Z=aa_Y$，反映 A 点至 W 面的距离。

特别提示

点的三面投影规律的实质仍然是：长对正，宽相等，高平齐。

根据上述投影规律，只要已知点的任意两面投影，即可求其第三面投影。为了能更直接地看到 a 和 a''之间的关系，经常用以 O 为圆心的圆弧把 a_{YH}和 a_{YW}联系起来[图 1.54(b)]，也可以自 O 点作 45°的辅助线来实现 a 和 a''的联系。

【例 1-1】 已知一点 A 的 V、W 面投影 a'、a''，求点 A 的 H 面投影 a(图 1.55)。

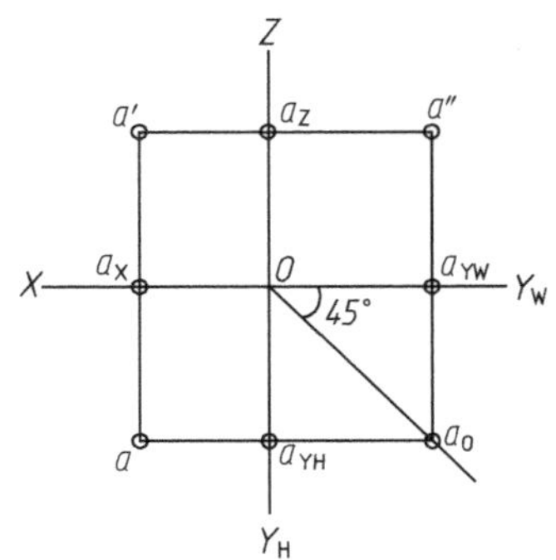

图 1.55 已知点的两面投影求第三投影

解题步骤如下：

(1) 按第一条规律(即长对正)，过 a'作垂线并与 OX 轴交于 a_X点。

(2) 按第二条规律(即宽相等)在所作垂线上量取 $aa_X=a''a_Z$得 a 点，即为所求。作图时，也可以借助于过 O 点作 45°斜线 Oa_0，因为 $Oa_{YH}a_0a_{YW}$是正方形，所以 $Oa_{YH}=Oa_{YW}$。

3) 各种位置点的投影

点的位置有在空间中、在投影面上、在投影轴上及在原点上四种情况，各有不同的投影特征。

在空间中的点，点的三个投影都在相应的投影面上，不可能在轴及原点上，如图 1.54 所示。

在投影面上的点，一个投影与空间点重合，另两个投影在相应的投影轴上。它们的投影仍完全符合上述两条基本投影规律。如图 1.56 所示，A 点在 V 面上，B 在 H 面上，C 点在 W 面上。

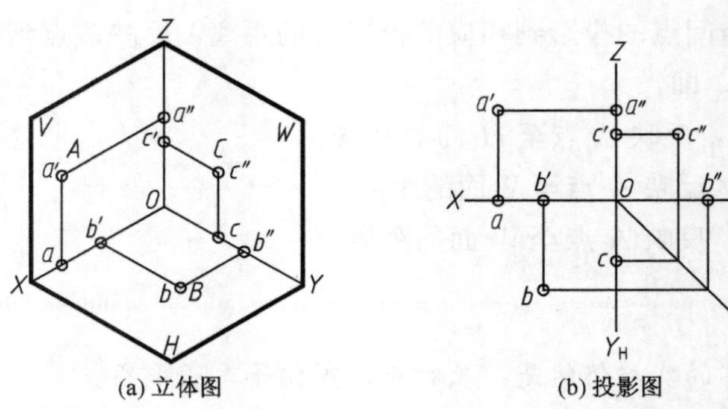

(a) 立体图　　(b) 投影图

图 1.56　投影面上的点

在投影轴上的点，两个投影与空间点重合，另一个投影在原点上。如图 1.57 所示，A 点在 OX 轴上，B 点在 OZ 轴上，C 点在 OY 轴上。

在原点上的点，点的三个投影与空间点都重合在原点上。

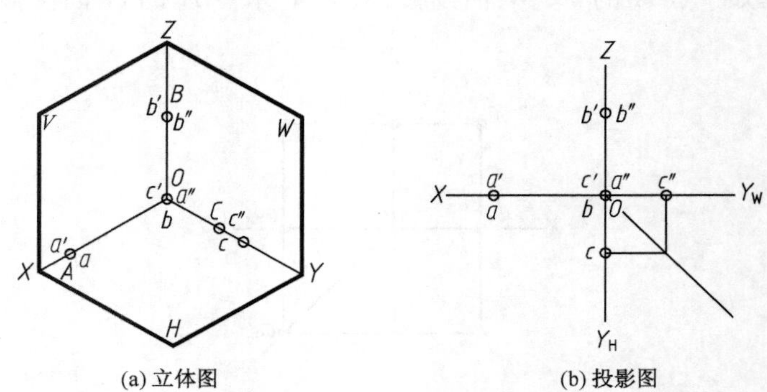

(a) 立体图　　(b) 投影图

图 1.57　投影轴上的点

2. 点的投影与坐标

如果把三投影面体系当作直角坐标系，则各投影面就是坐标面，各投影轴就是坐标轴，点到三个投影面的距离，就是相应的坐标数值。如图 1.54(a)所示：

A 点到 W 面的距离为其 X 坐标，即 $Aa''=aa_Y=a'a_Z=X$。

A 点到 V 面的距离为其 Y 坐标，即 $Aa'=aa_X=a''a_Z=Y$。

A 点到 H 面的距离为其 Z 坐标，即 $Aa''=a'a_X=a''a_Y=Z$。

则点在空间的位置可用坐标确定，如空间 A 点的坐标可表示为：$A(X, Y, Z)$；而点的每个投影只反映两个坐标，其投影与坐标的关系如下：

(1) A 点的 H 面投影 a 可反映该点的 X 和 Y 坐标。

(2) A 点的 V 面投影 a' 可反映该点的 X 和 Z 坐标。

(3) A 点的 W 面投影 a'' 可反映该点的 Y 和 Z 坐标。

因此如果已知一点 A 的三投影 a、a' 和 a''，就可从图中量出该点的三个坐标；反之，如果已知 A 点的三个坐标，就能做出该点的三面投影。空间点的任意两个投影都具备了三个坐标，所以给出一个点的两面投影即可求得第三面投影。

【例 1-2】 已知 $A(4, 6, 5)$，求作 A 点的三面投影(图 1.58)。

解题步骤如下：

(1) 做出三个投影轴及原点 O，在 OX 轴是自 O 点向左量取 4 个单位，得到 a_X 点[图 1.58(a)]。

(2) 过 a_X 点作 OX 轴的垂线，由 a_X 向上量取 $Z=5$ 单位，得 V 面投影 a'，在下量取 $Y=6$ 单位，得 H 面投影 a[图 1.58(b)]。

(3) 过 a' 作线平行于 OX 轴并与 OZ 轴相交于 a_Z，量取 $a_Za''=Y=a_Xa$，得 W 面投影 a''，a、a'、a'' 即为所求[图 1.58(c)]。

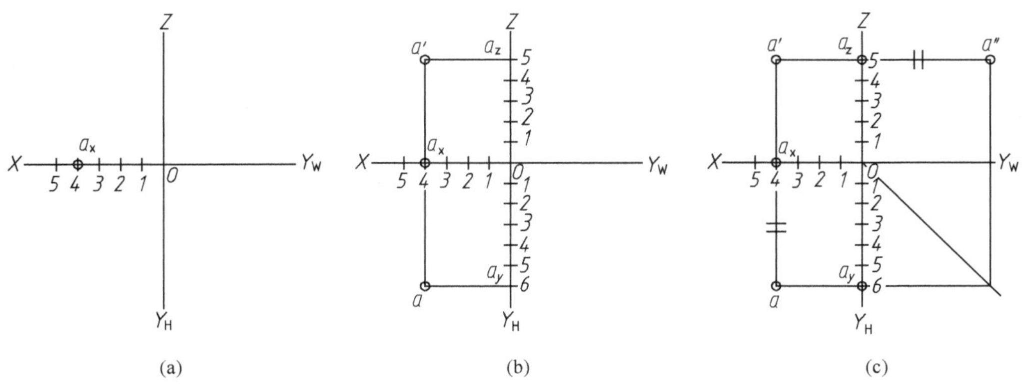

图 1.58 已知点的坐标求作点的三面投影

3. 两点的相对位置及重影点和投影的可见性

1) 两点的相对位置

空间中的每个点具有前后、左右、上下 6 个方位。空间两点的相对位置是以其中某一点为基准来判断另一点在该点的前后、左右、上下的位置，这可用点的坐标值的大小或两点的坐标差来判定。具体地说就是：X 坐标大者在左边，X 坐标小者在右边；Y 坐标大者在前边，Y 坐标小者在后边；Z 坐标大者在上边，Z 坐标小者在下边。

如图 1.59 所示，如以 A 点为基准，由于 $X_B>X_A$，$Y_B>Y_A$，$Z_B<Z_A$，所有 B 点在 A 点的左、前、下方。

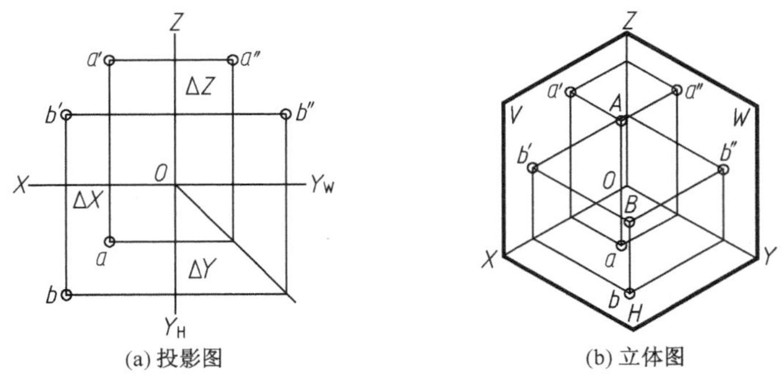

图 1.59 两点的相对位置

特别提示

虽然在三投影面展开的过程中，Y 轴被一分为二：一次是随 H 面旋转至 Z 轴下方(标以 Y_H)，另一次是随 W 面转至 X 轴右方(标以 Y_W)；但不论是 Y_H 还是 Y_W 都始终指向前方。

2）重影点和投影的可见性

当空间中两点位于某一投影面的同一投射线上时，则此两点在该投影面上的投影重合，此两点称为对该投影面的重影点。

如图 1.60(a)所示，A、B 两点位于垂直 H 面的同一投射线上，A 点在 B 点的正上方，B 点在 A 点的正下方；a、b 两投影重合，为对 H 面的重影点；但其他两同面投影不重合。至于 a、b 两点的可见性，可从 V 面投影(或 W 面投影)进行判断；因为 a' 高于 b'(或 a'' 高于 b'')，所以 a 为可见，b 为不可见。此外，判别重影点的可见性时，也可以比较两点的不重影的同面投影的坐标值，坐标值大的点可见，坐标值小的点的投影被遮挡而不可见。为区别起见，凡不可见的投影其字母写在后面，并可加括号表示。

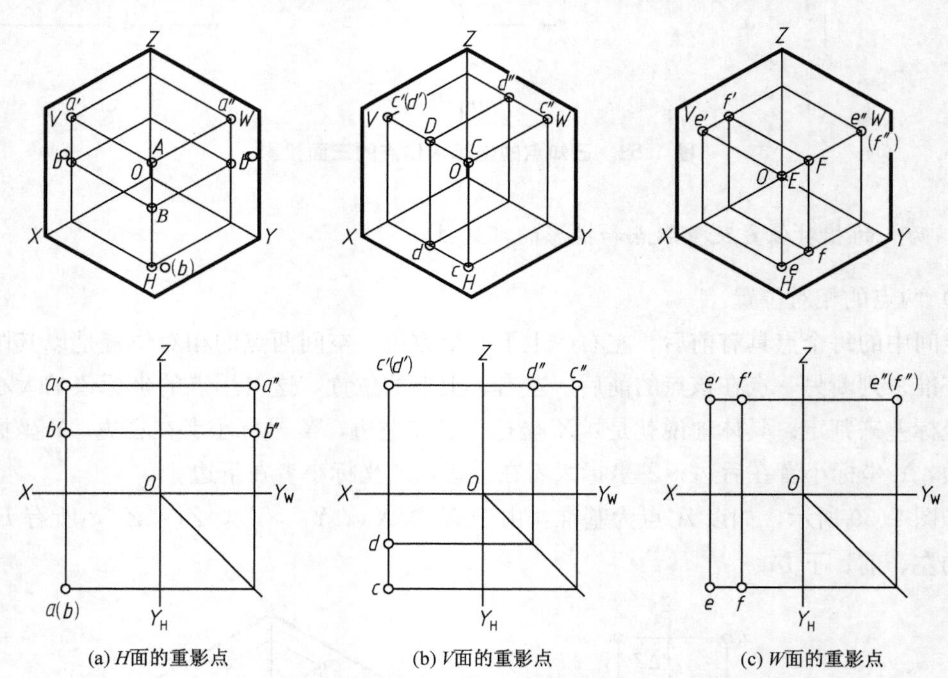

图 1.60　投影面的重影点

同理如图 1.60(b)所示，C 点在 D 点的正前方，位于 V 面的同一投射线上，c'、d' 两投影重合，为对 V 面的重影点，c' 可见，d' 不可见。

如图 1.60(c)所示，E 点在 F 点的正左方，位于 W 面的同一投射线上，e''、f'' 两投影重合，为对 W 面的重影点，e'' 可见，f'' 不可见。

1.3.2 直线的投影

1. 直线投影的形成、规律及对投影面的倾角

1）直线投影的形成

两点确定一条直线，因此要作直线的投影，只需画出直线上任意两点的投影，连接其同面投影，即为直线的投影。对直线段而言，一般用线段的两个端点的投影来确定直线的投影。如图 1.61 所示为直线段 AB 的三面投影。

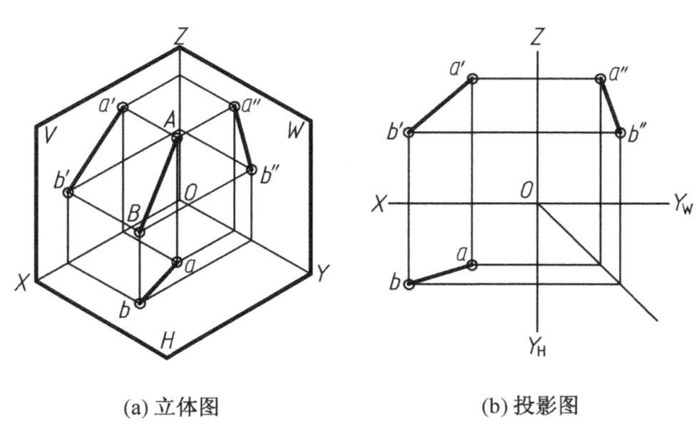

(a) 立体图　　(b) 投影图

图 1.61 直线的投影

2）直线的投影规律

一般情况下，直线的投影仍为直线；但当直线垂直于投影面时，其投影积聚为一个点。

3）直线对投影面的倾角

直线与投影面的夹角(即直线和它在某一投影面上的投影间的夹角)，称为直线对该投影面的倾角。

直线对 H 面的倾角为 α 角，α 角的大小等于 AB 与 ab 的夹角；直线对 V 面的倾角为 β 角，β 角的大小等于 AB 与 $a'b'$ 的夹角；直线对 W 面的倾角为 γ 角，γ 角的大小等于 AB 与 $a''b''$ 的夹角，如图 1.62 所示。

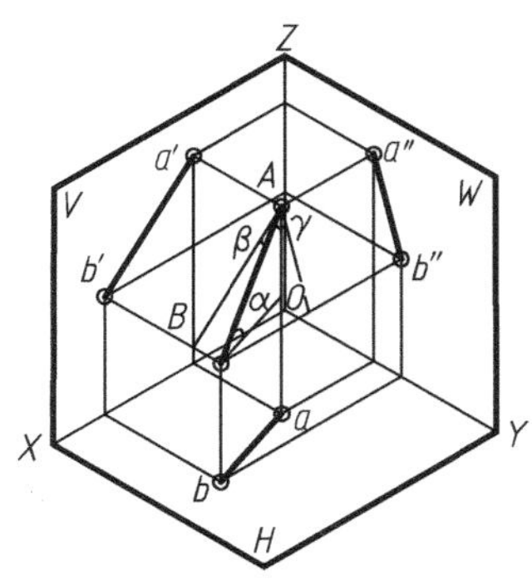

图 1.62 直线对投影面的倾角

2. 各种位置直线的投影

在三投影面体系中，根据直线对投影面的相对位置，直线可分为：一般位置直线和特殊位置直线。特殊位置直线有两种：投影面的平行线和投影面的垂直线。

1）一般位置直线

对三个投影面都倾斜(不平行也不垂直)的直线称为一般位置直线，简称一般线，如图1.61(a)所示。

一般位置直线的投影有如下特征。

(1) 由图1.62可知：$ab=AB\cos\alpha$，$a'b'=AB\cos\beta$，$a''b''=AB\cos\gamma$。而对于一般位置线而言，α、β、γ 均不为零，即 $\cos\alpha$、$\cos\beta$、$\cos\gamma$ 均小于1，所有一般位置直线的三个投影都小于实长。

(2) 一般位置直线的三面投影都倾斜于各投影轴，且各投影与相应的投影轴所成之夹角都不反映直线对各投影面的真实倾角，如图1.61(b)所示。

2）投影面平行线

只平行于某一投影面而倾斜于另外两个投影面的直线称为投影面平行线。投影面平行线有3种情况：

(1) 与 V 面平行，倾斜于 H、W 面的直线称为正面平行线，简称正平线。

(2) 与 H 面平行，倾斜于 V、W 面的直线称为水平面平行线，简称水平线。

(3) 与 W 面平行，倾斜于 H、V 面的直线称为侧面平行线，简称侧平线。

如图1.63(a)所示，现以正平线 AB 为例，讨论其投影特征。

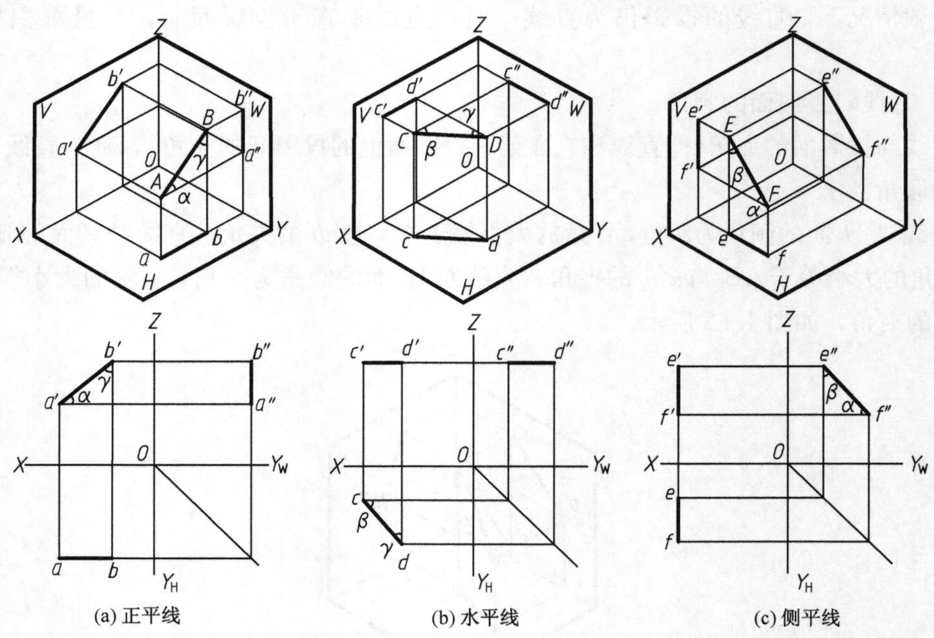

(a) 正平线　(b) 水平线　(c) 侧平线

图1.63　投影面平行线

(1) 因为 $AB // V$ 面，所以其 V 面投影反映实长，即 $a'b' = AB$；且 $a'b'$ 与 OX 轴的夹角，反映直线对 H 面的真实倾角 α；$a'b'$ 与 OZ 轴的夹角，反映直线对 W 面的真实倾角 γ。

(2) 因为 AB 上各点到 V 面的距离都相等，所以 $ab // OX$ 轴；同理 $a''b'' // OZ$ 轴。

如图 1.63 所示，可归纳出投影面平行线的投影特征。

(1) 直线在所平行的投影面上的投影反映实长，且该投影与相应投影轴所成之夹角，反映直线对其他两投影面的倾角。

(2) 直线其他两投影均小于实长，且平行于相应的投影轴。

【例 1-3】 如图 1.64(a)所示，已知水平线 AB 的长度为 15mm，$\beta = 30°$，A 的两面投影 a、a'，试求 AB 的三面投影。

解题步骤如图 1.64(b)所示：

(1) 过 a 作直线 $ab = 15$mm，并与 OX 轴成 30°角。

(2) 过 a' 作直线平行 OX 轴，与过 b 作 OX 轴的垂线相交于 b'。

(3) 根据 ab 和 $a'b'$ 做出 $a''b''$。

(4) 根据已知条件，B 点可以在 A 点的前、后、左、右四种位置，本题有 4 种答案。

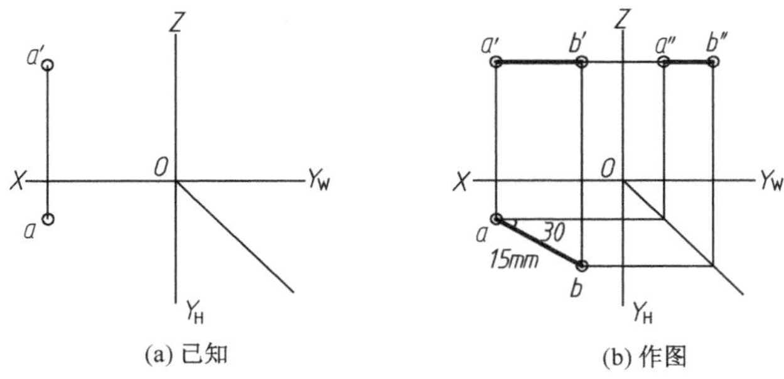

(a) 已知　　(b) 作图

图 1.64　求水平线

【例 1-4】 如图 1.65 所示，已知水平线 AB 的 H 面投影 a，且 AB 距 H 面 20mm，补全 AB 的三面投影。

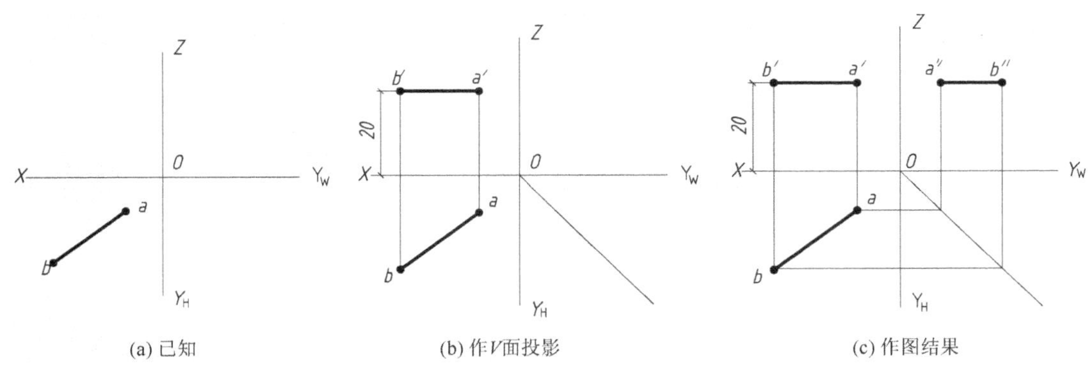

(a) 已知　　(b) 作V面投影　　(c) 作图结果

图 1.65　求AB的三面投影

解题步骤如下：

由于水平线 AB 平行于 H 面，所以 AB 线上的每一个点的 Z 坐标都为 20mm。

(1) 根据长对正的投影规律，再根据 A、B 两点的 Z 坐标都为 20mm，求作 AB 的 V 面投影，如图 1.65(b)所示。

(2) 根据高平齐、宽相等的投影规律，做出 AB 的 W 面投影，如图 1.65(c)所示。

3) 投影面垂直线

垂直于一个投影面的直线称为投影面垂直线。垂直于一个投影面，必平行于另两个投影面。投影面垂直线有三种情况。

(1) 垂直于 H 面的称为水平面垂直线，简称铅垂线。

(2) 垂直于 V 面的称为正面垂直线，简称正垂线。

(3) 垂直于 W 面的称为侧面垂直线，简称侧垂线。

如图 1.66(a)所示，现以铅垂线 AB 为例，讨论其投影特征。

(1) $AB \perp H$ 面，所以其 H 面投影 ab 积聚为一点。

(2) $AB /\!/ V$、W 面，其 V、W 面投影反映实长，即 $a'b'=a''b''=AB$。

(3) $a'b' \perp OX$ 轴，$a''b'' \perp OYW$ 轴。

如图 1.66 所示，可归纳出投影面垂直线的投影特征。

(1) 投影面垂直线在所垂直的投影面上的投影积聚成一点。

(2) 投影面垂直线其他两投影与相应的投影轴垂直，并都反映实长。

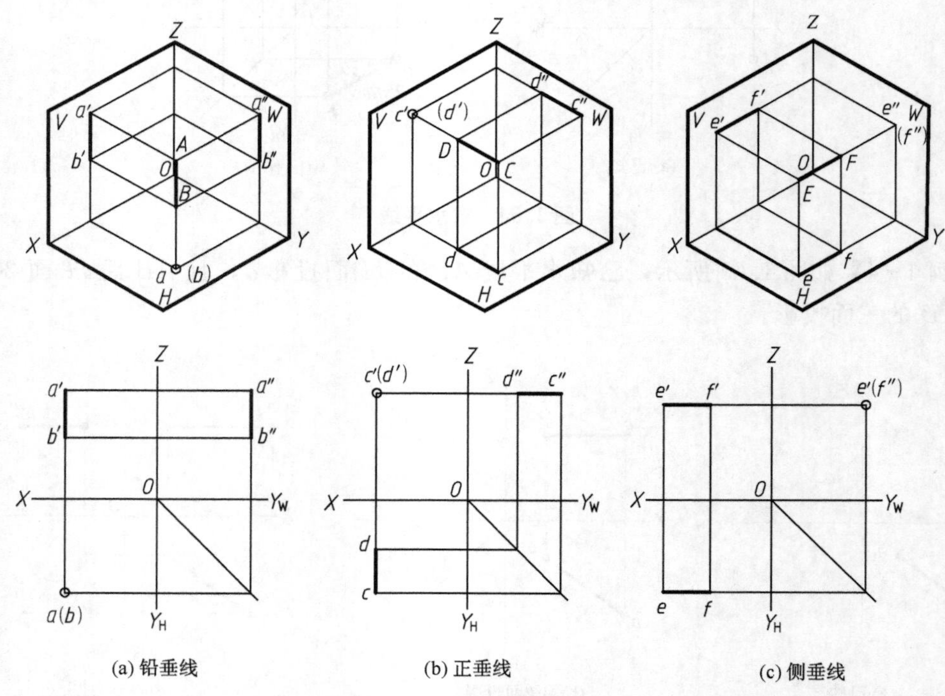

(a) 铅垂线　　(b) 正垂线　　(c) 侧垂线

图 1.66　投影面垂直线

【例 1-5】如图 1.67(a)所示，已知铅垂线 AB 的长度为 15mm，A 的两面投影 a、

a'，并知 B 点在 A 点的正上方，试求 AB 的三面投影。

解题步骤如图 1.67(b)所示。

根据垂直线的投影特性，铅垂线 AB 在 H 面的投影积聚成点，铅垂线 AB 平行于 V、W 面，即 AB 直线在 V、W 面上的投影反映实长，且投影与相应的投影轴平行。

(1) 过 a'往正上方作直线并量取 $a'b'=15\text{mm}$，定出 b'，并用粗实线连接 $a'b'$；

(2) 根据 ab 和 $a'b'$，利用高平齐、宽相等做出 $a''b''$。

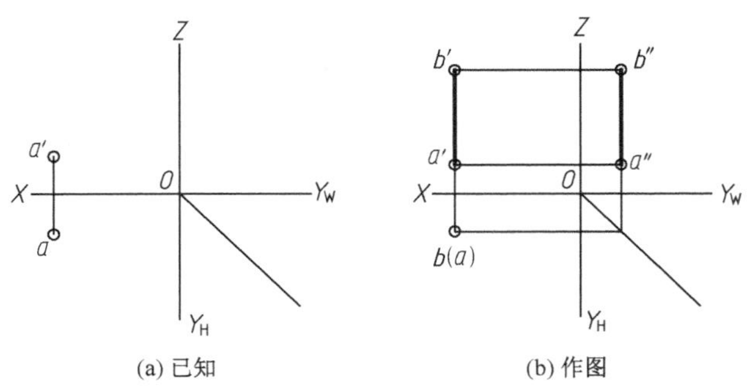

(a) 已知　　(b) 作图

图 1.67　求铅垂线

4) 一般位置直线的实长和倾角

特殊位置直线(如投影面的垂直线和投影面的平行线)可由投影图直接定出直线段的实长和对投影面的倾角。对于一般位置直线而言，其投影图既不反映实长，也不反映倾角，要想求得一般线的实长和倾角，可以采用直角三角形法。

如图 1.68 所示，在 $ABba$ 所构成的投射平面内，延长 AB 和 ab 交于点 C，则$\angle BCb$ 就是 AB 直线对 H 面的倾角 α。过 B 点作 $BA_1 /\!/ ab$，则$\angle ABA_1=\alpha$ 且 $BA_1=ab$。所以只要在投影图上做出直角三角形 ABA_1的实形，即可求出 AB 直线的实长和倾角 α。

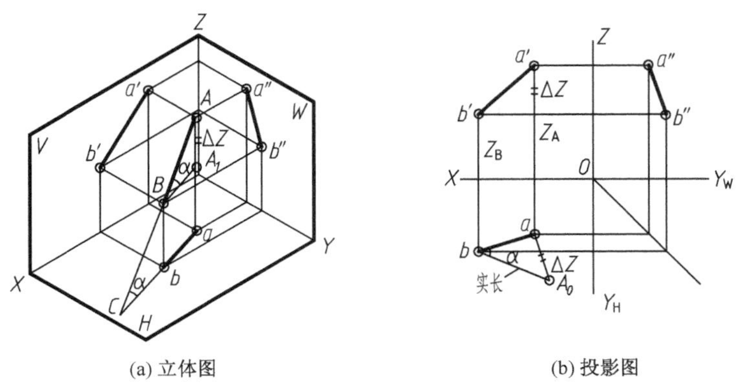

(a) 立体图　　(b) 投影图

图 1.68　求直线的实长与倾角 α

其中直角边 $BA_1=ab$，即 BA_1为已知的 H 面投影；另一直角边 AA_1，是直线两端点的 Z 坐标差，即 $AA_1=Z_A-Z_B=\Delta Z$，可从 V 面投影图中量得，也是已知的，其斜边 BA 即为实长。

其作图步骤为：

(1) 过 H 面投影 ab 的任一端点 a 作直线垂直于 ab。

(2) 在所作垂线上截取 $aA_0=Z_A-Z_B=\Delta Z$，得 A_0点。

(3) 连直角三角形的斜边 bA_0，即为所求的实长，$\angle abA_0$即为倾角 α。

如图 1.69 所示，求作 AB 直线对 V 面的倾角 β，即以直线的 V 面投影 $a'b'$ 为一条直角边，直线上两端点的 Y 坐标差为另一条直角边，组成一个直角三角形，就可求出直线的实长和直线对 V 面的倾角 β。同理如图 1.70 所示，如果求作 AB 直线对 W 面的倾角 γ，即以直线的 W 面投影 $a''b''$ 为一条直角边，直线上两端点的 X 坐标差为另一条直角边，组成一个直角三角形，就可求出直线的实长和直线对 W 面的倾角 γ。

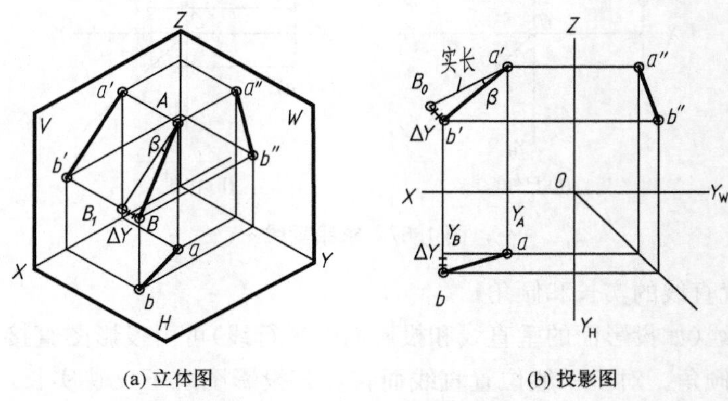

图 1.69　求直线的实长与倾角 β

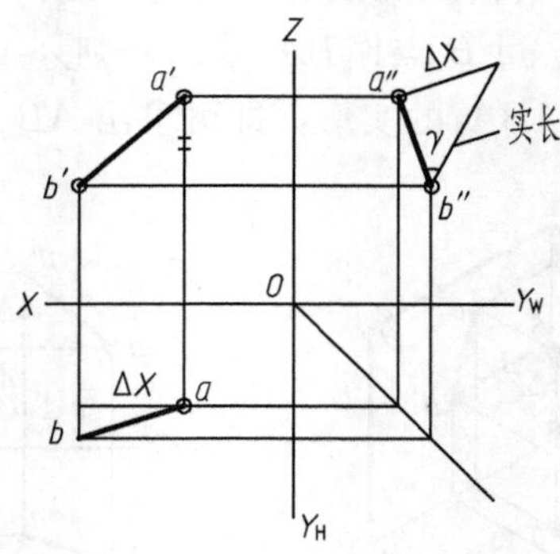

图 1.70　求直线的实长与倾角 γ

综上所述，这种利用直角三角形求一般位置直线的实长及倾角的方法称为直角三角形法；其作图步骤为：

(1) 以直线段的一个投影为直角边。

(2) 以直线段两端点相对于该投影面的坐标差为另一直角边。

(3) 所构成的直角三角形的斜边即为直线段的空间实长。

(4) 斜边与直线段该投影之间的夹角即为直线对该投影面的倾角。

在直角三角形法中，涉及直线实长、直线的一个投影、直线与该投影所在投影面的倾角及另一投影两端点的坐标差四个参数，只要已知其中的两个，就可做出一个直角三角形，从而求得其余参数。

【例 1-6】如图 1.71(a)所示，已知直线 AB 的部分投影 $a'b'$、a 及 AB 的实长为 20mm，求 b。

解题步骤如图 1.71(b)所示。

(1) 过 $a'b'$ 的任一端点 a' 作 $a'b'$ 的垂线，以 b' 为圆心，R=20mm 画圆弧，与垂线相交于 A_0 点，得直角三角形 $A_0a'b'$。

(2) 过 b' 作 OX 轴的垂线，再过 a 作 OX 轴的平行线，两直线相交于 b_0，在 $b'b_0$ 线上截取 Y 坐标 $b_0b_1=a'A_0$，得 b_1 点，边 ab_1 即为所求。

(3) 如果截取 $b_0b_2=a'A_0$，连 ab_2 也为所求，所以本题有两解。

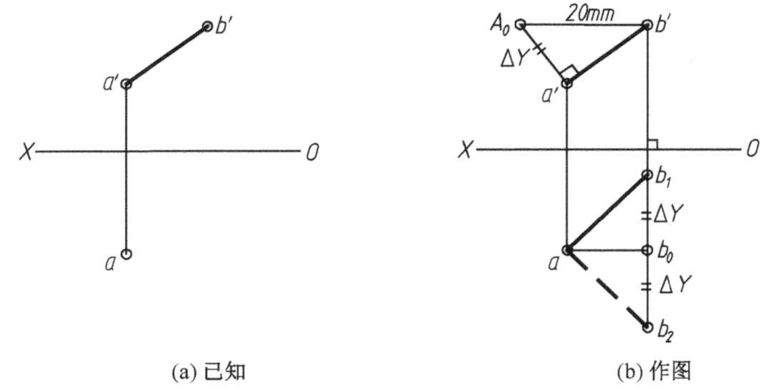

(a) 已知　　(b) 作图

图 1.71　用直角三角形法求直线的投影

【例 1-7】如图 1.72 所示，已知直线 AB 的部分投影 ab、a' 及 $\alpha=30°$，B 点高于 A 点。求 AB 的实长及 b'。

解题步骤如图 1.72(b)所示。

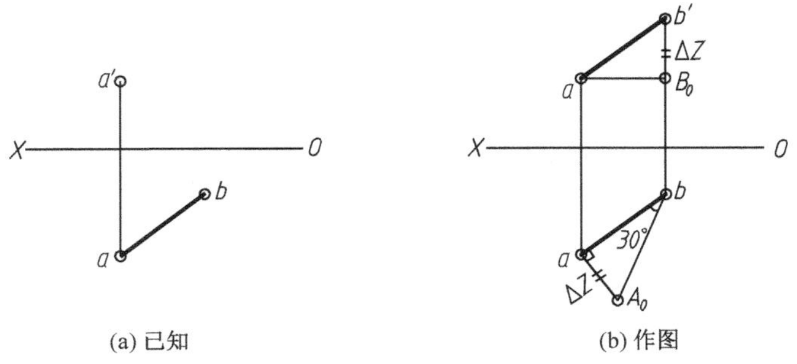

(a) 已知　　(b) 作图

图 1.72　用直角三角形法求直线的投影

(1) 过 ab 的任一端点 a 作 ab 的垂线，再过 b 引斜线 bA_0 与 ba 成 30°夹角，两线相交于 A_0，得一直角三角形，其中 bA_0 之长即为 AB 的实长，aA_0 之长为 A、B 两点的 Z 坐标之差。

(2) 过 a' 作 OX 轴的平行线，同时过 b 作 OX 轴的垂线，两直线相交于 B_0。

(3) 延长 $b'B_0$ 并在其上截取 $B_0b'=aA_0$，得 b' 点，连 $a'b'$ 即为所求。

3. 直线上点的投影规律

如图 1.73 所示，C 点在直线 AB 上，则其投影 c、c'、c'' 必在 AB 的相应投影 ab、$a'b'$、$a''b''$ 上；且 $AC:CB=ac:cb=a'c':c'b'=a''c'':c''b''$。

由此可知，直线上的点除符合点的三面投影规律(垂直规律和等距规律)外，还具有如下的投影特征。

(1) 从属性。点在直线上，则点的各个投影必在直线的同面投影上。

(2) 定比性。点分割直线段成定比，其投影也分割线段的投影成相同的比例。

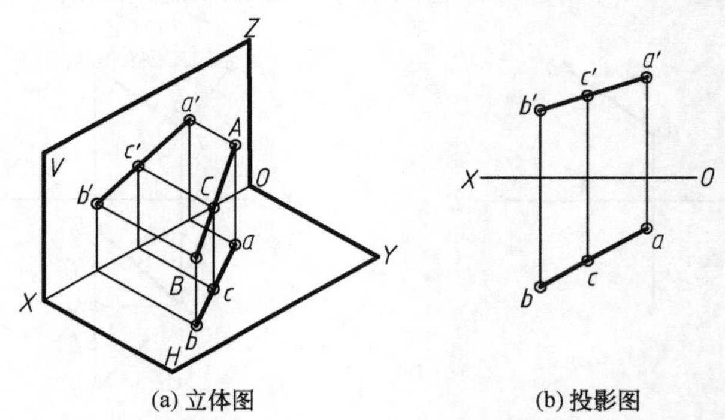

(a) 立体图　　(b) 投影图

图 1.73　直线上的点

【例 1-8】如图 1.74(a)所示，已知侧平线 AB 的两投影 ab 和 $a'b'$，并知 AB 线上一点 K 的 V 面投影 k'，求 k。

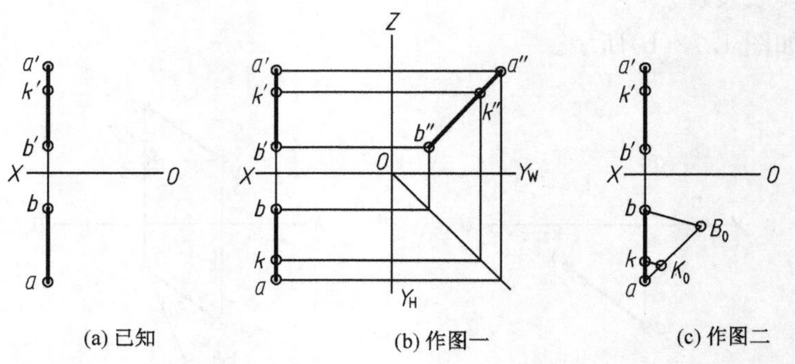

(a) 已知　　(b) 作图一　　(c) 作图二

图 1.74　求直线上一点的投影

解题步骤如下：

作法一：用从属性求作[图 1.74(b)]。根据 ab 和 $a'b'$ 求做出 $a''b''$；再求 k''，即可做出 k。

作法二：用定比性求作[图 1.74(c)]。因为 $AK:KB=a'k':k'b'=ak:kb$，所以可在 H 面投影中过 a 作任一辅助线 aB_0，并使它等于 $a'b'$，再取 $aK_0=a'k'$。连 B_0b，过 K_0 作 $K_0k /\!/ B_0b$ 交 ab 于 k，即为所求。

【例 1-9】 如图 1.75(a)所示，已知侧平线 CD 及点 M 的 V、H 面投影，试判定 M 点是否在侧平线 CD 上。

分析：判断点是否在直线上，一般只要观察两面投影即可，但对于特殊位置直线，如本题中的侧平线 CD，只考虑 V、H 两面投影还不行，可作出 W 面投影来判定，或用定比性来判定。

解题步骤如下：

作法一：用从属性来判定，如图 1.75(b)所示。做出 CD 和 M 的 W 面投影，由作图结果可知：m'' 在 $c''d''$ 外面，因此 M 点不在直线 CD 上。

作法二：用定比性来判定，如图 1.75(c)所示。在任一投影中，过 c 点做出一辅助线 cD_0，并在其上取 $cD_0=c'd'$，$cM_0=c'm'$，连 dD_0、mM_0。因 mM_0 不平行于 dD_0，说明 M 点不在直线 CD 上。

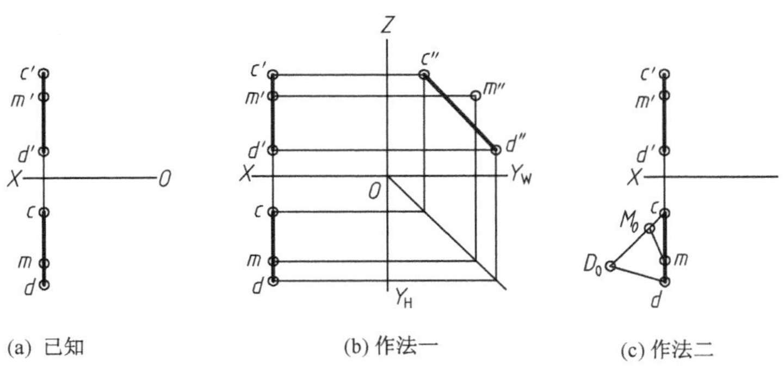

图 1.75 判断点是否在直线上

4. 两直线的相对位置

空间两直线的相对位置分为三种情况：平行、相交和交叉(图 1.76)。其中平行两直线和相交两直线称为共面直线，交叉两直线称为异面直线。

1) 两直线平行

(1) 投影特征。两直线在空间互相平行，则其各同面投影互相平行且比值相等。

如图 1.77 所示，如果 $AB /\!/ CD$，则 $ab /\!/ cd$，$a'b' /\!/ c'd'$，$a''b'' /\!/ c''d''$ 且 $AB:CD=ab:cd=a'b':c'd'=a''b'':c''d''$。

(2) 两直线平行的判定。

① 若两直线的各同面投影都互相平行且比值相等，则此两直线在空间一定互相平行，如图 1.77 所示。

② 若两直线为一般位置直线，则只要有两组同面投影互相平行，即可判定两直线在空间平行。

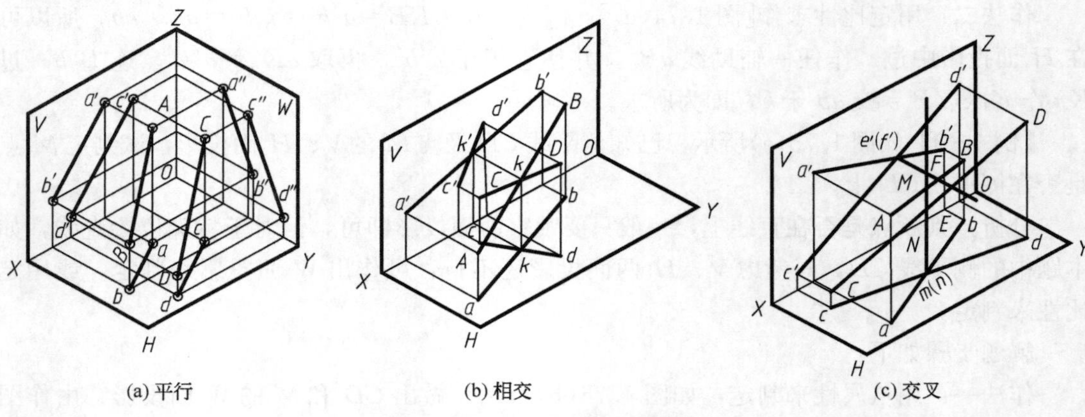

(a) 平行　　(b) 相交　　(c) 交叉

图 1.76　两直线的相对位置

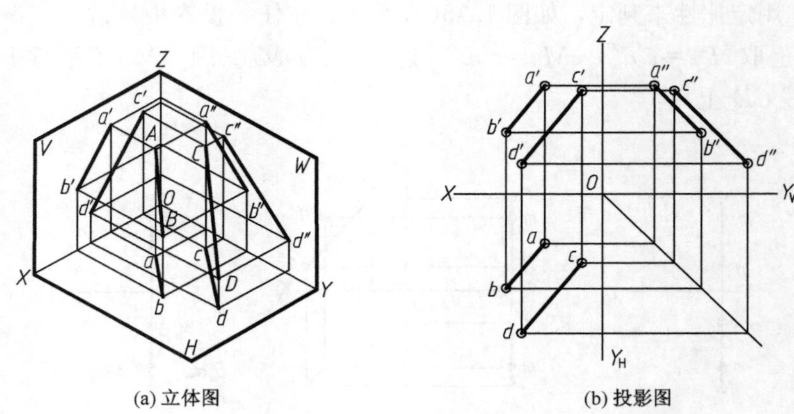

(a) 立体图　　(b) 投影图

图 1.77　平行两直线的投影

③ 若两直线为某一投影面的平行线，则要用两直线在该投影面上的投影来判定其是否在空间平行。

如图 1.78(a)所示，给出了两条侧面平线 CD 和 EF，它们的 V、H 面投影平行，但是还不能确定它们是否平行，必须求出它们的侧面投影或通过判断比值是否相等才能最后确定。如图 1.78(b)所示，做出其侧面投影 $c''d''$和 $e''f''$不平行，则 CD 和 EF 两直线在空间不平行。

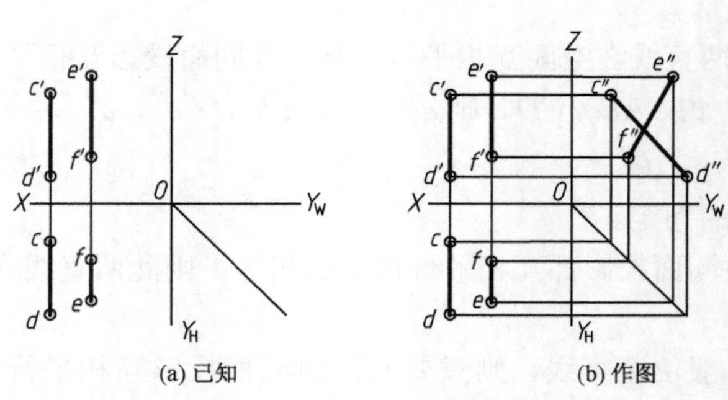

(a) 已知　　(b) 作图

图 1.78　判定两直线的相对位置

2）两直线相交

(1）投影特征。相交两直线，其各同面投影必相交；且交点符合点的投影规律，即各投影交点的连线必垂直于相应的投影轴。

如图1.79所示，AB 和 CD 为两相交直线，其交点 K 为两直线的共有点，它既是 AB 上的一点，又是 CD 上的一点。由于线上的一点的投影必在该直线的同面投影上，因此 K 点的 H 面投影 k 既在 ab 上，又应在 cd 上。这样 k 必然是 ab 和 cd 的交点；k' 必然是 $a'b'$ 和 $c'd'$ 的交点；k'' 必然是 $a''b''$ 和 $c''d''$ 的交点。

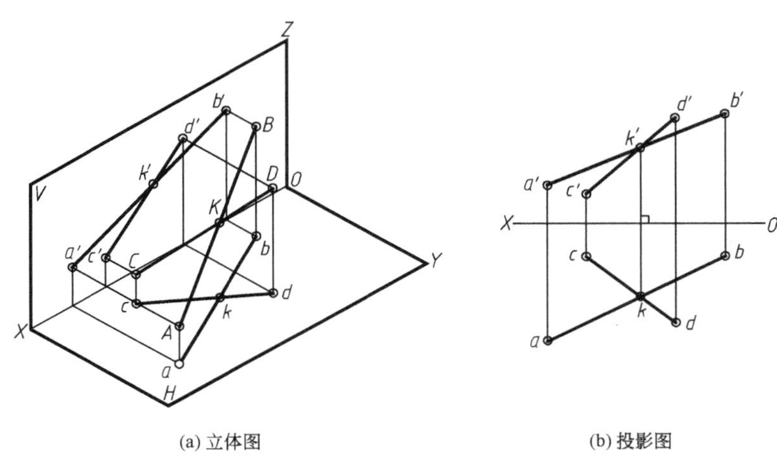

(a) 立体图　　(b) 投影图

图1.79　相交两直线的投影

(2）两直线相交的判定。

① 若两直线的各同面投影都相交且交点符合点的投影规律，则此两直线为相交直线。

② 对两一般位置直线而言，只要根据任意两组同面投影即可判断两直线在空间是否相交。

③ 对两直线之一为投影面平行线时，则要看该直线在所平行的那个投影面上的投影是否满足相交的条件，才能判定；也可以用定比性判断交点是否符合点的投影规律来验证两直线是否相交。

如图1.80所示，两直线 AB 和 CD，因为 $a''b''$ 和 $c''d''$ 的交点与 $a'b'$ 和 $c'd'$ 的交点不符合点的投影规律，所以可以判定 AB 和 CD 不相交。

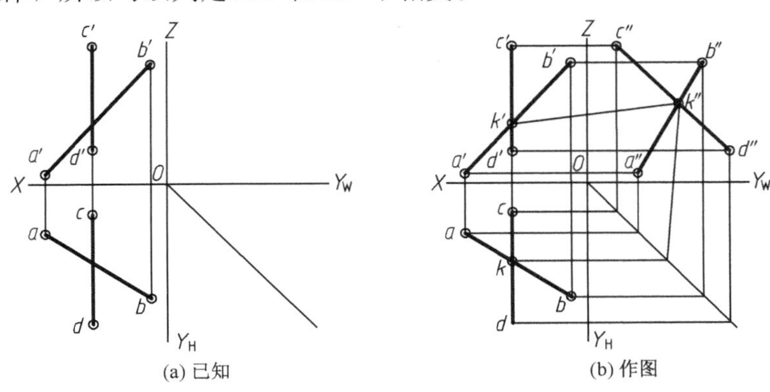

(a) 已知　　(b) 作图

图1.80　判定两直线的相对位置

3）两直线交叉

（1）投影特征。两直线在空间既不平行也不相交称为交叉。其投影特征是，各面投影既不符合两直线平行的投影特征，也不符合两直线相交的投影特征。

（2）两直线交叉的判定。若两直线的同面投影不同时平行，或同面投影虽相交但交点连线不垂直于投影轴，则该两直线必交叉。它们的投影可能有一对或两对同面投影互相平行，但绝不可能三对同面投影都互相平行。交叉两直线也可表现为一对、两对或三对同面投影相交，但其交点的连系线不可能符合点的投影规律。

（3）交叉直线重影点可见性的判别。两直线交叉，其同面投影的交点为该投影面重影点的投影，可根据其他投影判别其可见性。

如图 1.81 所示，AB 和 CD 是两交叉直线，其三面投影都相交，但其交点不符合点的投影规律，即 ab 和 cd 的交点不是一个点的投影，而是 AB 上的 M 点和 CD 上的 N 点在 H 面上的重影点，M 点在上，m 为可见，N 点在下，n 为不可见。同样 $a'b'$ 和 $c'd'$ 的交点为 CD 的上 E 点和 AB 上的 F 点在 V 面上的重影点，E 点在前，e' 为可见，F 点在后，f' 为不可见。W 面投影 $a'b'$ 和 $c'd'$ 的交点也是重影点。

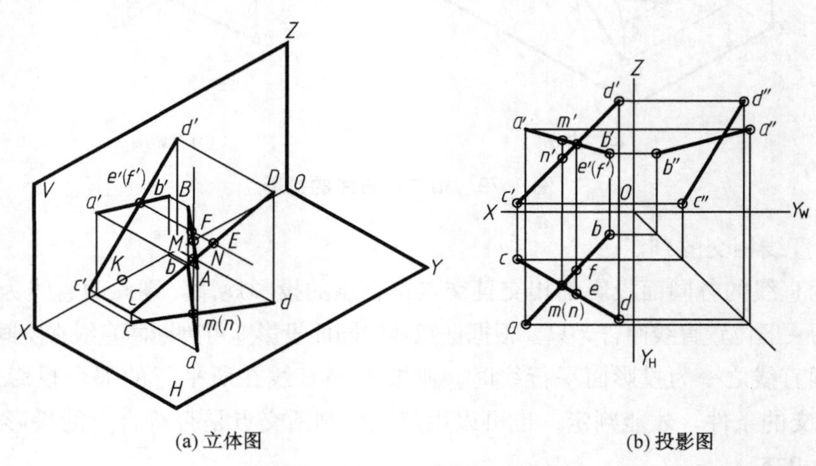

(a) 立体图　　(b) 投影图

图 1.81　相叉两直线的投影

4）直角投影

若两直线相交(或交叉)成直角，且其中有一条直线与某一投影面平行，则此直角仅在该投影面上的投影仍反映直角；这一性质称为直角定理。反之，若相交或交叉两直线的某一同面投影成直角，且有一条直线是该投影面的平行线，则此两直线在空间的交角必是直角。

（1）相交垂直。

已知：如图 1.82 所示，$\angle ABC=90°$，$BC /\!/ H$ 面，求证$\angle abc=90°$。

证明：$\because BC \perp AB$，$BC \perp Bb$；$BC \perp$ 平面 $AabB$；又$\because bc /\!/ BC$，$\therefore bc \perp$ 平面 $AabB$。因此，bc 垂直平面 $ABba$ 上的一切直线，即 $bc \perp ab$，$\angle abc=90°$。

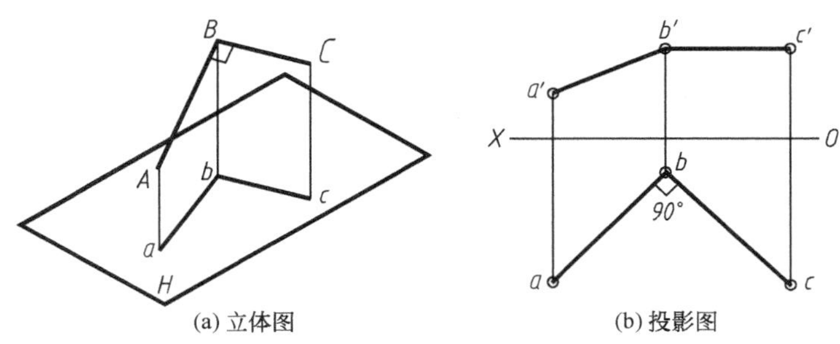

(a) 立体图　　(b) 投影图

图 1.82　两直线相交垂直

(2) 交叉直线。

已知：如图 1.83 所示，MN 与 BC 成交叉直线，$BC /\!/ H$ 面。求证：$mn \perp bc$。

证明：过 BC 上任一点 B 作 $BA /\!/ MN$，则 $AB \perp BC$。根据上述证明，已知 $bc \perp ab$，现 $AB /\!/ MN$，故 $ab /\!/ mn$，$\therefore bc \perp mn$。因为 BC 为水平线，故 $bc \perp mn$。

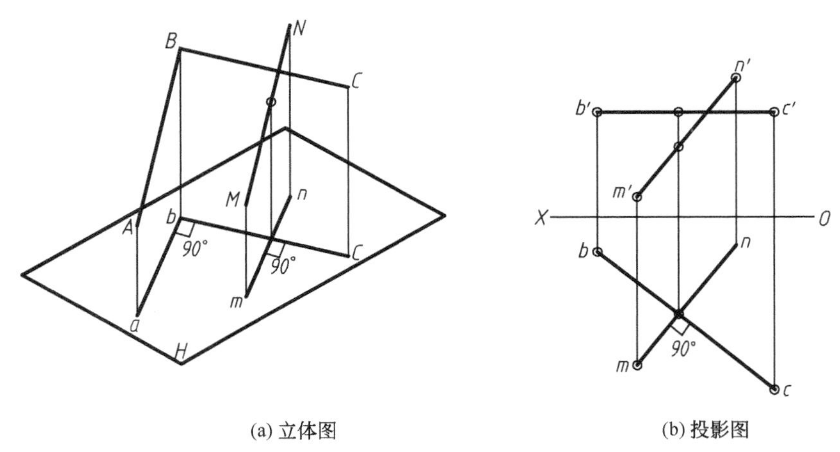

(a) 立体图　　(b) 投影图

图 1.83　两直线交叉垂直

【例 1-10】 如图 1.84(a)所示，求点 A 到正平线 BC 的距离。

分析：求点到直线的距离，应过该点向该直线引垂线，然后求出该垂线的实长，即为点到直线的距离。因为 BC 是正平线，所以过点 A 向 BC 作垂线的直角要在 V 面上反映 90°。

解题步骤如图 1.84(b)所示。

根据直角投影定理，其作图步骤如下。

(1) 由 a' 向 $b'c'$ 作垂线，得垂足 k'。

(2) 过 k' 向下引连系线，在 bc 上得 k。

(3) 连 ak 即为所求垂线的 H 面投影。

(4) 因 AK 是一般线，故要用直角三角形求其实长，即为点 A 到正平线 BC 的距离。

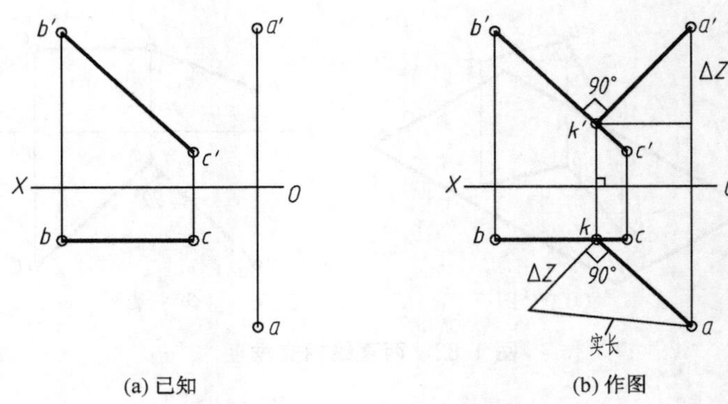

图 1.84　求点到直线的距离

【例 1-11】如图 1.85(a)所示，已知菱形 $ABCD$ 的对角线 BD 的两面投影和另一对角线 AC 的一个端点 A 的水平投影 a，求作该菱形的两面投影。

分析：根据菱形的对角线互相垂直且平分，两组对边分别互相平行的几何性质；再根据直角投影原理、平行两直线的投影特征，即可做出其投影图。

解题步骤如图 1.85(b)所示。

(1) 过 a 和 bd 的中点 m 作对角线 AC 的水平投影 ac，并使 $am=mc$。

(2) 由 m 可得 m'，再过 m' 作 $b'd'$ 的垂直平分线，由 a 得出 a'，由 c 得出 c'。$a'm'=m'c'$，即为对角线 AC 的正面投影。

(3) 连接各顶点的同面投影，即为菱形的投影图。

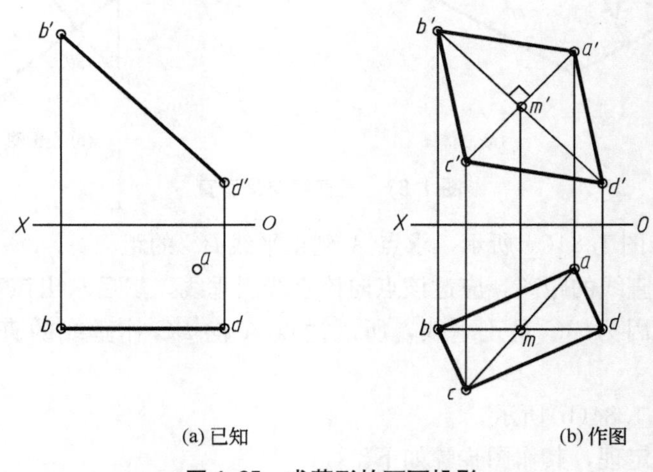

图 1.85　求菱形的两面投影

1.3.3　平面的投影

1. 平面的表示法

平面的表示方法有两种：一种是用几何元素表示平面；另一种是用迹线表示平面。

1）几何元素表示法

由几何学知识可知，以下任一组几何元素都可以确定一个平面，如图 1.86 所示。

（1）不在同一直线上的三点，如图 1.86(a)所示。

（2）一直线和直线外一点，如图 1.86(b)所示。

（3）相交两直线，如图 1.86(c)所示。

（4）平行两直线，如图 1.86(d)所示。

（5）任意平面图形，即平面的有限部分，如三角形、圆形和其他封闭平面图形，如图 1.86(e)所示。

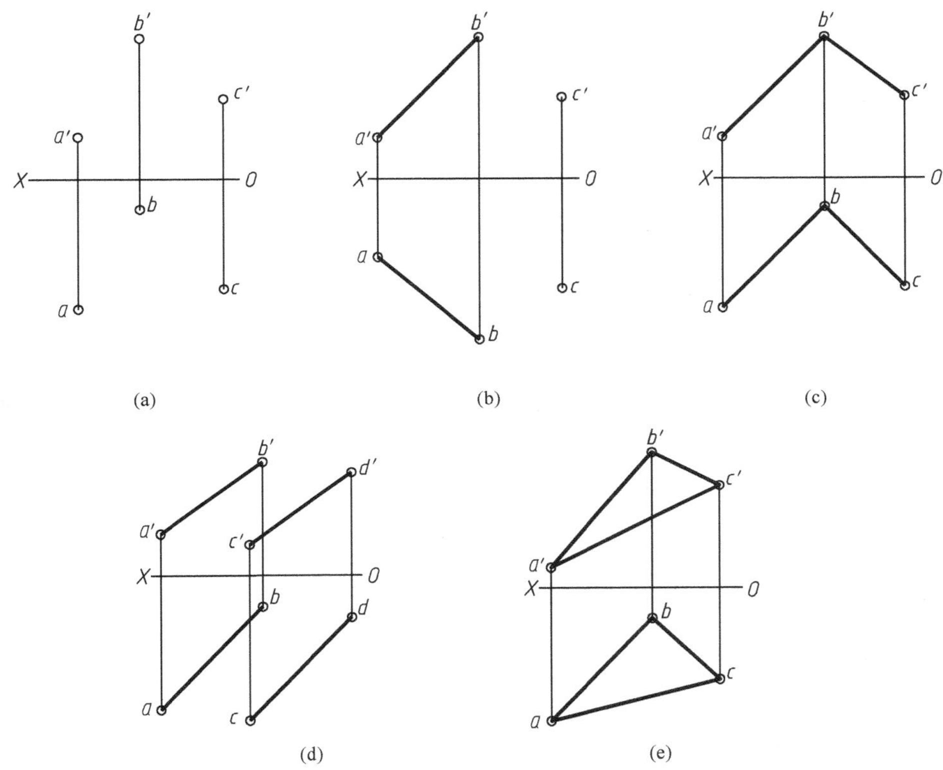

图 1.86　平面的五种表示方法

2）迹线表示法

平面除上述五种表示法外，还可以用迹线表示。迹线就是平面与投影面的交线。如图 1.87 所示，空间平面 Q 与 H、V、W 三个投影面相交，交线分别为 Q_H(水平迹线)、Q_V(正面迹线)、Q_W(侧面迹线)。迹线与投影轴的交点称集合点，分另以 Q_X、Q_Y 和 Q_Z 表示。

2. 各种位置平面的投影

在三投影面体系中，根据平面对投影面的相对位置，平面可分为：一般位置平面和特

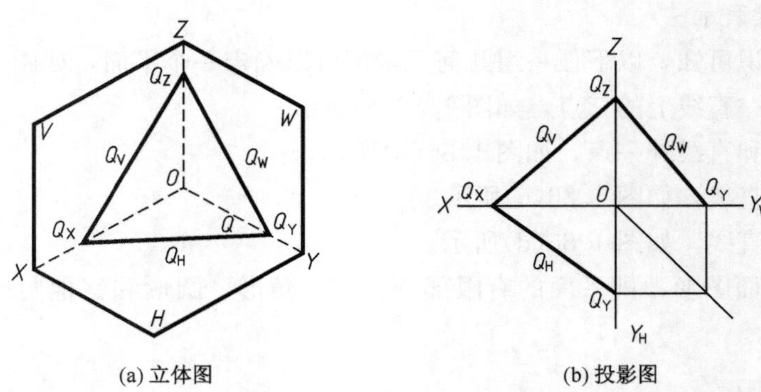

(a) 立体图 (b) 投影图

图 1.87 迹线表示平面

殊位置平面。特殊位置平面又分为两种：投影面平行面和投影面垂直面。

1）投影面平行面的投影

平行于某一投影面，与另两个投影面都垂直的平面称为投影面平行面，简称平行面。如图 1.88 所示，投影面平行面有三种情况：

（1）平行于 H 面的称为水平面平行面，简称水平面。

（2）平行于 V 面的称为正面平行面，简称正平面。

（3）平行于 W 面的称为侧面平行面，简称侧平面。

投影面平行面的投影特征为：平面在所平行的投影面上的投影反映实形，其他两个投影都积聚成与相应投影轴平行的直线。

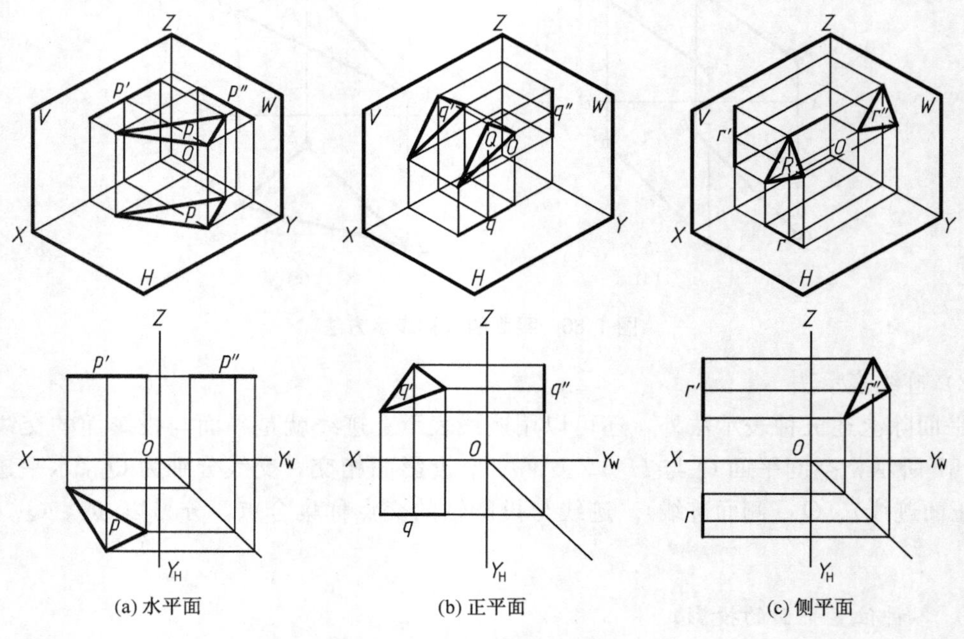

(a) 水平面 (b) 正平面 (c) 侧平面

图 1.88 投影面平行面

2）投影面垂直面的投影

垂直于一个投影面，与另两个投影面都倾斜的平面称为投影面垂直面，简称垂直面。如图 1.89 所示，投影面垂直面有三种情况：

（1）垂直于 H 面的称为水平面垂直面，简称铅垂面。

（2）垂直于 V 面的称为正面垂直面，简称正垂面。

（3）垂直于 W 面的称为侧面垂直面，简称侧垂面。

投影面垂直面的投影特征为：平面在所垂直的投影面上的投影积聚成一直线，且它与相应投影轴所成的夹角即为该平面对其他两个投影面的倾角；另外两个投影为平面的类似图形且小于平面实形。

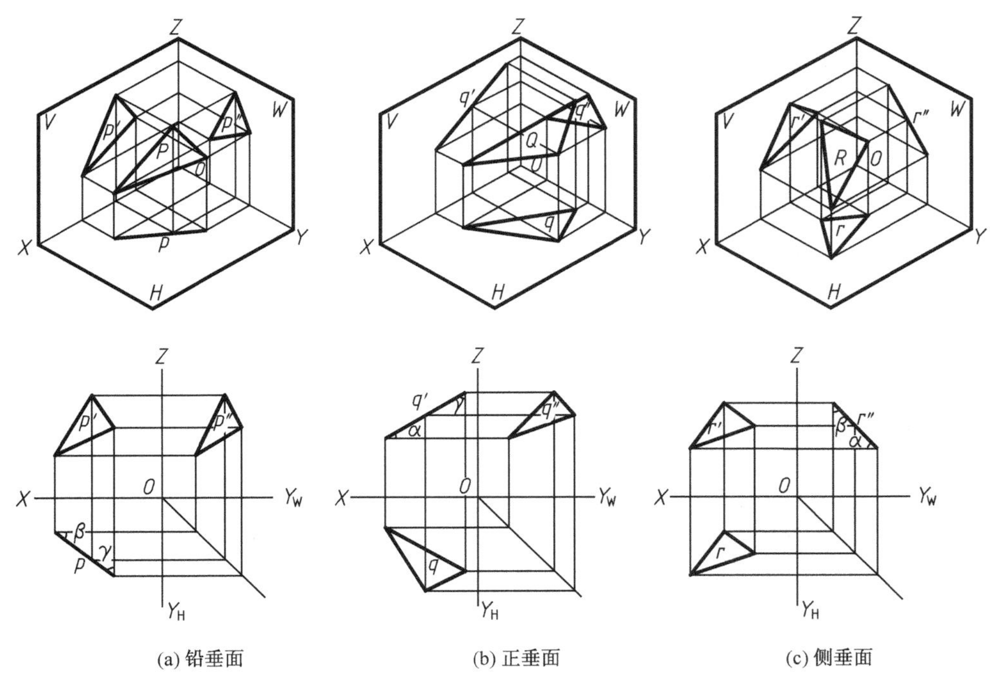

(a) 铅垂面　　(b) 正垂面　　(c) 侧垂面

图 1.89　投影面垂直面

【例 1-12】 如图 1.90(a)所示，过已知点 K 的两面投影 k'、k，作一铅垂面，使它与 V 面的倾角 $\beta=30°$。

解题步骤如图 1.90(b)所示。

（1）过 k 点作一条与 OX 轴成 30°的直线，这条直线就是所作铅垂面的 H 面投影；

（2）作平面的 V 面投影可以用任意平面图形表示，例如△$a'b'c'$。

（3）过 k 可以作两个方向与 OX 轴成 30°角的直线，所以本题有两解。

3）一般位置平面的投影

与三个投影面都倾斜(既不平行也不垂直)的平面称为一般位置平面，简称一般面。如图 1.91 中所示的平面 ABC 即为一个一般位置平面。

一般位置平面的投影特征：三个投影都没有积聚性，均为小于实形的类似形。

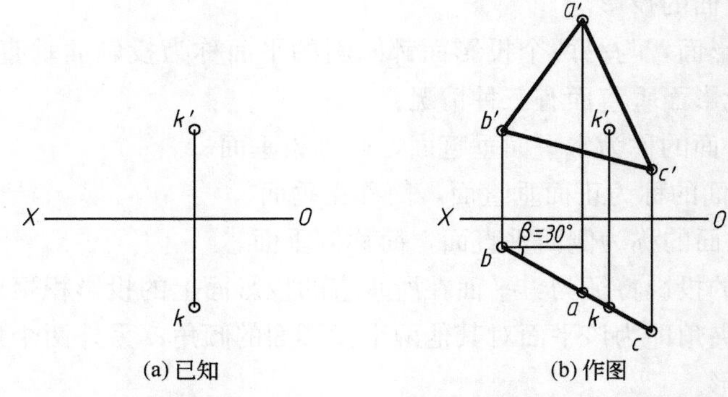

(a) 已知　　(b) 作图

图 1.90　过已知点求铅垂面的投影

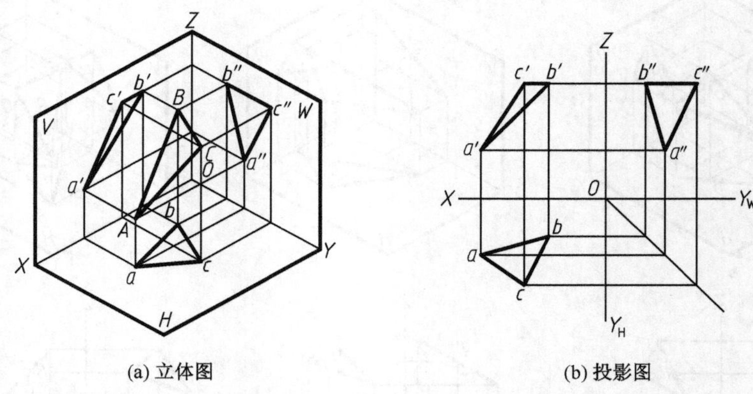

(a) 立体图　　(b) 投影图

图 1.91　一般位置平面

平面与投影面的夹角，称为平面的倾角；平面对投影面 H、V 和 W 面的倾角仍分别用 α、β、γ 表示。一般位置平面的倾角，也不能由平面的投影直接反映出来。

3. 平面内的点和直线

1）点属于平面的几何条件

若一点位于平面内的任一直线上，则该点位于平面上。换言之，若点的投影属于平面内某一直线的各同面投影，且符合点的投影规律，则点属于平面。如图 1.92 所示，点 K 位于平面△ABC 内的直线 BD 上，故 K 点位于△ABC 上。

2）直线属于平面的几何条件

(1) 若一条直线上有两点位于一平面上，则该直线位于平面上。

如图 1.93 所示，在平面 H 上的两条直线 AB 和 BC 上各取一点 D 和 E，则过该两点的直线 DE 必在 H 面上。

(2) 若一直线有一点位于平面上，且平行于该平面上的任一直线，则该直线位于平面上。

如图 1.93 所示，过 H 面上的 C 点，作 $CF\parallel AB$，AB 是平面 H 内的一条直线，则

直线 CF 必在 H 面上。

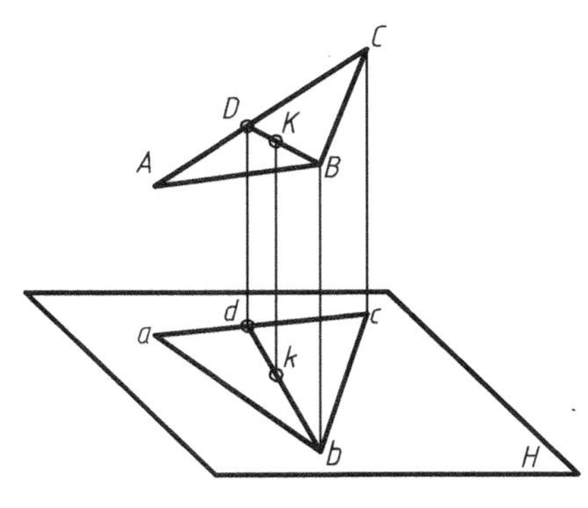

图 1.92 点属于平面图

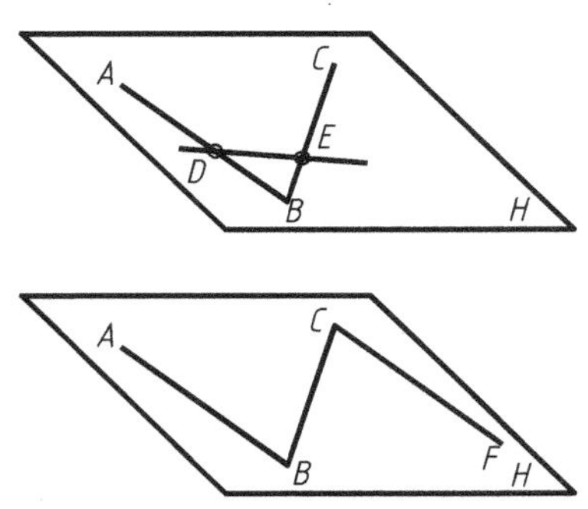

图 1.93 直线属于平面

3）平面上作点的方法

由点属于平面的几何条件可知，如果点在平面内的任一直线上，则此点一定在该平面上。因此在平面上取点的方法是：先在平面上取一辅助线，然后再在辅助线上取点，这样就能保证点属于平面。在平面上可做出无数条线，一般选取作图方便的辅助线为宜。

【例 1-13】 如图 1.94(a)所示，已知△ABC 的两面投影及其上一点 K 的 V 面投影 k'，求 K 点的 H 面投影 k。

解题步骤如图 1.94(b)所示。

(1) 在 V 面投影上，过 k' 在平面上作辅助线 $b'e'$，K 在△ABC 上，则 E 必在 AC 上，据此在 H 面投影上再做出 be。

(2) 因 K 点在 BE 上，根据点线的从属性，k 必在 be 上，从而求得 K 的 H 面上的投影 k。

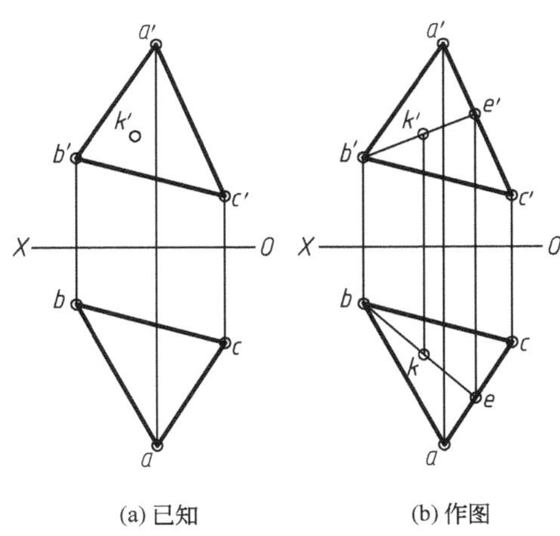

(a) 已知　　(b) 作图

图 1.94 平面上取点

【例 1-14】 如图 1.95(a)所示，已知△ABC 和 M 点的 V、H 面投影，判别 M 点是否在平面上。

分析：如果能在△ABC 上作出一条通过M 点的直线，则M 点在该平面上，否则不在该平面上。

解题步骤如图 1.95(b)所示。

(1) 连接 $a'm'$，交 $b'c'$于 d'，求出 d。

(2) 因为 m 在 ad 上，则 M 点是在该平面上的点。

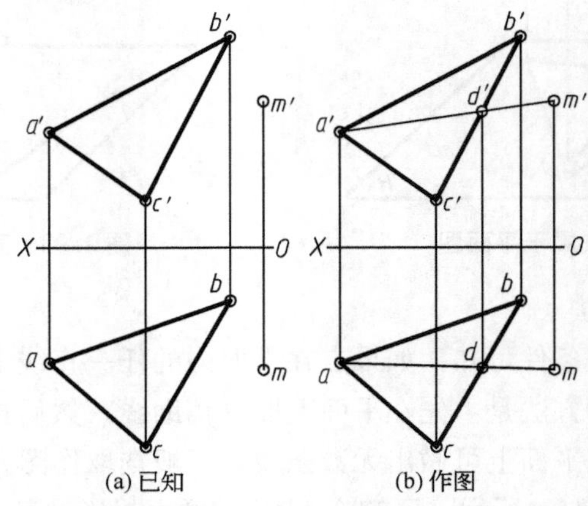

图 1.95　判断点是否属于平面

【例 1-15】如图 1.96(a)所示，已知四边形 $ABCD$ 的 H 面投影和其中两边的 V 面投影，完成四边形的 V 面投影。

分析：已知的 A、B、C 三点决定一平面，而 D 点是该平面上的一点，已知 D 点的 H 面投影 d，求其 V 面投影，也就是在平面上取点。

解题步骤如图 1.96(b)～1.96(e)所示。

(1) 连接 bd 和 ac 交于 m。

(2) 再连接 $a'c'$，根据 m 可在 $a'c'$上做出 m'。

(3) 连接 $b'm'$，过 d 向 OX 轴作垂线，与 $b'm'$的延长线相交于 d'。

(4) 连接 $a'd'$和 $d'c'$，$a'b'c'd'$即为四边形 $ABCD$ 的 V 面投影。

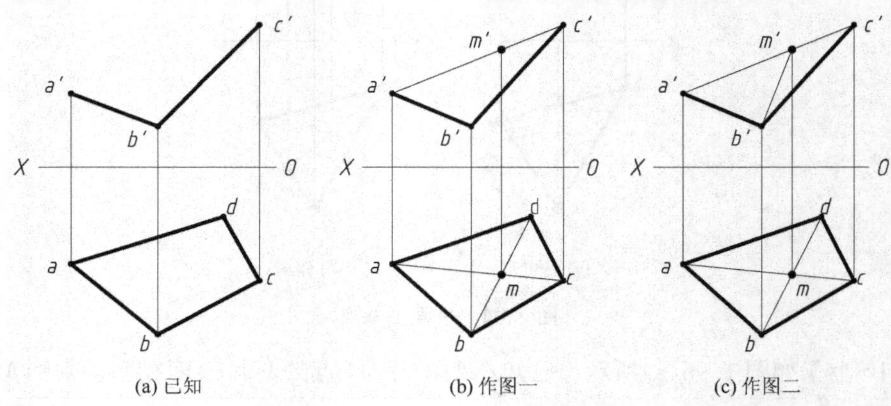

图 1.96　完成四边形的 V 面投影

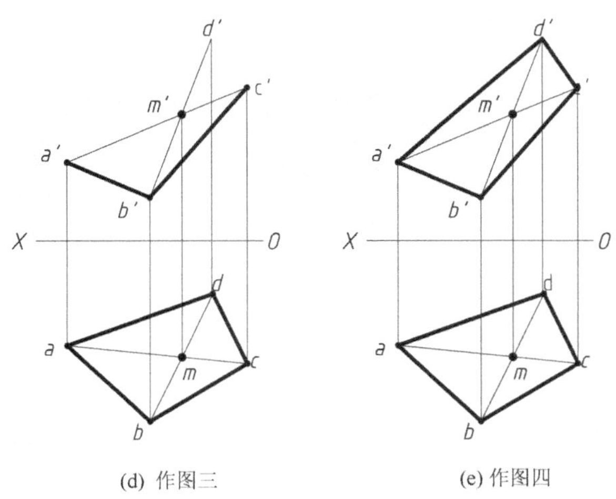

(d) 作图三　　(e) 作图四

图 1.96　完成四边形的 V 面投影(续)

4）平面上的投影面平行线和最大坡度线

(1) 平面上作直线的方法。由直线属于平面的几何条件可知，平面上作直线的方法是：在平面内取直线应先在平面内取点，并保证直线通过平面上的两个点，或过平面上的一个点且与另一条平面内的直线平行。

如图 1.97 所示，要在$\triangle ABC$ 上任作一条直线 MN，则可在此平面上的两条直线 AB 和 CB 上各取点 $M(m, m', m'')$和(n, n', n'')，连接 M 和 N 的同面投影，则直线 MN 就是$\triangle ABC$ 上的一条直线。

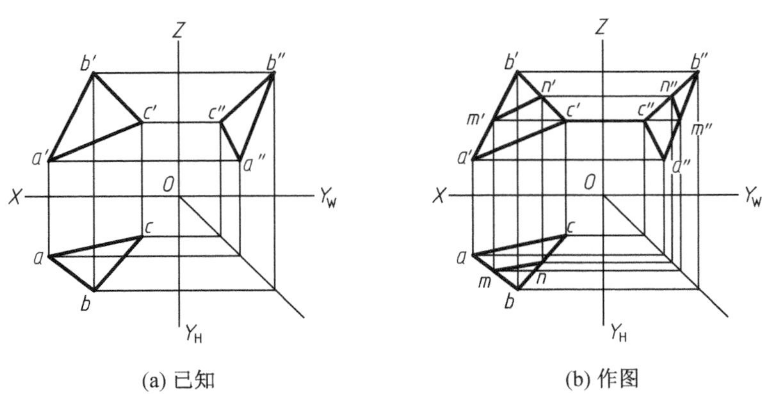

(a) 已知　　(b) 作图

图 1.97　直线属于平面

(2) 平面上的投影面平行线。既在平面上同时又平行于某一投影面的直线称为平面上的投影面平行线。平面上的投影面平行线有 3 种：

① 平面上平行于 H 面的直线称为平面上的水平线。

② 平面上平行于 V 面的直线称为平面上的正平线。

③ 平面上平行于 W 面的直线称为平面上的侧平线。

平面上的投影面平行线，既在平面上，又具有投影面平行线的一切投影特征，并且在平面上可做出无数条水平线、正平线和侧平线。

【例 1-16】 如图 1.98(a)所示，求作平面△ABC 上的水平线和正平线。

解题步骤如下。

(1) 过 a' 作 $a'm'$ // OX，交 $b'c'$ 于 m'，求出 m。连接 am，AM(am，$a'm'$)即为平面上的水平线。

(2) 过 c 作 cn // OX，交 ab 于 n，求出 n'。连接 $c'n'$，CN(cn，$c'n'$)即为平面上的正平线。

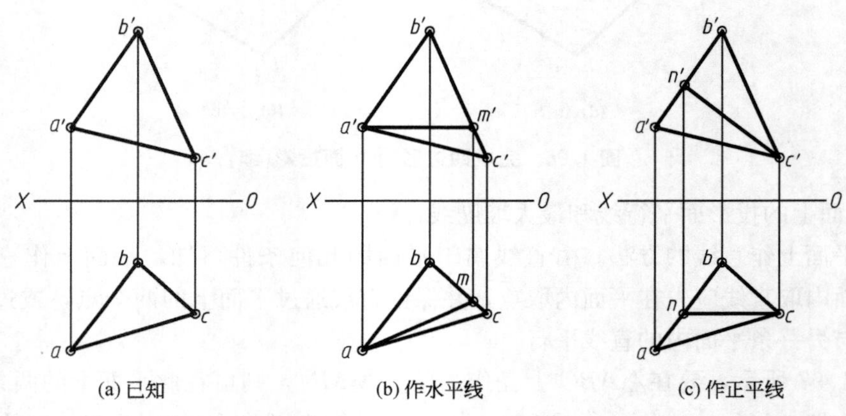

(a) 已知　(b) 作水平线　(c) 作正平线

图 1.98　求作平面上的投影面平行线

(3) 平面上的最大坡度线。平面上对投影面倾角为最大的直线称为平面上对投影面的最大坡度线，它必垂直于平面内的该投影面的平行线。最大坡度线有 3 种：垂直于水平线的称为对 H 面的最大坡度线；垂直于正平线的称为对 V 面的最大坡度线；垂直于侧平线的称为对 W 面的最大坡度线。

如图 1.99 所示，L 是平面 P 内的水平线，AB 属于 P，$AB \perp L$(或 $AB \perp PH$)，AB 即是平面 P 内对 H 面的最大坡度线。证明如下。

① 过 A 点任作一直线 AC，它对 H 面的倾角为 α_1。

② 在直角△ABa 中，$\sin\alpha = Aa/AB$；在直角△ACa 中，$\sin\alpha_1 = Aa/AE$。又因为△ABC 为直角三角形，$AB < AC$，所以 $\alpha > \alpha_1$。

③ 所以，垂直于 L 的直线 AB 对 H 面的倾角为最大，因此称其为“最大坡度线”。

同理，平面上对 V、W 面的最大坡度线也分别垂直于平面上的正平线和侧平线。由于 $AB \perp PH$，$aB \perp PH$(直角投影)，则 $\angle ABa = \alpha$，它是 P、H 面所成的二面角的平面角，所以平面 P 对 H 面的倾角就是最大坡度线 AB 对 H 面的倾角。

综上所述，最大坡度线的投影特征是：平面内对 H 面的最大坡度线其水平投影垂直于面内水平线的水平投影，其倾角 α 代表了平面对 H 面的倾角；平面内对 V 面的最大坡度线其正面投影垂直于面内正平线的正平投影，其倾角 β 代表了平面对 V 面的倾角；平面

内对 W 面的最大坡度线其侧面投影垂直于面内侧平线的侧平投影，其倾角 γ 代表了平面对 W 面的倾角。

由此可知，求一个平面对某一投影面的倾角，可按以下三个步骤进行。

① 先在平面上任做一条该投影面的平行线。

② 利用直角定理，在该面上任做一条最大坡度线，垂直于所做的投影面平行线。

③ 利用直角三角形法，求出此最大坡度线对该投影面的倾角，即为平面的倾角。

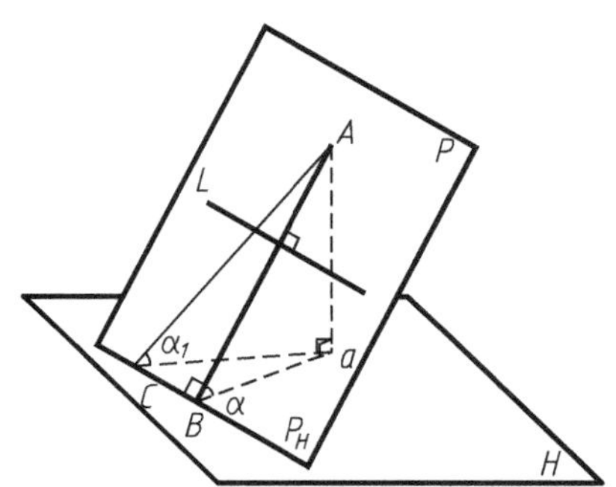

图 1.99 平面上对 H 面的最大坡度线

【例 1－17】 如图 1.100(a)所示，求△ABC 对 H 面的倾角 α。

分析：要求△ABC 对 H 面的倾角 α，必须首先做出对 H 面的最大坡度线。再用直角三角形法求出最大坡度线对该投影面的倾角即可。

解题步骤如图 1.100(b)所示。

(1) 在△ABC 上任作一水平线 BG 的两面投影 $b'g'$、bg；

(2) 根据直角投影规律，过 a 作 bg 的垂线 ad，即为所求最大坡度线的 H 面投影，并求出其 V 面投影 $a'd'$；

(3) 用直角三角形法求 AD 对 H 面的倾角 α，即为所求△ABC 对 H 面的倾角 α。

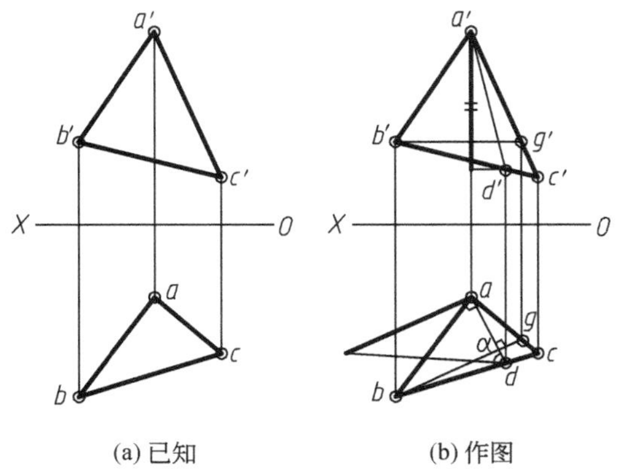

图 1.100 求作平面的倾角 α

1.3.4 直线与平面、平面与平面

直线与平面、平面与平面的相对位置有平行、相交和垂直三种情况（垂直属于相交的特殊情况）。

1. 直线与平面、平面与平面平行

1）直线与平面平行

若直线平行于平面上的任一直线，则此直线必与该平面平行。如图 1.101 所示，直线 AB 与平面 H 上的任一直线 CD（或 EF）平行，则 $AB /\!/ H$ 面。

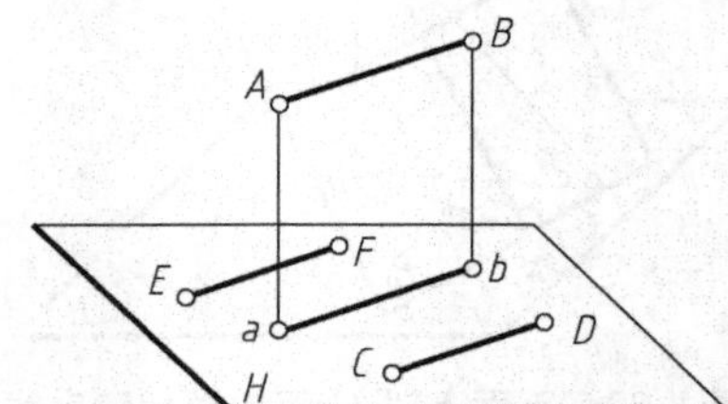

图 1.101　直线和平面平行的条件

【例 1-18】如图 1.102 所示，过△ABC 外一点 D，作一条水平线 DE 与△ABC 平行。

分析：求作水平线 DE 与△ABC 平行，可以先在△ABC 上作一条水平线，使 DE 与该直线平行，则 $DE /\!/$△ABC，DE 与该水平线的同面投影必平行。

解题步骤如图 1.102(b)、1.102(c)所示。

(1) 在△ABC 上作一水平线 BF($b'f'$，bf)。

(2) 过 d' 作直线 $d'e' /\!/ b'f'$；过 d 作 $de /\!/ bf$，则 DE 即为所求。

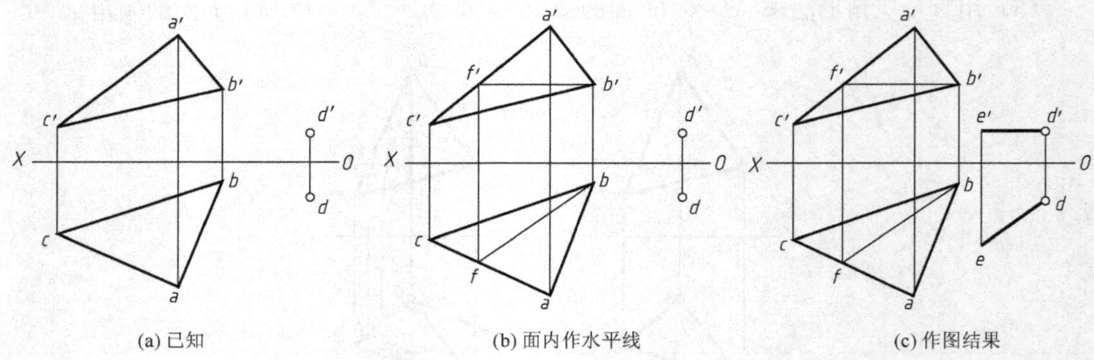

图 1.102　过已知点作水平线平行于已知平面

判别直线是否与平面平行，可归结为在平面上能否做出一直线与该直线平行。

【例 1-19】如图 1.103(a)所示，已知 $ABCD$ 平面外一直线 MN，判别 MN 是否与该平面平行。

解：如图 1.103(b)所示，在 $ABCD$ 平面的 V 面投影图上作直线 $b'e' /\!/ m'n'$ 并与 $c'd'$ 相交于 e'，由 e' 求得 e，连直线 be，因为 $be /\!/ mn$，所以 MN 与平面 $ABCD$ 平行。

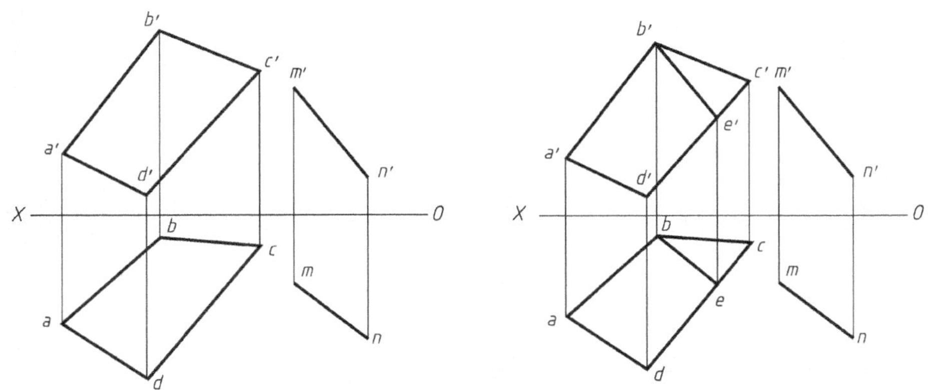

图 1.103 判别直线与平面是否平行

2）平面与平面平行

若一平面上的相交两直线与另一平面上的相交两直线对应平行，则该两平面互相平行。如图 1.104 所示，P 平面内的两条相交直线 AB、AC 分别平行于 Q 平面内的两条相交直线 A_1B_1、A_1C_1，则 P 平面平行于 Q 平面。

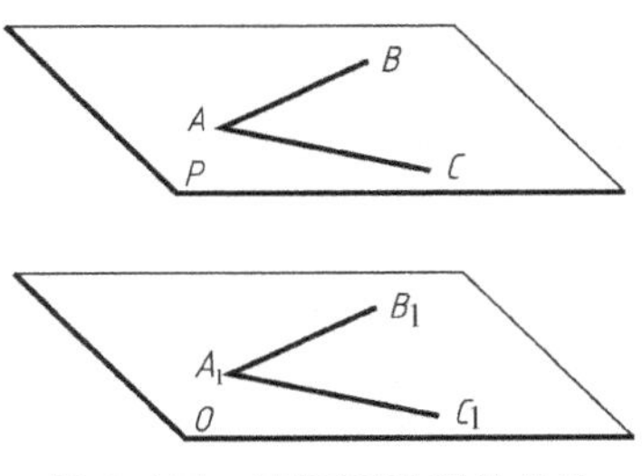

图 1.104 两平面平行的条件

【例 1－20】 如图 1.105(a)所示，判别△ABC 和△DEF 两平面是否相互平行。

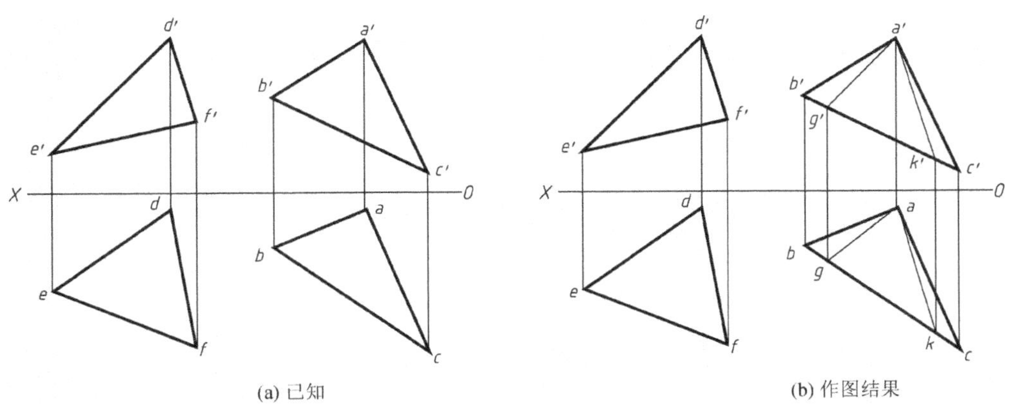

(a) 已知　　(b) 作图结果

图 1.105 判别两平面是否平行

分析：要判断两平面是否平行，就要看在两平面上能否找到一对相交直线。

解题步骤：在△ABC上的一点A作相交两直线AG和AK，使它们的V面投影$a'g' /\!/ d'e'$，$a'k' /\!/ d'f'$，由$a'g'$和$a'k'$做出ag和ak，因为$ag /\!/ de$，但$ak /\!/ df$，所以△$ABC /\!/$△DEF。

【例1-21】如图1.106(a)所示，过点K作一平面与平行两直线AB和CD所决定的平面平行。

解题步骤：在已知平面上先连接AC，使该平面转换为由相交两直线AB和AC所决定的平面，再过k'作$k'e' /\!/ a'b'$，$k'f' /\!/ a'c'$，过k作$ke /\!/ ab$、$kf /\!/ ac$，相交两直线KE和KF所决定的平面即为所求。

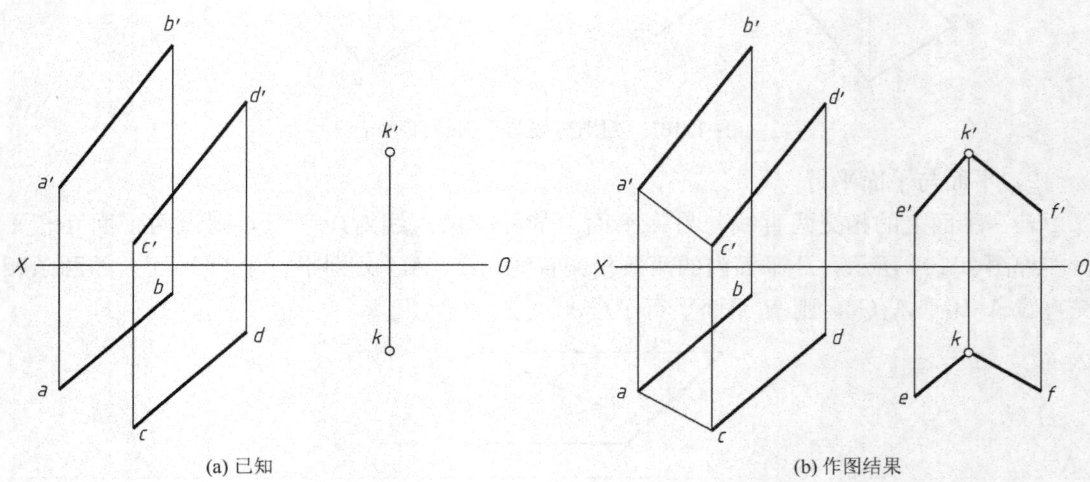

图1.106　过已知点作平面与已知平面平行

1.3.5　直线与平面、平面与平面相交

直线与平面或平面与平面之间，若不平行则必相交。直线与平面相交产生交点；平面与平面相交产生交线，交线是一条直线。

直线与平面相交的交点，是直线与平面的共有点，该点既在直线上又在平面上，求解交点的投影，则需利用直线和平面的共有点或在平面上取点的方法。平面与平面的交线是一条直线，是两平面的共有线，求交线时只要先求出交线上的两个共有点(或一个交点和交线的方向)，连之即得。在投影图中，为增强图形的清晰感，必须判别直线与平面、平面与平面投影重叠的那一段(称重影段)的可见性。

1. 投影面垂直线与一般位置平面相交

利用投影面垂直线的积聚性，可直接求出交点。

【例1-22】如图1.107(a)所示，求作铅垂线EF与一般位置平面△ABC的交点。

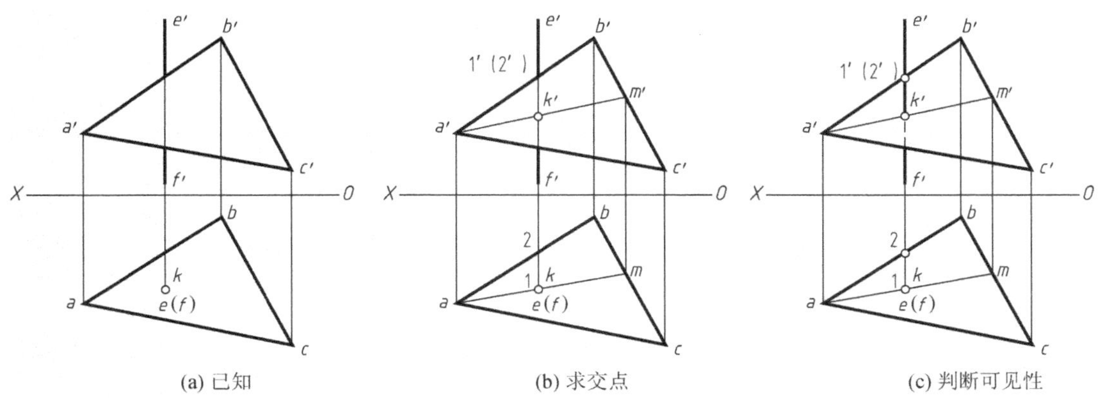

(a) 已知 (b) 求交点 (c) 判断可见性

图 1.107 铅垂线与一般面相交

分析：因为平面与直线的交点可以看成是直线上的点，利用直线在 H 面的积聚性投影可直接找到交点 K 的 H 面上的投影 k，再利用面上取点的方法即可求出 k'。对 V 面上线面投影重影段的可见性，必须利用交叉直线重影点的可见性来判别。

解题步骤如下。

(1) 求交点的投影：如图 1.107(b)所示。

(2) 判断可见性：$a'b'$及$a'c'$与$e'f'$的交点均为重影点，可任选其中的一点如 $1'(2')$，它们是 AB 上的Ⅱ点与 EF 上的Ⅰ点在 V 面上的重影，由其 H 面投影可知，Ⅰ点在前，即 $e'k'$段可见，而 $k'f'$段则为不可见(画虚线)。

2. 一般位置直线与投影面垂直面相交

利用投影面垂直面的积聚性投影，即可直接求出交点。

【例 1-23】 如图 1.108 所示，求铅垂面 ABC 与一般位置直线 DE 的交点，并判别可见性。

分析：因 K 在 DE 上，k 必在 de 上；又因 K 在△ABC 上，故 k 必积聚在△ABC 的 H 面投影 abc 上，即 k 必是 de 与 abc 的交点。由 k 作 OX 轴的垂线与 $d'e'$相交于 k'，K(k'，k)即为所求。

又因直线 DE 穿过△ABC，在交点 K 之前的一段为可见，交点 K 之后则有一段被平面遮挡而为不可见，显然交点 K 为可见与不可见段的分界点。由于铅垂面的 H 面投影有积聚性，故可根据它们之间的前后关系直接判别 V 面投影的可见性。

解题步骤如下。

(1) 求交点：如图 1.108(b)所示。

(2) 判断可见性：如图 1.108(c)所示，ke 一段均在 k 之前，$k'e'$为可见，而 k'之后的重影段为不可见(画虚线)。对 H 面投影的可见性，因投影具有积聚性，无须判别其可见性。

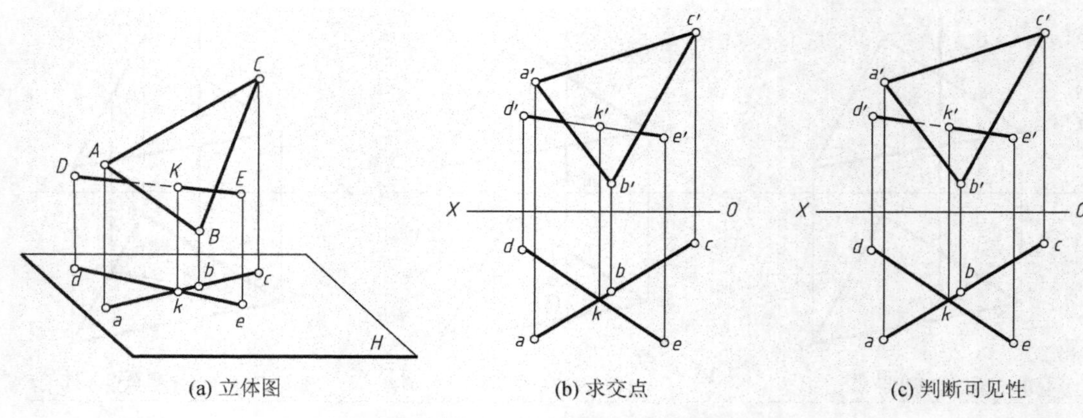

(a) 立体图　　(b) 求交点　　(c) 判断可见性

图 1.108　求直线与投影面垂直面的交点

3. 一般位置平面与投影面垂直面相交

【例 1-24】 如图 1.109(a)所示，求铅垂面 *ABC* 与一般面 *DEF* 的交线，并判别可见性。

分析：在例 1-19 的基础上增加直线 *EF*，而构成相交两直线所表示的一般面与铅垂面△*ABC* 相交，求其交线。显然，这是上一问题的叠加。可同前求出交线上的一点 *K*(k'，k)后，再求 *EF* 与△*ABC* 的交点 $M(m', m)$，连 $KM(k'm', km)$即为所求。

关于可见性的判别，是在上述的线面相交可见性的基础上进行的，显然交线一般情况下，可见，而且是两平面投影重叠处可见与不可见的分界线，即两平面投影重叠处被分为两部分，交线一侧为可见，另一侧为不可见，又已知两平面周界边线之间均为交叉直线，且每一对交叉直线中，若一条边线为可见，另一条必不可见。由此对 *V* 面可见性的判别，

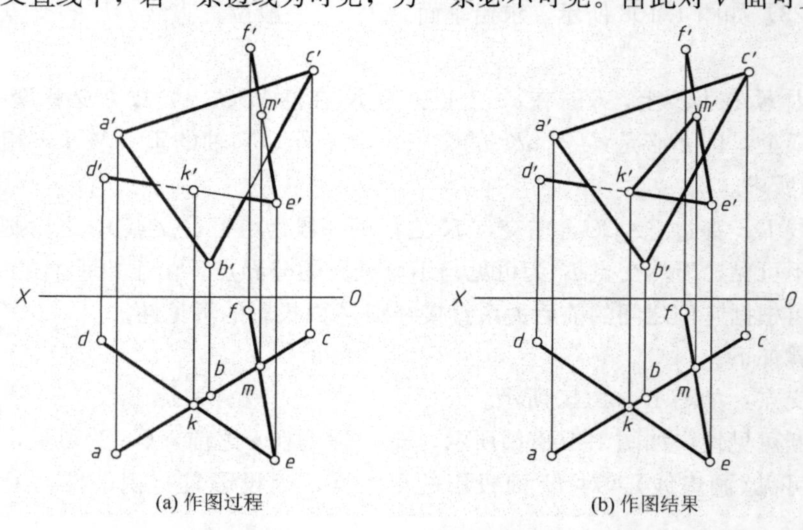

(a) 作图过程　　(b) 作图结果

图 1.109　一般面与铅垂面相交

因 ED、EF 两直线为同一平面，故交点 $M(m', m)$之后的一段也和 $K(k', k)$之后一样，均为不可见。这时又由于 $e'k'$可见，即 $e'm'$亦为可见，则与之交叉的重叠段 $b'c'$为不可见(画虚线)。同理，可判别其余部分的可见性。

解题步骤如图 1.109 所示。

4. 一般位置直线与一般位置平面相交

由于一般位置直线、面的投影没有积聚性，不能在投影图上直接定出其交点。如图 1.110 所示，求交点时，可采用辅助平面进行作图：①包含直线 DF 作辅助平面 R；②求平面 P 与辅助平面 R 的交线 MN；③求出交线 MN 与直线 DF 的交点 K，即为所求。为使作图方便，常取投影面垂直面作为辅助平面。

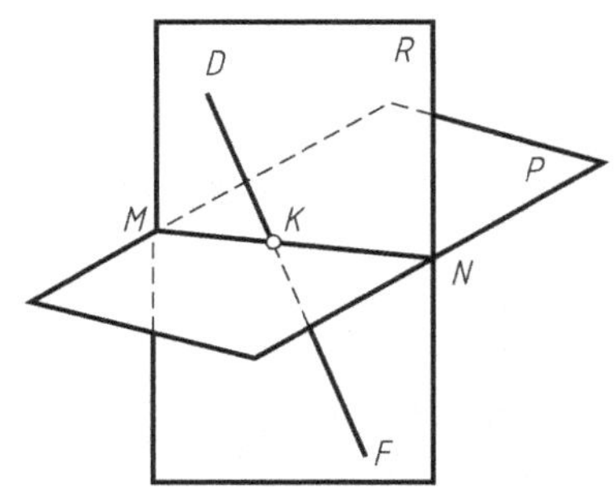

图 1.110 一般位置直线与一般位置平面的交点求法

【例 1-25】 如图 1.111(a)所示，求直线 DF 与△ABC 的交点，并判别其可见性。

解题步骤如下。

(1) 包含 DF 作一辅助铅垂面 R，这时 df 与 R_H重合；

(2) 求辅助平面 R 与△ABC 的交线 $MN(m'n', mn)$；

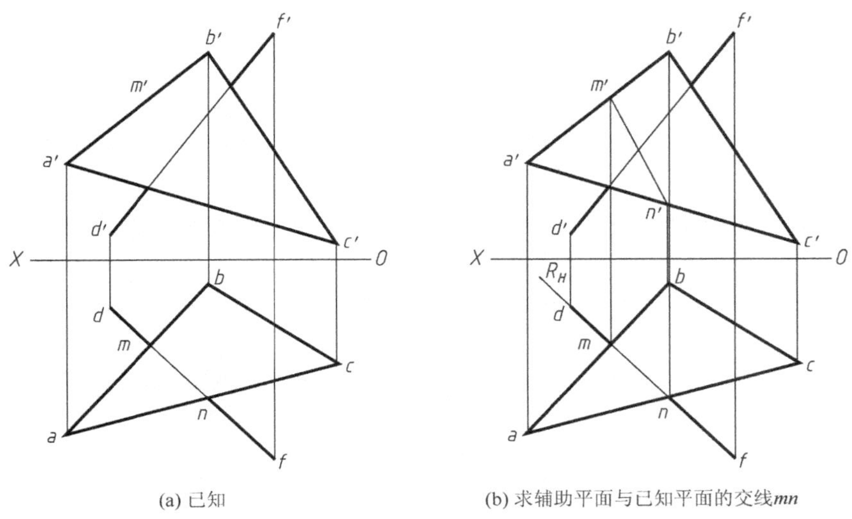

(a) 已知　　(b) 求辅助平面与已知平面的交线mn

图 1.111 一般位置直线与一般位置平面相交

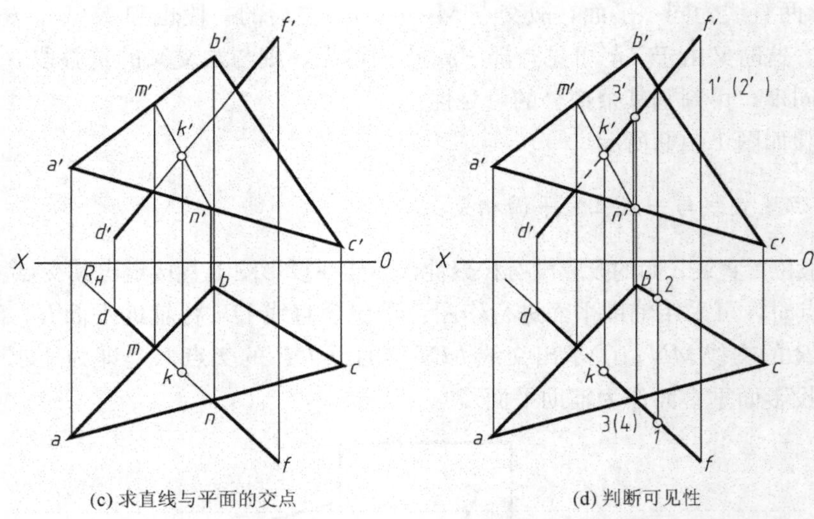

(c) 求直线与平面的交点　　(d) 判断可见性

图 1.111　一般位置直线与一般位置平面相交(续)

(3) $m'n'$与$d'f'$相交于k'，即为所求交点$K(k', k)$的V面投影，可在df上定出k，即为所求交点K的H面投影；

(4) 利用重影点，判别其投影重合部分的可见性。

5. 两个一般位置平面相交

【例 1-26】 如图 1.112(a)所示，求一般面△ABC与一般面△DEF的交线，并判别其可见性。

分析：如图 1.112(a)所示，可看作是在例 1-20 的基础上，添加一直线DE，而形成相交两直线所表示的一般面与△ABC相交，求交线。可分别求出DF、DE与△ABC相交的两个交点再连接两个交点完成两平面相交的交线。

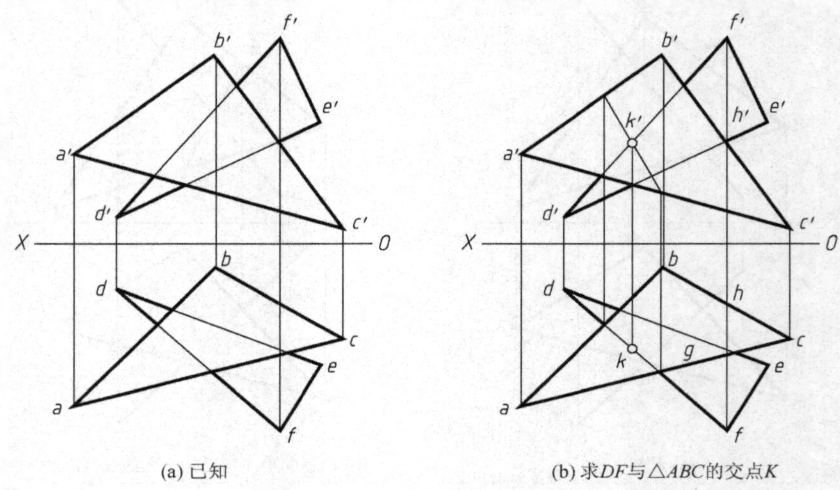

(a) 已知　　(b) 求DF与△ABC的交点K

图 1.112　两个一般位置平面相交

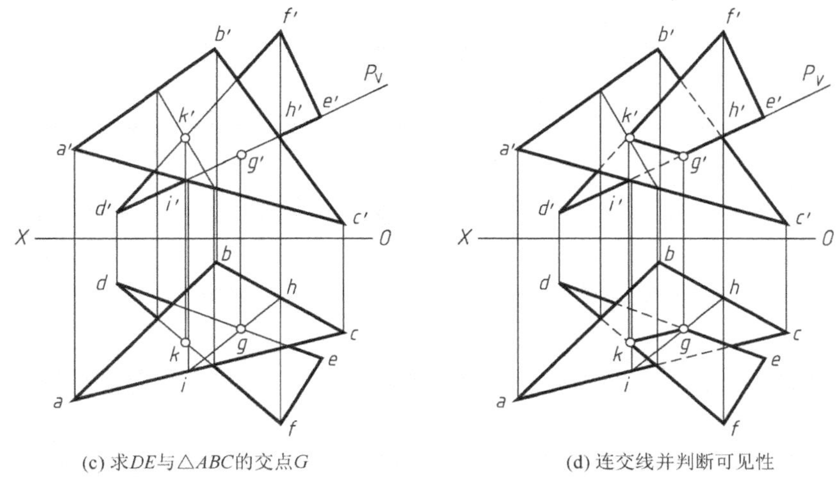

(c) 求DE与△ABC的交点G　　(d) 连交线并判断可见性

图 1.112　两个一般位置平面相交(续)

解题步骤如下。

(1) 完成交点 $K(k', k)$的投影：求作方法同例 1－20，如图 1.112(b)所示。

(2) 同理可求出 DE 与△ABC 的交点$G(g', g)$，如图 1.112(c)所示。

(3) 连接 $KG(k'g', kg)$，即为所求的交线，如图 1.112(d)所示。

(4) 判断可见性。根据重影点判别两平面投影重合部分的可见性。交线是可见不可见的分界线，同面相邻边的可见性相同，异面相邻边的可见性相反，如图 1.112(d)所示。

本章小结

点连线、线围面、面围体，从几何学的观点来看，无论形状多么复杂的工程形体，都是由这三种最基本的几何元素组合而成的。所以掌握了点、直线、平面的投影图绘制和识读的方法，也就为后面形体的投影图绘制和识读及识读建筑施工图打下了夯实的基础。

本章主要阐述的内容如下。

(1) 制图标准及制图工具、仪器的使用：制图标准；制图工具和仪器的使用方法；几何作图。

(2) 投影的基本知识：投影的形成与分类；平行投影的特性；三面正投影体系的建立。

(3) 点、直线、平面的投影：点的三面正投影及投影规律；直线的三面正投影及投影规律；平面的三面正投影及投影规律。

(4) 各几何元素的相对关系：点、线的从属性和定比分割特性；两直线的相对位置；平面上的点、直线；直线与平面、平面与平面的相对位置。

习题

1. 图纸幅面有几种规格？标题栏、会签栏画在图纸什么位置？

2. 什么是比例？试解释比例“1∶5”的含义。在图样上标注的尺寸与画图的比例有什么关系？

3. 各种常用制图工具的使用方法是什么？

4. 工程图中对汉字、数字、字母的书写有哪些要求？

5. 工程图中线型的种类及用途是什么？图线相交、延伸有什么规定？

6. 尺寸标注由哪几部分组成？试述这几个组成部分的基本规定。

7. 怎样过已知点作已知直线的平行线和垂直线？

8. 怎样求作圆内接正多边？

9. 圆弧连接的基本方法是什么？

10. 画椭圆有几种方法？步骤是什么？

11. 什么是投影？投影分为几类？

12. 正投影有哪些特性？

13. 三投影面体系中各投影面的名称是什么？

14. 形体的三面投影图是怎样形成的？

15. 什么是“三等关系”？

16. 试述点在三面投影体系中的投影特性。

17. 点的投影和坐标有怎样的关系？

18. 怎样判别两点的相对位置？

19. 什么是重影点？怎样判别重影点的可见性？

20. 直线对投影面的相对位置有几种？各有什么投影特性？

21. 怎样利用直角三角形法求一般位置直线的实长和倾角？

22. 平行、相交和交叉的两条直线，各有什么投影特性？

23. 直角投影的特性是什么？

24. 平面对投影面的相对位置有几种情况？各有什么投影特性？

25. 平面上取点、取线的几何条件是什么？怎样进行投影作图？

26. 直线与平面、平面与平面平行的投影特性是什么？

27. 直线与平面相交、平面与平面相交时怎么求作交点、交线？怎样判别投影重叠部分的可见性？

第2章

形体投影图的绘制和识图

教学目标

掌握基本体、组合体的投影特性，理解截交线、相贯线的形成。能绘制基本体、组合体的三面投影图和轴测投影图。能阅读基本体、组合体的三面投影图。

教学要求

能力目标	知识要点	权重	自测分数
掌握基本体、组合体的投影特性。能绘制基本体、组合体的三面投影图和轴测投影图	基本体(平面立体、曲面立体)的投影和尺寸标注	15%	
	截交线、相贯线的形成	5%	
	组合体的投影和尺寸标注	15%	
	形体的轴测投影图(正等轴测投影图、斜二轴测投影图)的画法	15%	
能阅读基本体、组合体的三面投影图	基本体三面投影图的识读	5%	
	截交线、相贯线的识读	10%	
	组合体三面投影图的识读	35%	

章节导读

本章所讨论的是形体投影图的绘制和阅读。在学好点、线、面投影的基础上，来学习形体投影图的绘制和阅读，依然要遵循由简到难的步骤进行。先学习简单基本立体投影图的绘制和阅读，再学习组合体投影图的绘制和阅读，为后面建筑工程图的绘制和识读做准备。

引例

如图 2.1 所示，要完成台阶的三面投影图，就要在点、线的投影基础上，先完成各面的投影，如图 2.1(a)所示；再由面围成各形体，如图 2.1(b)所示；然后在各形体的三面投影基础上再组合完成台阶的三面投影图，如图 2.1(c)～(e)所示。

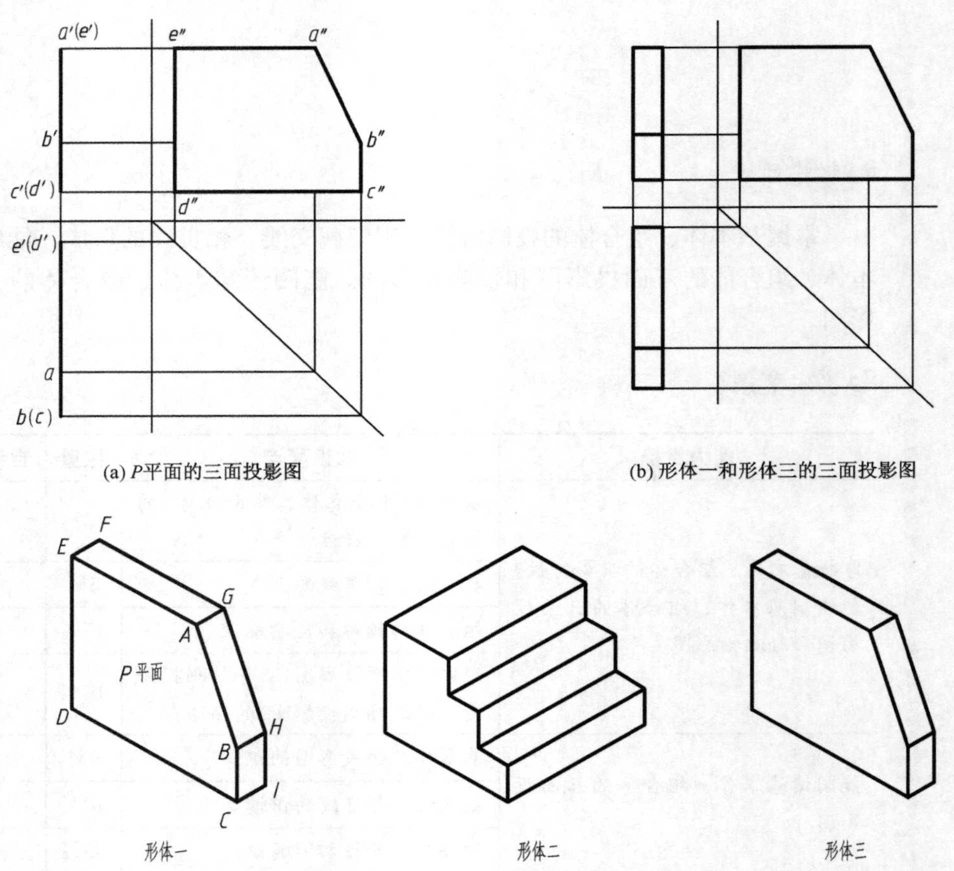

(a) P平面的三面投影图　　(b) 形体一和形体三的三面投影图

形体一　　形体二　　形体三

(c) 台阶分解后的立体图

图 2.1　工程形体(台阶)的分析

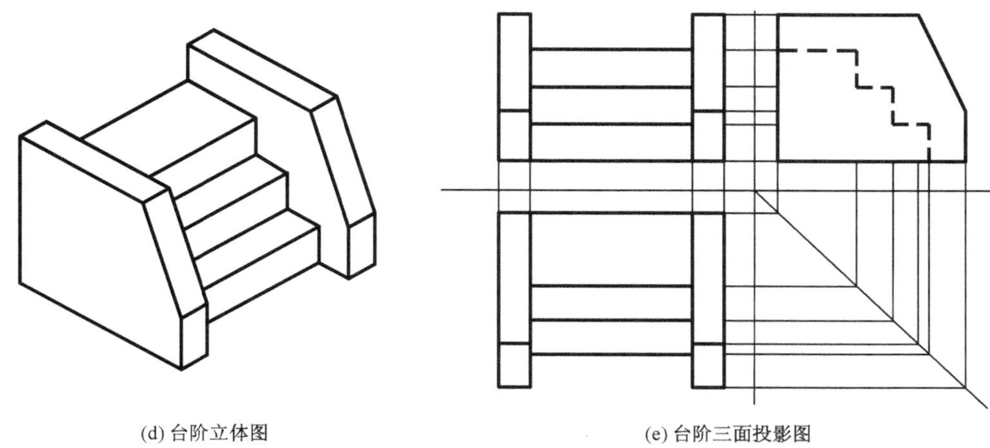

(d) 台阶立体图　　(e) 台阶三面投影图

图 2.1　工程形体(台阶)的分析(续)

案例小结

点连线、线围面、面围体，而无论形状多么复杂的工程形体，从几何学的观点来看，都可视为是由若干基本几何体(柱、锥等)组合而成。当我们绘制和阅读工程形体时，可以把它分解成若干基本形体来研究，就能化繁为简，化难为易。

2.1　形体投影图的画法

2.1.1　基本体的投影

建筑形体不论简单还是复杂，都可以看成是由若干个形体叠加或切割而成，我们称这样的形体为基本体。

基本体的分类：基本体又称几何体，按其表面的几何性质可以分为平面立体和曲面立体。

(1) 平面立体。由平面多边形所围成的立体，如棱柱体和棱锥体等。

(2) 曲面立体。由曲面或曲面与平面所围成的立体，如圆柱体和圆锥体等。

1. 平面立体的投影

平面立体的三面投影图就是组成平面立体的各平面投影的集合。常见的平面立体有棱柱、棱锥。

1) 棱柱体的三面投影

棱柱的棱线(立体表面上面面相交的交线)互相平行，上下两底面互相平行且大小相等。如图 2.2 所示，为一正五棱柱的三面投影。在图 2.2(b)中，五棱柱的 H 面投影是一个正五边形，它是上下两底面的重合投影，并且反映上下底面的实形；H 面投影中的五边形也是五棱柱五个棱面在 H 面上的积聚投影。在 V 面投影中，上、下两段水平线是顶面和底面的积聚投影；虚线围成的矩形是五棱柱最后棱面的投影，且反映最后棱面的实形；左边实线围成的矩形是五棱柱左边两个棱面的重合投影，它不能反映棱面的实形；右边实线围成的矩形是五棱柱右边两个棱面的重合投影，它不能反映棱面的实形。W 面投影中的两个矩形是五棱柱四个侧棱面的重合投影；最后的一条铅垂线是五棱柱最后棱面的积聚投影；上、下两条水平线是五棱柱顶面和底面的积聚投影。

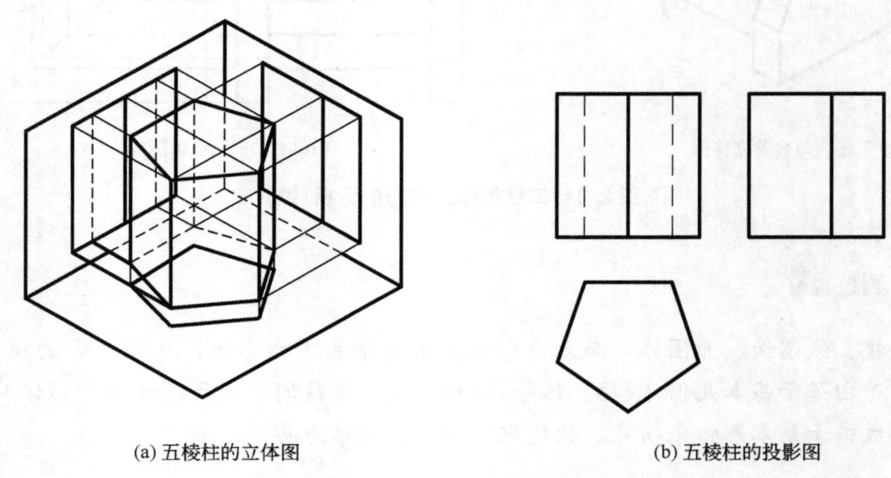

(a) 五棱柱的立体图　　(b) 五棱柱的投影图

图 2.2　五棱柱的三面投影

2）棱柱体表面点的求作

在平面立体表面上取点，也就是在它的各棱面上取点，所以棱柱表面上取点的方法应为：首先根据点的一个投影判断点在棱柱体表面的位置，再利用平面上找点的方法完成棱柱体表面上取点。

如图 2.3(b)所示，已知在五棱柱的表面上点 K 和点 M 的正投影 k' 和 m'，求作它们的水平投影和侧面投影。其作图过程如下。

（1）根据 k' 和 m' 可判断出 K 和 M 分别位于五棱柱的 BB_0A_0A 和 DD_0E_0E 两棱面上。

（2）由于点 K、点 M 所在的两个棱面水平投影均具有积聚性，因此由 k'、m' 分别向具有积聚性水平投影上做出 k、m。

（3）由于点 M 所在棱面是一正平面，所以 m'' 直接在有积聚性的侧面上做出。

（4）由 k' 和 k 可求出 k''，如图 2.3(b)所示。

平面立体是由若干平面围成的，这些平面在各投影中可能是可见的，也可能是不可见的。凡是位于可见面上的点都是可见的，凡是位于不可见面上的点都是不可见的。

3）棱锥体的三面投影

完整的棱锥由一多边形底面和具有一公共顶点的多个三角形平面所围成。棱锥的棱线汇交于一个点，该点称为锥顶。如图 2.4 所示，为一个三棱锥的三面投影。

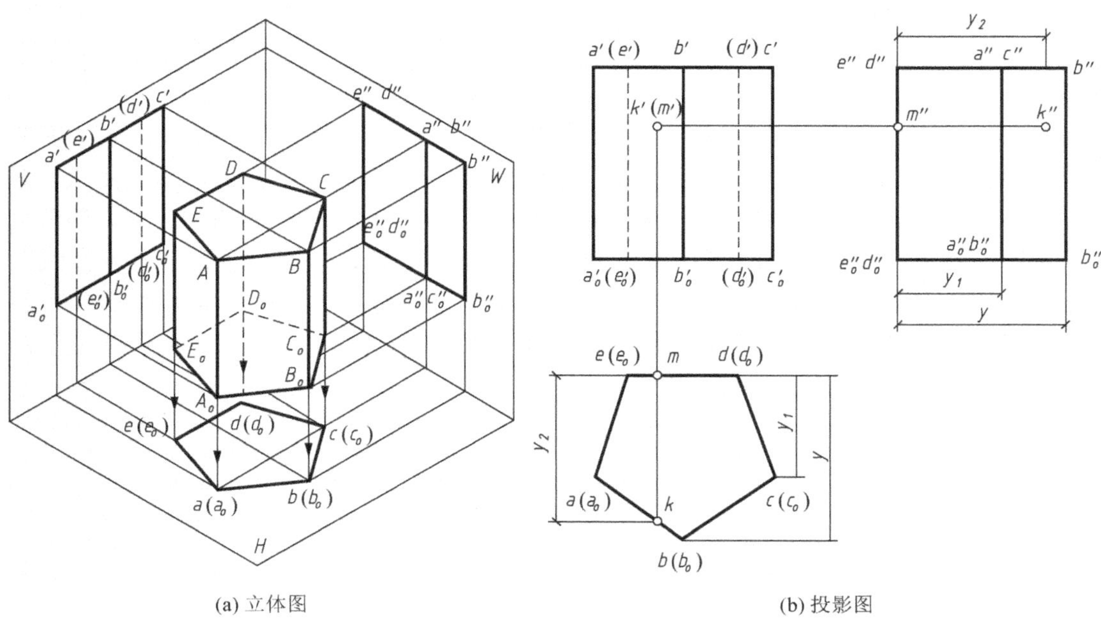

(a) 立体图 (b) 投影图

图 2.3 五棱柱表面上点的求作

从图 2.4(a)可知：三棱锥的底面是水平面；最后棱面是侧垂面；其余两个棱面是一般位置平面。

如图 2.4(b)所示，由于底面是水平面，所以在三棱锥的 H 面投影中 abc 反映三棱锥底面的实形；在 V 面和 W 面投影中底面积聚成直线。由于三棱锥的最后棱面是侧垂面，所以在 W 面投影中最后棱面积聚成直线，其余两个投影是三角形。三棱锥左、右棱面是一般位置平面，所以三个投影面上的投影都是三角形。

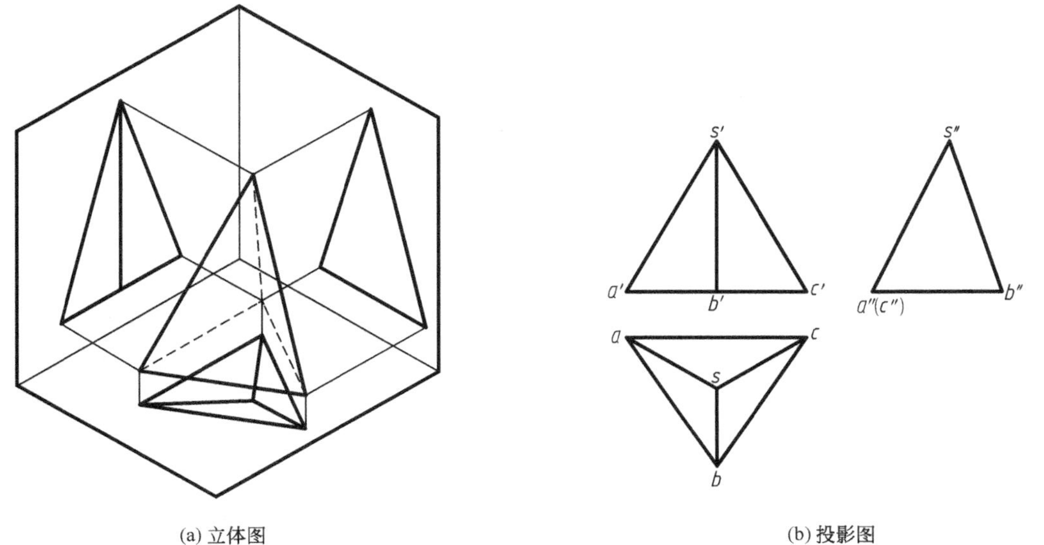

(a) 立体图 (b) 投影图

图 2.4 三棱锥的三面投影

4）棱锥体表面点的求作

如图 2.5 所示，已知三棱锥表面上点 D 的 V 面投影和点 E 的 V 面投影，求作其余两投影。

因为 D 点在三棱锥的 SAB 棱面上，E 点在三棱锥的 SAC 棱面上，所以求作点 D 和点 E 的其余两投影，属于面上定点的问题。面上定点，首先面上定线，再在线上定点，即点、线、面的从属关系。因此，在 SAB 棱面上可过 D 点任做一条辅助直线来求它的其余两投影。如连 $s'd'$ 交底边 $a'b'$ 得一条辅助线 SⅢ，也可在 SAB 棱面上过 D 点作一直线ⅠⅡ$/\!/AB$，通过辅助线 SⅢ或ⅠⅡ便可求出 D 点的其余两投影。而 E 点所在的 SAC 棱面是侧垂面，所以 E 点的 W 面投影可根据 SAC 棱面在 W 面上的积聚投影直接求得，其 H 面投影可根据 e' 和 e'' 求得，如图 2.5 所示。

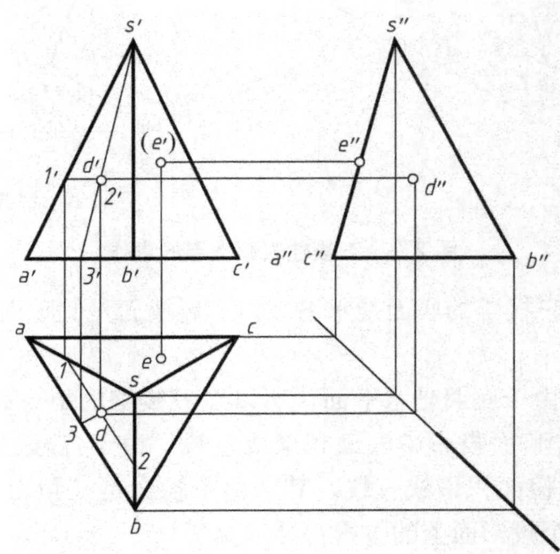

图 2.5　三棱锥表面上点的求作

综上所述：在棱锥表面上取点，应按照点、线、面的从属关系，一般是先在棱面上作辅助线(作辅助线一般有两种方法：一种是通过锥顶；另一种是作底边的平行线)，然后再根据点线的从属关系完成棱锥表面上取点。

2. 曲面立体的投影

曲面立体的曲面是由运动的母线(直线或曲线)，绕着固定的导线做运动形成的。母线上任一点的运动轨迹形成的圆周称为纬圆。母线在曲面上的任一位置称为素线。

母线绕一定轴做旋转运动而形成的曲面，称为回转曲面。工程中应用较多的是回转曲面，如圆柱、圆锥等。

1）圆柱体的形成及投影

圆柱是由母线(直线)绕一定轴旋转一周形成的。圆柱面上的所有素线都相互平行，如图 2.6(a)所示。

如图 2.6(c)所示，H 面投影为一圆面，是上、下底面的重合投影，且反映上、下底面的实形；H 面投影中的圆周线是圆柱面的积聚投影。V 面投影为一矩形，上、下两条直线为圆柱上、下底面的积聚投影；左、右两条直线是圆柱最左素线和最右素线的投影。W 面投影也是一个矩形，上、下两条直线是圆柱上、下底面的积聚投影；前、后两条直线是圆柱最前素线和最后素线的投影。

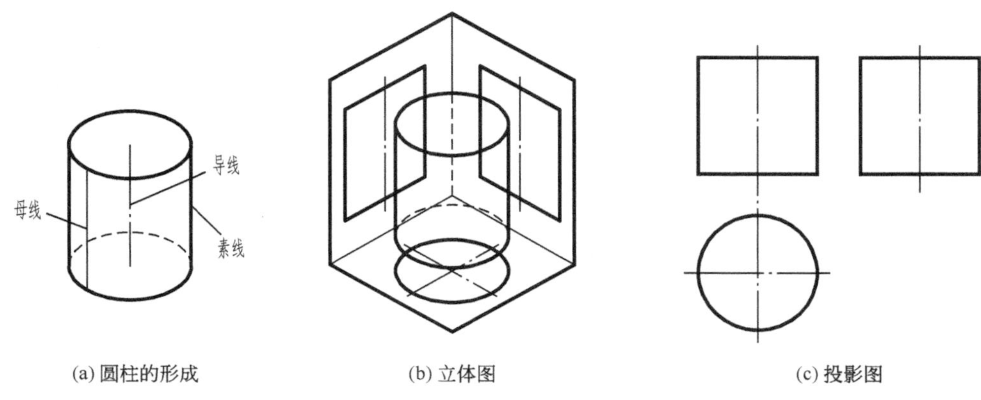

(a) 圆柱的形成　(b) 立体图　(c) 投影图

图 2.6　圆柱体的形成及投影

2）圆柱表面上点的求作

在圆柱表面上取点，可利用积聚性法来求解。

如图 2.7 所示，已知圆柱面上 A、B 两点的 V 面投影 a'、b'，求 A、B 两点的 H 面、W 面投影。

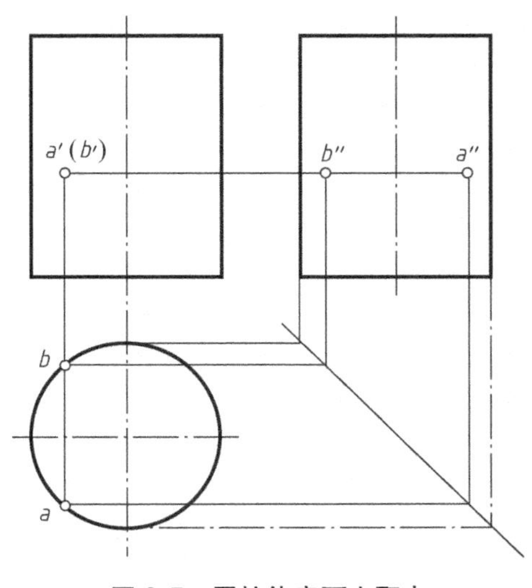

图 2.7　圆柱体表面上取点

(1) 由 a'可见及(b')不可见可知：A 点在前半圆柱面上，B 点在后半圆柱面上。利用圆柱面在 H 面的积聚投影可做出 a 和 b。

(2) 由 A、B 两点的 V 面和 H 面投影即可做出 W 面的投影 a''、b''来，由于 A、B 两

点都位于圆柱的左半部分，因此 a''、b''都可见，如图 2.7 所示。

3）圆锥体的形成及投影

圆锥是由母线（直线）绕一定轴旋转（在旋转时母线与定轴相交一点）一周形成的。圆锥表面上的素线都汇交于一点，如图 2.8(a)所示。

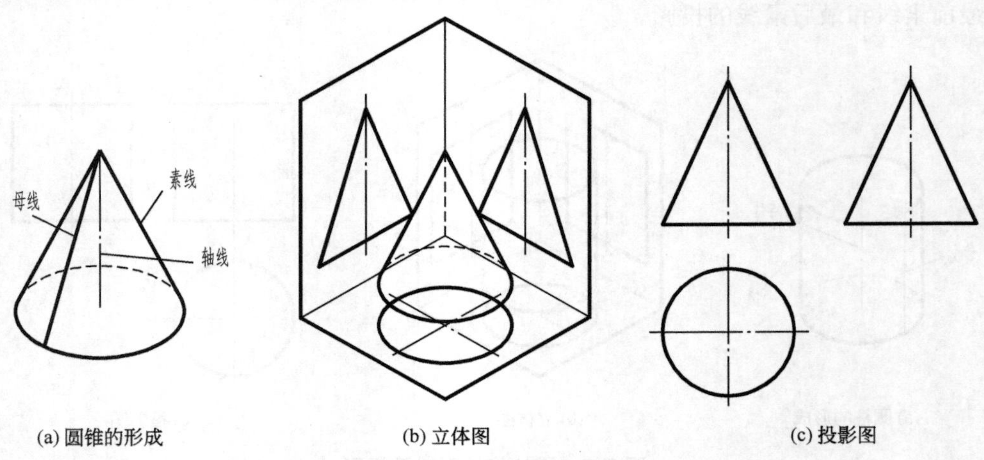

(a) 圆锥的形成　　(b) 立体图　　(c) 投影图

图 2.8　圆锥体的形成及投影

如图 2.8(c)所示，圆锥的 H 面投影是一个圆，它是圆锥底面和圆锥表面的重合投影，且反映底面的实形。圆锥的 V 面和 W 面投影都是三角形，三角形的底边是圆锥底面的积聚投影，三角形的两条腰分别是圆锥最左、最右素线和最前、最后素线的投影。

4）圆锥体表面上点的求作

如图 2.9 所示，已知圆锥体表面上的 A、B 两点的 V 面投影 a'、b'，求 A、B 两点的 H 面和 W 面投影。

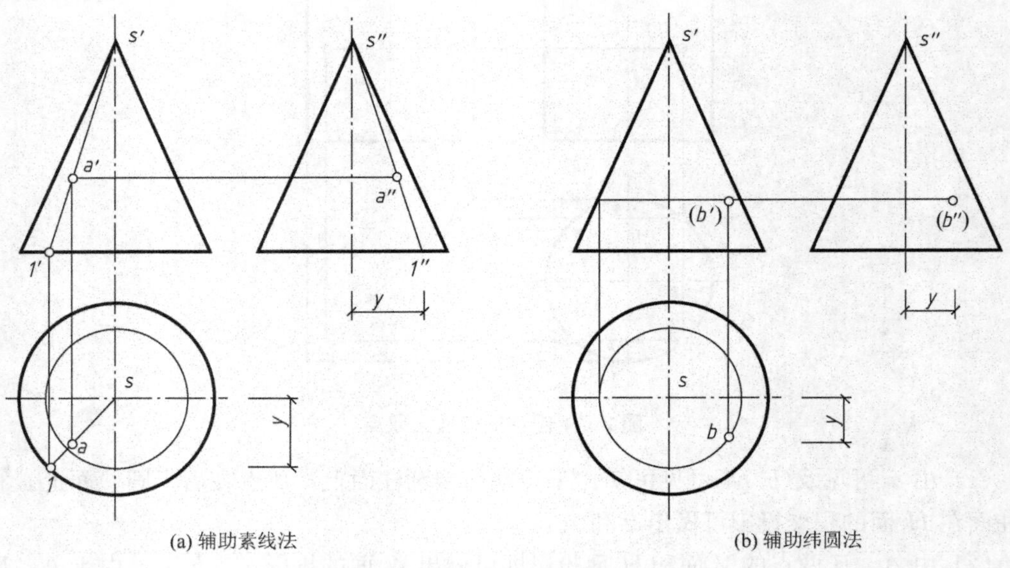

(a) 辅助素线法　　(b) 辅助纬圆法

图 2.9　圆锥体表面上点的求作

在圆锥体表面上取点，可以通过辅助素线法或辅助纬圆法求解。本例求作 A 点用辅助素线法，求 B 点用辅助纬圆法。

(1) 作过点 A 的辅助素线 S Ⅰ 的 V 面投影、H 面投影和 W 面投影，利用点线的从属关系求出 a、a''分别在素线 S Ⅰ 的同名投影上，如图 2.9(a)所示。

(2) 过 V 面上的 b' 作一纬圆，纬圆在 V、W 面的投影分别积聚为直线；在 H 面上的投影则与底面圆是同心圆，圆心是锥顶 S 的 H 面投影 s，直径是纬圆在 V 面或 W 面积聚线的长度。求出 b、b''在纬圆上的同名投影，如图 2.9(b)所示。

(3) 判明可见性。由 V 面投影可知，点 A 在圆锥的前偏左部分，故 a、a''可见；点 B 在圆锥的前偏右部分，故 b 可见，b''不可见。

3. 基本体的尺寸标注

基本体的尺寸一般只需注出长、宽、高三个方向的尺寸。如图 2.10 所示为一些常见基本体尺寸标注的示例。

如果棱柱体的上、下底面(或棱锥体的下底面)是圆内接多边形，也可标注外接圆的直径和棱柱体(或棱锥体)的高来确定棱柱体(或棱锥体)的大小，如图 2.10 所示。

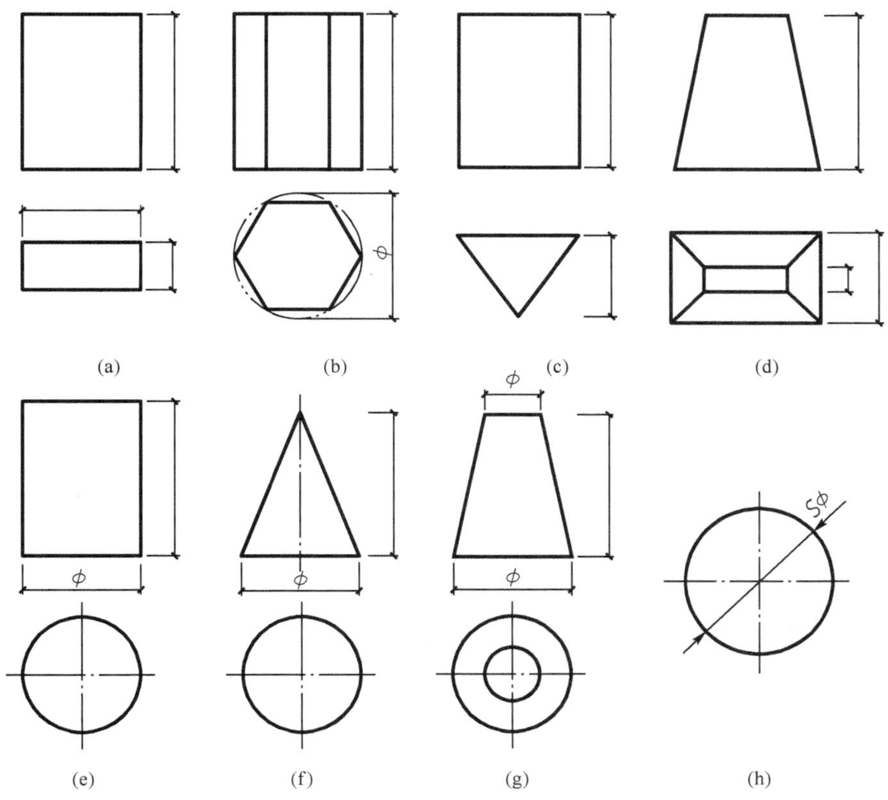

图 2.10 基本体的尺寸标注

圆柱、圆锥则标注它底面圆的直径和高度尺寸。球体只需标注其直径，但要在ϕ前加写“S”或“球”字，如图 2.10 所示。

2.1.2 截交线、相贯线

1. 截交线的形成

平面与立体相交，可看作是立体被平面所截。与立体相交的平面称为截平面，截平面与立体表面的交线称为截交线，由截交线围成的断面称为截断面，如图 2.11 所示。

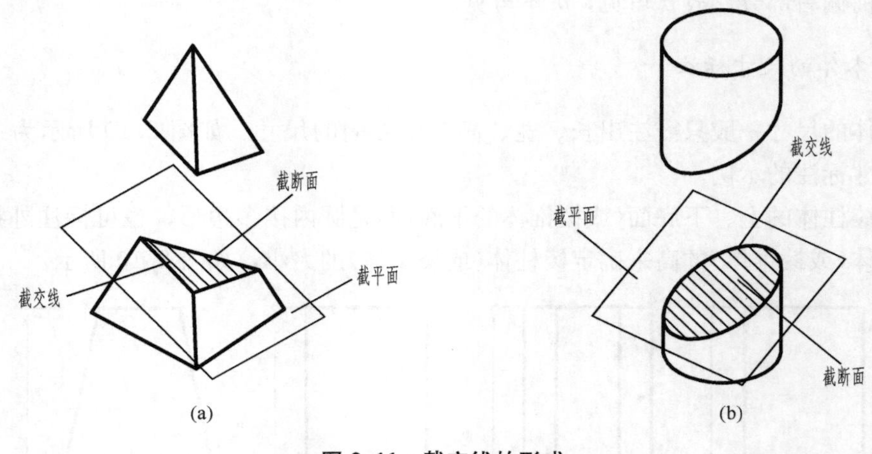

图 2.11 截交线的形成

平面与平面立体产生的截交线是由截交点连接而成的。截交点是截平面与平面立体棱线的交点或是截平面与截平面交线的端点，如图 2.12 所示。

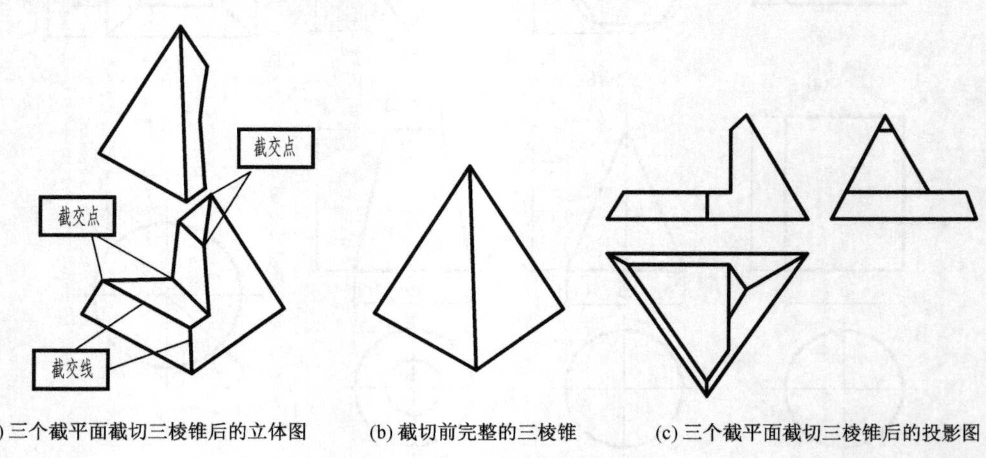

(a) 三个截平面截切三棱锥后的立体图　(b) 截切前完整的三棱锥　(c) 三个截平面截切三棱锥后的投影图

图 2.12 平面截切三棱锥

平面与曲面立体相交，其截交线是截平面与曲面立体表面交线的组合，如图 2.13 所示。

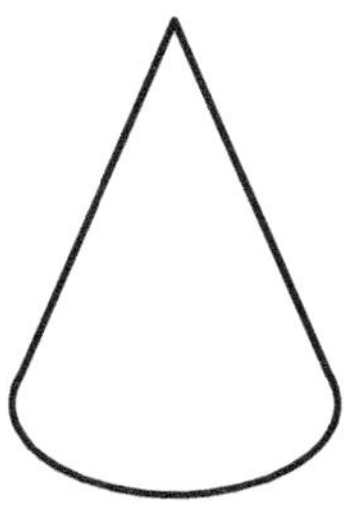

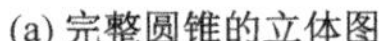

(a) 完整圆锥的立体图

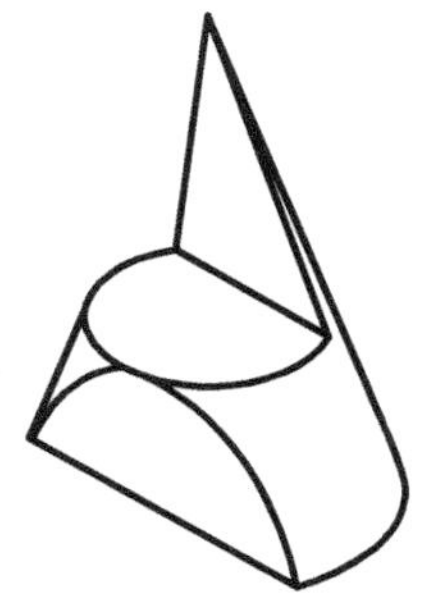

(b) 三个截平面截切圆锥后的立体图

图 2.13 平面截切圆锥

平面与平面立体产生的截交线是直线；截交线围成的截断面是平面多边形。

平面与曲面立体相交，产生的截交线一般情况下是平面曲线。截交线的形状取决于曲面体表面的性质及其与截平面的相对位置，如图 2.14 和图 2.15 所示。

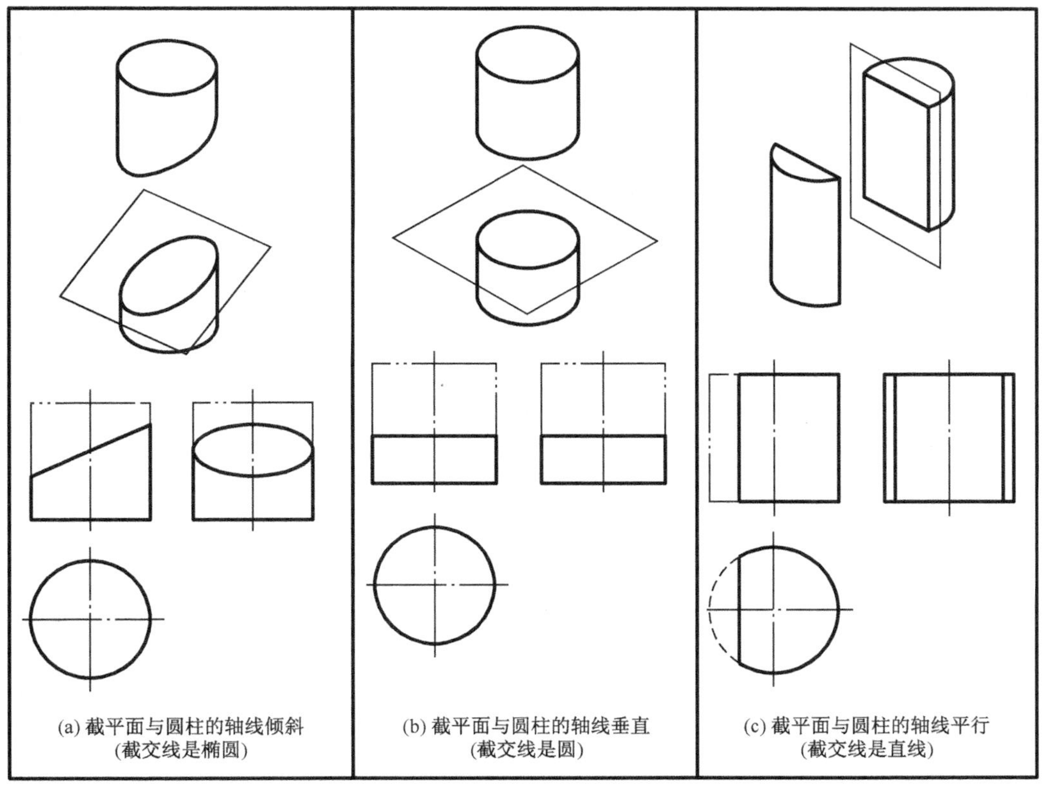

(a) 截平面与圆柱的轴线倾斜（截交线是椭圆）

(b) 截平面与圆柱的轴线垂直（截交线是圆）

(c) 截平面与圆柱的轴线平行（截交线是直线）

图 2.14 平面与圆柱相交的 3 种情况

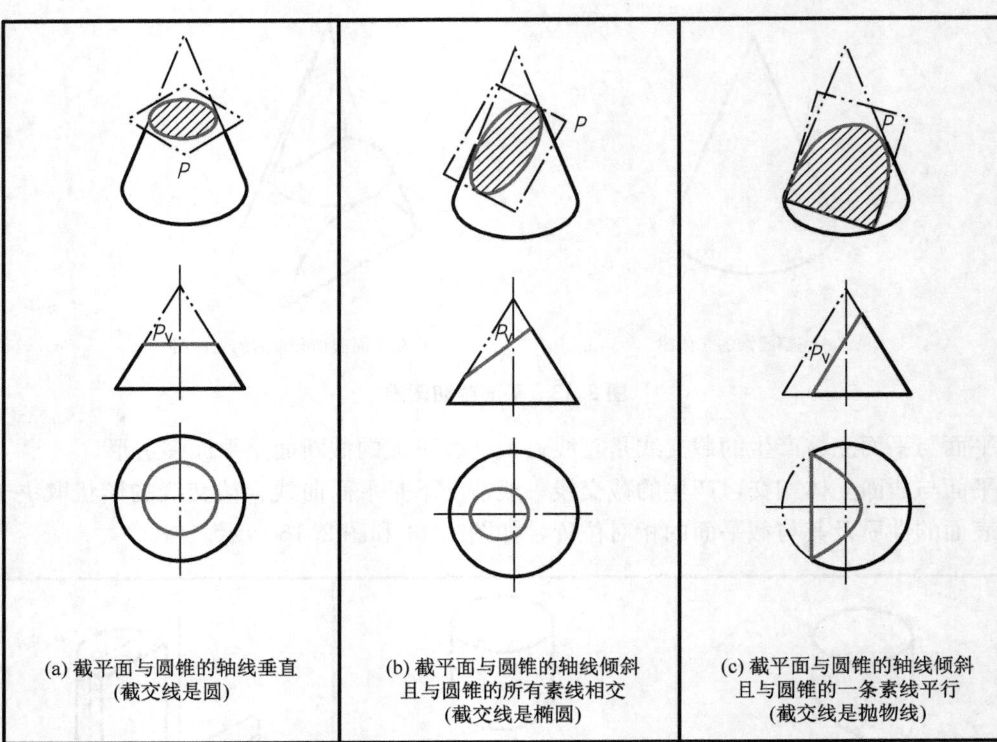

(a) 截平面与圆锥的轴线垂直
(截交线是圆)

(b) 截平面与圆锥的轴线倾斜
且与圆锥的所有素线相交
(截交线是椭圆)

(c) 截平面与圆锥的轴线倾斜
且与圆锥的一条素线平行
(截交线是抛物线)

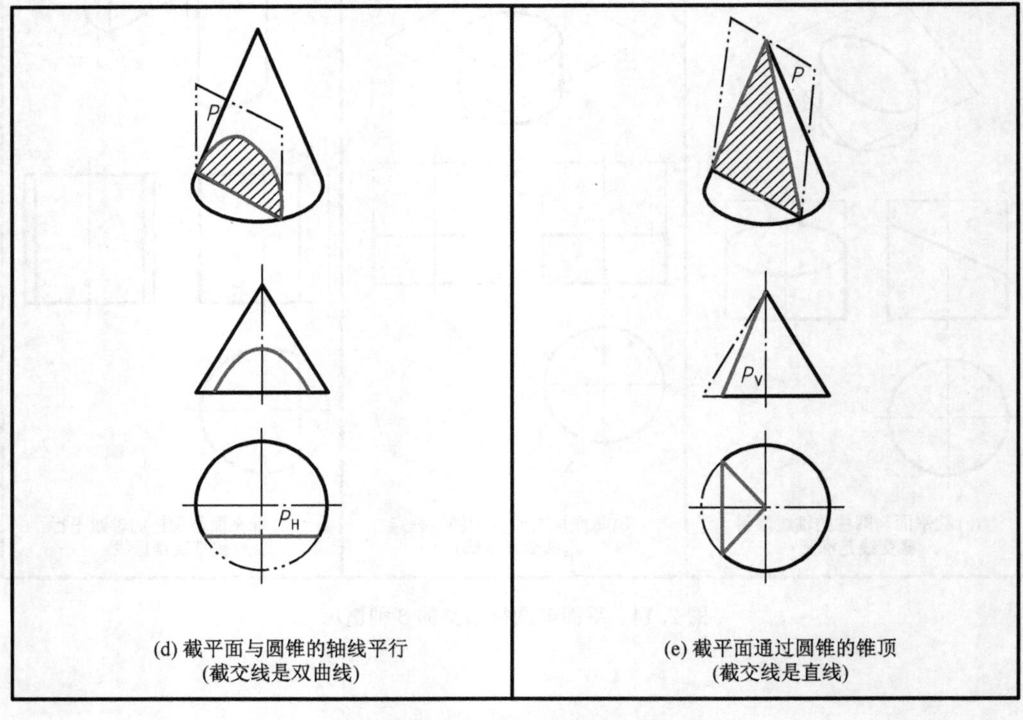

(d) 截平面与圆锥的轴线平行
(截交线是双曲线)

(e) 截平面通过圆锥的锥顶
(截交线是直线)

图 2.15　平面与圆锥相交的 5 种情况

2. 相贯线的形成

两立体相交又称为两立体相贯。相交的两立体成为一个整体，称为相贯体。它们表面的交线称为相贯线，相贯线是两立体表面的共有线，相贯线是由贯穿点连接而成的。贯穿点是两立体表面的共有点，如图 2.16 所示。

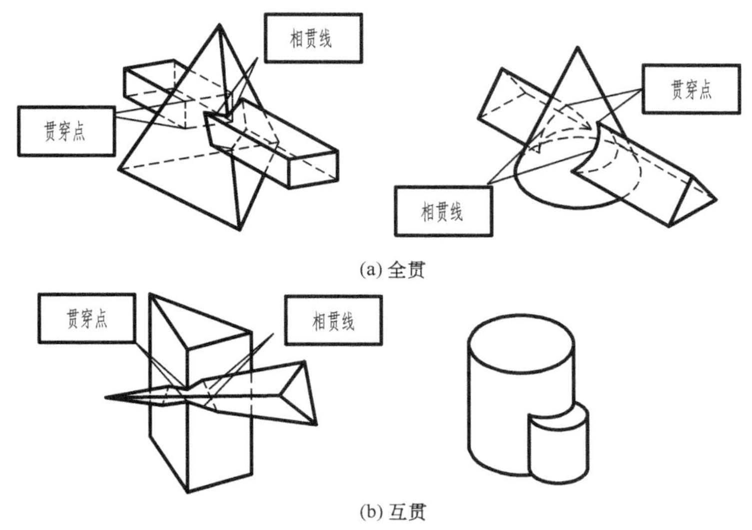

(a) 全贯

(b) 互贯

图 2.16 相贯线的形成

相贯线的形状随立体形状和两立体的相对位置不同而异，一般分为全贯和互贯两种类型。当一个立体全部穿过别一个立体时，产生两组相贯线，称为全贯[图 2.16(a)]；当两个立体相互贯穿，产生一组相贯线，称为互贯[图 2.16(b)]。

2.1.3 组合体的投影

1. 组合体的形体分析

组合体是由基本体组合而成。我们在研究组合体时，无论组合体多么复杂，通常都可把一个组合体分解成若干个基本体，然后分析每个基本体的形状和相对位置，便可方便地分析出组合体的形状和空间位置。这种分析组合体的方法称为形体分析法。

由基本体按不同的形式组合而成的形体称为组合体。组合体的组合形式一般有：叠加式，如图 2.17(a)所示；截割式，如图 2.17(b)所示；综合式，如图 2.17(c)所示。

2. 组合体三面投影的画法

1）叠加式组合体的投影图绘制

形体分析法是求叠加式组合体投影图的基本方法，即将组合体分解为几个基本体，分别画出各基本体的投影图，分析出各基本体之间的相对位置关系，然后根据它们的相对位

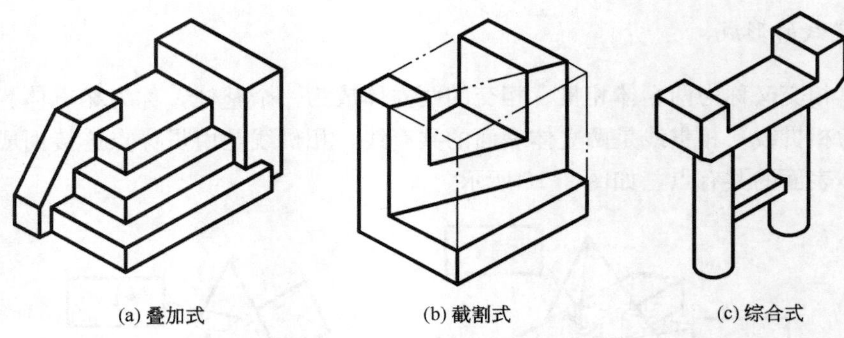

(a) 叠加式　(b) 截割式　(c) 综合式

图 2.17　组合体的组合形式

置进行组合，这样就可以完成组合体的投影图。

【例 2-1】 根据立体图(图 2.18)，完成组合体的三面投影图。

解题步骤如下。

(1) 形体分析。根据已知立体图可以判断，该形体是由五个基本体叠加而成，如图 2.19 所示。

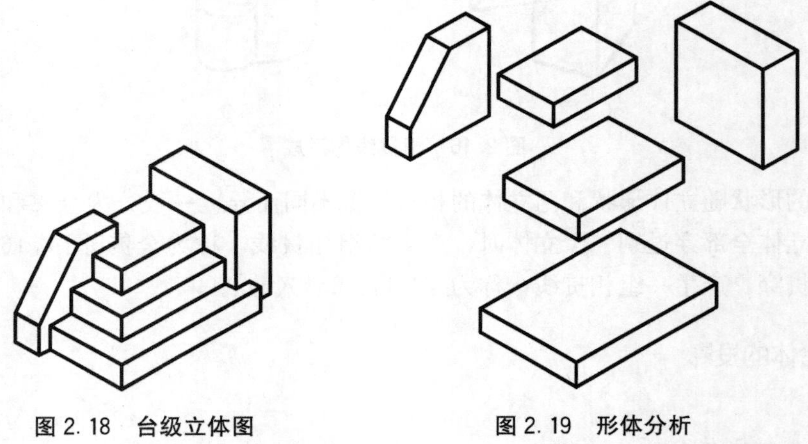

图 2.18　台级立体图　　图 2.19　形体分析

(2) 选择投影图数量和投影方向，如图 2.20(a)所示。

特别提示

为了用较少的投影图把组合体的形状完整清晰地表达出来，在形体分析的基础上，还要选择合适的投影方向和投影图数量。

选择 V 面投影方向的原则是：让 V 面投影图能明显地反映组合体的形状特征；同时还应考虑尽量减少其他投影图中的虚线和合理地使用图纸，如图 2.16(a)所示。

(3) 选比例、定图幅。

(4) 布置投影图，如图 2.20(b)所示。

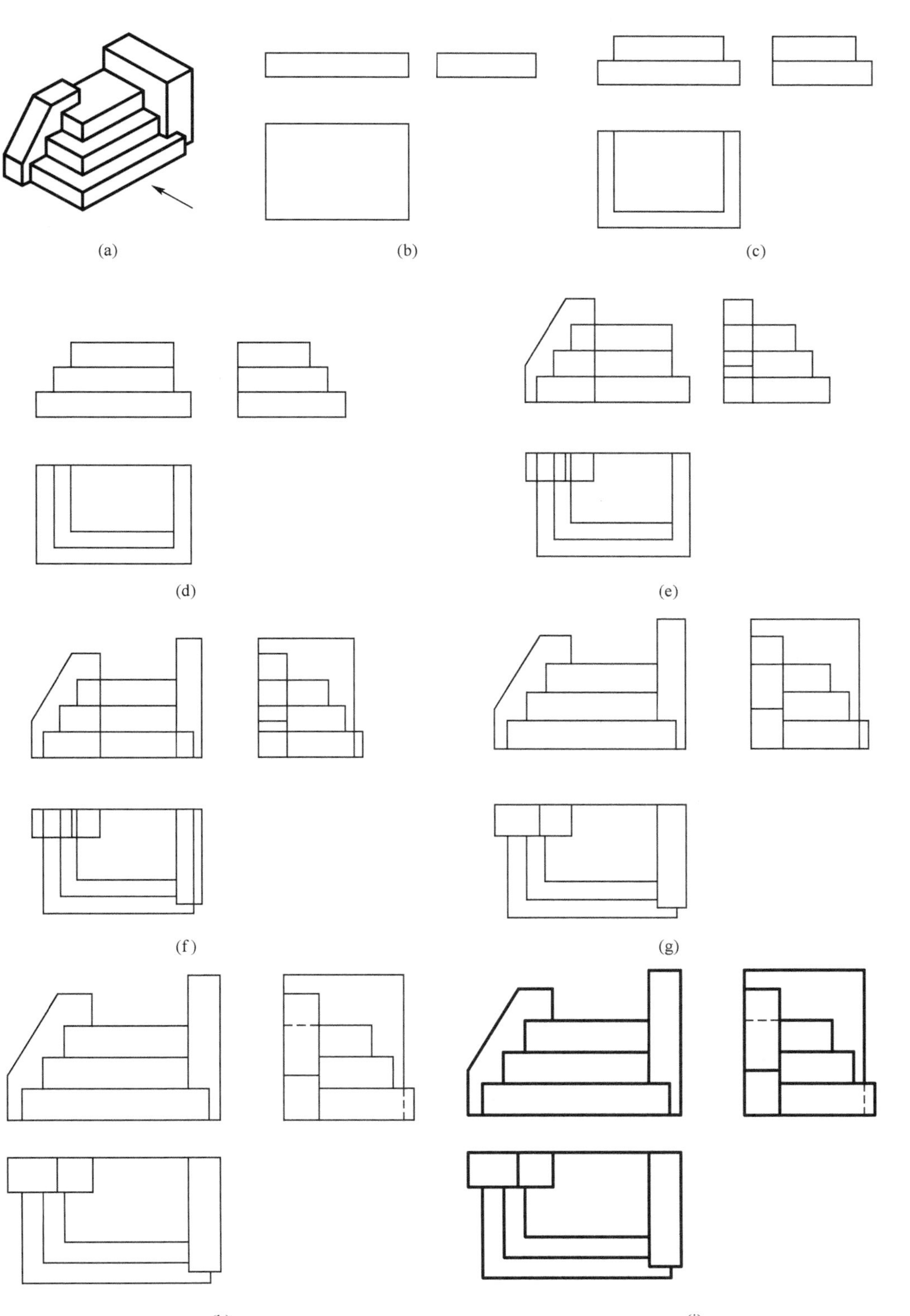

图 2.20 绘图步骤

特别提示

布图时，根据选定比例和组合体的总体尺寸，可粗略地算出各基本体投影范围大小，并布置匀称图面。一般定出形体的对称线和主要端面轮廓线，作为作图的基线。

(5) 绘制底图。

画最下面台阶的三面投影图，如图 2.20(b)所示。

画中间台阶的三面投影图并与最下面台阶组合，如图 2.20(c)所示。

画最上面台阶的三面投影图并与中间台阶和最下面台阶组合，如图 2.20(d)所示。

画左侧支撑板的三面投影图并与三个台阶组合，如图 2.20(e)所示。

画右侧支撑板的三面投影图并与其余四个基本体组合，如图 2.20(f)所示。

去掉多余图线(去掉两端面平齐的连接线、去掉相贯两基本体内部的交线)，如图 2.20(g)所示。

判断可见性，如图 2.20(h)所示。

特别提示

画底图时，力求作图准确、轻描淡写。在画图时，注意以下几点。

(1) 画图的先后顺序，一般应从形状特征明显的投影图入手，先画主要部分，后画次要部分；先画可见轮廓线，后画不可见轮廓线。

(2) 画图时，对组合体的每一组成部分的三面投影，最好根据对应的投影关系同时画出，不要先把某一投影全部画好后，再画另外的投影，以免漏画线条。

(6) 检查和描深，如图 2.20(i)所示。

底图画完后，检查确认无误后按《建筑制图标准》(GB/T 50104—2010)规定的线型加深轮廓线。

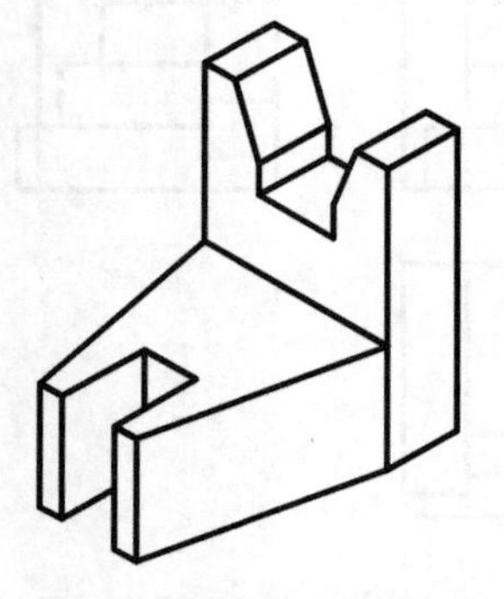

图 2.21 切割式组合体立体图

2) 切割式组合体投影图的绘制

如果组合体是切割式，完成其三面投影图时，应先画原始基本体的三面投影图，然后根据切平面的位置，逐个完成切平面与基本体的截交线，最后综合完成组合体的三面投影图。

【例 2-2】根据组合体的立体图(图 2.21)，完成组合体的三面投影图。

解题步骤如下。

(1) 形体分析。组合体是在四棱柱的基础上经 5 次切割而成，如图 2.22 所示。

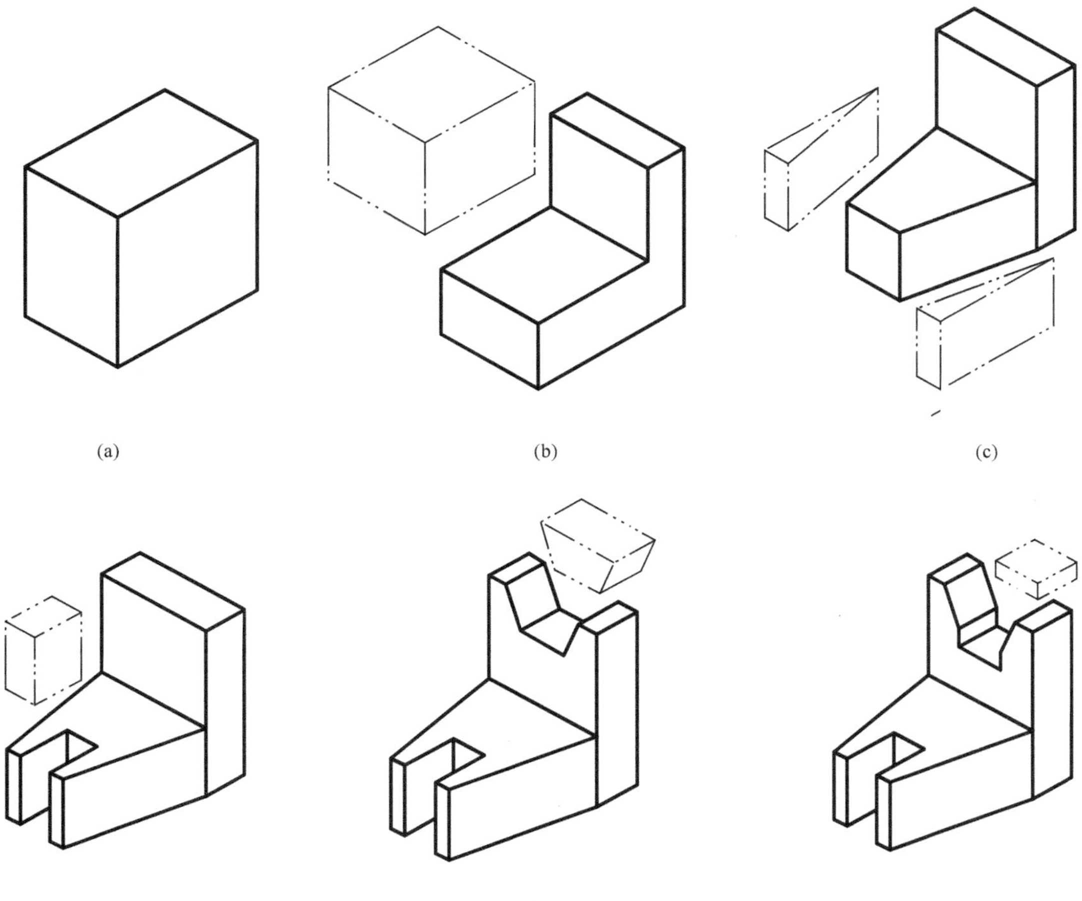

(a) (b) (c)

(d) (e) (f)

图 2.22 形体分析

(2) 选择投影图数量和投影方向，如图 2.23 所示。

(3) 选比例、定图幅。

(4) 布置投影图。

(5) 绘制底图。

画原始四棱柱的三面投影图，如图 2.23(a)所示。

画第 1 次切割后形体的三面投影图，如图 2.24(b)所示。

画第 2 次切割后形体的三面投影图，如图 2.24(c)所示。

画第 3 次切割后形体的三面投影图，如图 2.24(d)所示。

画第 4 次切割后形体的三面投影图，如图 2.24(e)所示。

画第 5 次切割后形体的三面投影图，如图 2.24(f)所示。

(6) 检查和描深，如图 2.24(f)所示。

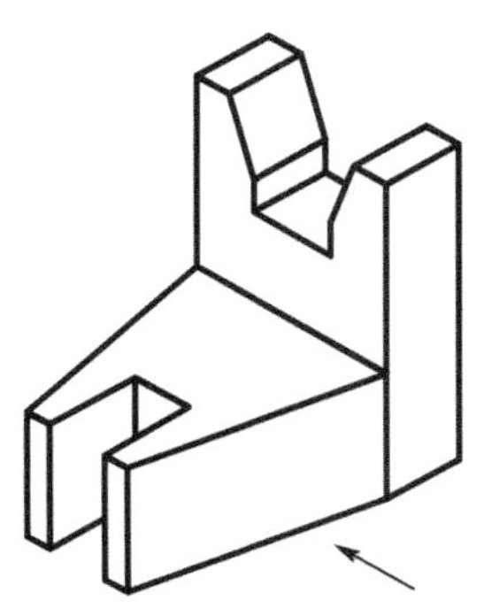

图 2.23 V 面投影方向

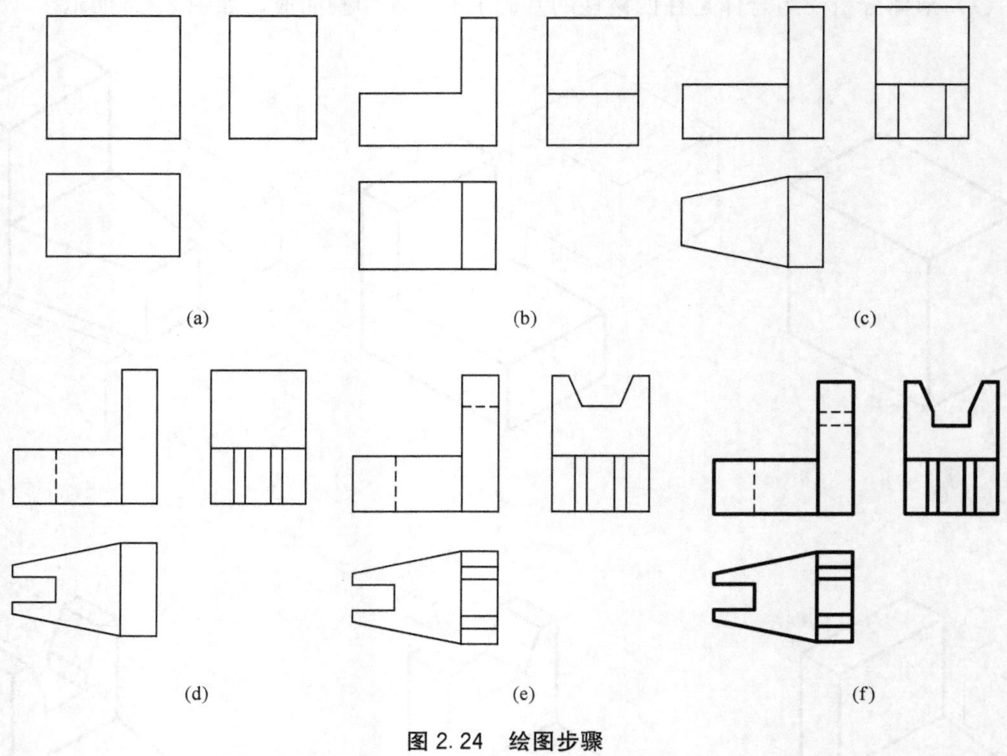

图 2.24 绘图步骤

3. 组合体的尺寸标注

投影图只能表达立体的形状，而要确定立体的大小，则需标注立体的尺寸，而且还应满足以下要求。

(1) 正确。要符合国家最新颁布的《建筑制图标准》(GB/T 50104—2010)。

(2) 完整。所标注的尺寸，必须能够完整、准确、唯一地表达物体的形状和大小。

(3) 清晰。尺寸的布置要整齐、清晰，便于阅读。

(4) 合理。标注的尺寸要满足设计要求，并满足施工、测量和检验的要求。

1) 尺寸种类

要完整地确定一个组合体的大小，需注全三类尺寸。

(1) 定形尺寸。确定组合体各组成部分形体大小的尺寸，称为定形尺寸，如图 2.25 所示。

(2) 定位尺寸。确定各组成部分相对位置的尺寸，称为定位尺寸。

如图 2.25 所示，V 面投影图右下方的定位尺寸 50 为直墙在长度方向的定位尺寸；W 面投影中的 50 和 120 为支撑墙在宽度方向的定位尺寸；直墙和支撑墙在高度方向相对底板的位置，是通过组合体叠加形式来确定，不需要定位尺寸。

由以上定位尺寸的标注可看出，在某一方向确定各组成部分的相对位置时，标注每一

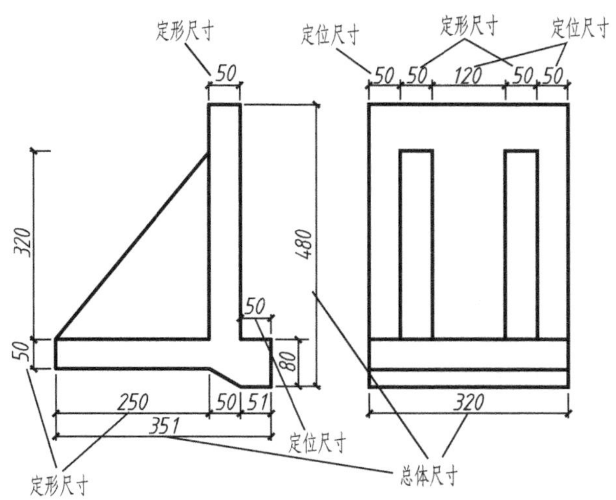

图 2.25　组合体尺寸标注种类图

个定位尺寸均需有一个相对的基准作为标注尺寸的起点，这个起点叫做尺寸基准。由于组合体有长、宽、高三个方向的尺寸，所以每个方向至少有一个尺寸基准，如图 2.26 所示。尺寸基准一般选在组合体底面、重要端面、对称面及回转体的轴线上。

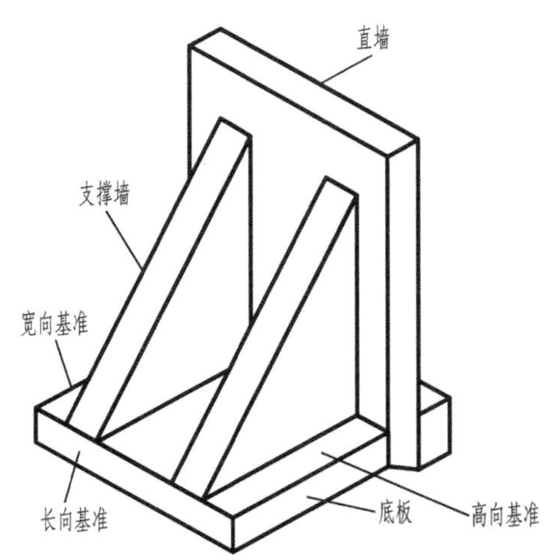

图 2.26　组合体的立体图

(3) 确定组合体外形的总长、总宽、总高的尺寸，称为总体尺寸。

如图 2.25 所示的组合体的总高为 480mm，总长为 351mm，总宽为 320mm。

2) 组合体的尺寸标注

(1) 形体分析。

组合体尺寸标注前需进行形体分析，弄清反映在投影图上的有哪些基本形体及这些基本形体的相对位置。

(2) 标注三类尺寸。在形体分析的基础上，先应分别注出各基本体的定型尺寸。如果基本体是带切口的，不应标注截交线的尺寸，而应标注截平面的位置尺寸。然后选定基准，标注定位尺寸。最后标注总体尺寸。

(3) 检查复核。注完尺寸后，要用形体分析法认真检查三类尺寸，补上遗漏尺寸，并对布置不合理的尺寸进行必要的调整。

2.1.4 形体的轴测投影图画法

轴测投影图是用平行投影的方法画出来的一种富有立体感的图形，它接近于人们的视觉习惯，在生产和学习中常用作辅助图样。由于轴测投影图度量性差，很难准确反映形体的实际大小，所以只作辅助图样。如图 2.27 所示为形体三面投影图与轴测投影图的比较。

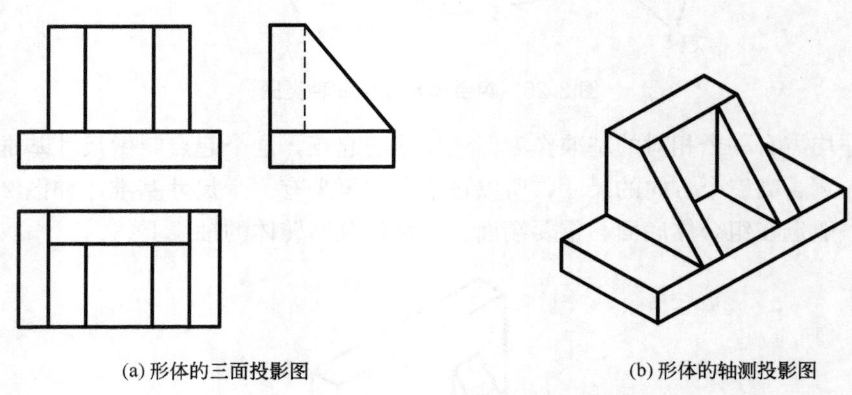

(a) 形体的三面投影图　　(b) 形体的轴测投影图

图 2.27　形体三面投影图与轴测投影图的比较

1. 轴测投影的形成及其有关概念

1) 轴测投影图的形成

将形体连同确定它空间位置的直角坐标系一起，用平行投影法，沿不平行坐标轴的方向 S 投射到一个投影面 P 上，所得的投影称为轴测投影，如图 2.28 所示。用这种方法画出的图称为轴测投影图，简称轴测图，俗称立体图。由于在单一投影面上同时反映了形体的长、宽、高三个向度，接近人的视觉印象，故富有立体感。在单面投影中要同时获得形体长、宽、高三个方向信息，一般采用下述方法。

(1) 如图 2.29(a)所示，使形体三维方向亦即空间直角坐标系 $O-XYZ$ 与投影面 P 倾斜，采用正投影法将形体投射到投影面 P 上。此时由于三维方向均不积聚而能同时得到反映，故使投影呈现立体感，这样获得的投影称为正轴测投影。

(2) 如图 2.29(b)所示，不改变形体对投影面的相对位置，亦即形体三维方向仍平行于投影轴，但用斜投影法将形体投射到投影面 P 上，从而获得形体直观的三维形象，这种投影称为斜轴测投影。

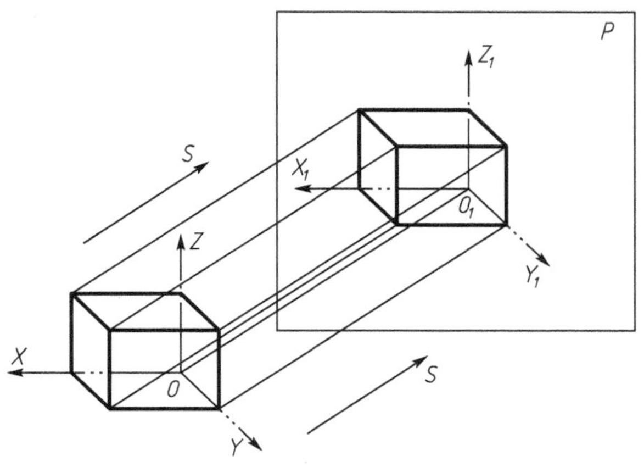

图 2.28　轴测投影图的形成

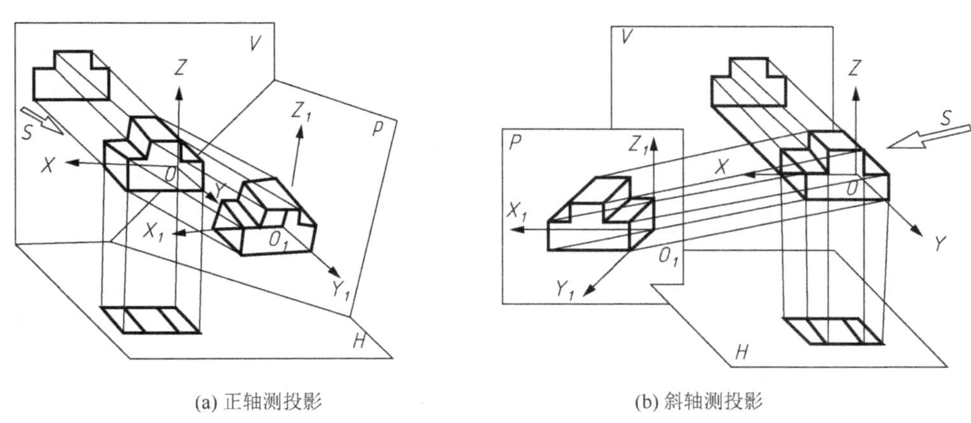

(a) 正轴测投影　　(b) 斜轴测投影

图 2.29　轴测投影的形成

我们把接受轴测投影的投影面 P 称为轴测投影面，将赋予形体上的直角坐标轴 OX、OY、OZ 在轴测投影面上的投影 O_1X_1、O_1Y_1、O_1Z_1 称为轴测投影轴，简称轴测轴。

2）轴测投影的特性

由于轴测投影属于平行投影，故具备平行投影的以下特性。

(1) 空间直角坐标轴投影成为轴测投影轴以后，直角在轴测图中一般已不是 90°了，但是沿轴测轴确定长、宽、高三个坐标方向的性质不变，即仍可沿轴确定长、宽、高方向。

(2) 平行性。空间互相平行的直线其轴测投影仍保持平行。如果 $AB /\!/ CD$，则其轴测投影 $A_1B_1 /\!/ C_1D_1$。即形体上与空间直角坐标轴平行的线段，其轴测投影平行于相应的轴测轴。

(3) 定比性。空间各平行线段的轴测投影的变化率相等。如果 $AB /\!/ CD$，则 $A_1B_1 /\!/ C_1D_1$，且 $AB/CD = A_1B_1/C_1D_1$。

这就是说，平行两直线的投影长度，分别与各自的原来长度的比值是相等的，该比值称为变化率。所以空间各平行线段的轴测投影的变化率相等。因此，在轴测图中，形体上平行于坐标轴的线段其变化率等于相应坐标轴的变化率。

但应注意，形体上不平行于坐标轴的线段(非轴向线段)，它们的投影变化与平行于坐标轴的线段不同，因此不能将非轴向线段的长度直接移到轴测图上。画非轴向线段的轴测投影时，需要用坐标法定出其两端点在轴测坐标系中的位置，然后再连成线段的轴测投影图。

3）轴间角和轴向变化率

如图 2.30 所示，分别以 o_Px_P、o_Py_P、o_Pz_P 表示轴测轴。三个轴测轴间的夹角 $\angle x_Po_Py_P$、$\angle y_Po_Pz_P$ 及$\angle x_Po_Pz_P$ 称轴间角。它们可以用来确定三个轴测轴间的相互位置，显然，也确定了与 OX、OY、OZ 之间的角度。Oa_X、Oa_Y、Oa_Z 为 A 点的坐标线段，长分别为 m、n、l，A 点的坐标线段投影成为o_Pa_{XP}、o_Pa_{YP}、o_PO_{ZP}，称为轴测坐标线段，长分别为 i、j、k。

$$\frac{o_Pa_{XP}}{Oa_X}=\frac{i}{m}=p,\quad \frac{o_Pa_{YP}}{Oa_Y}=\frac{j}{n}=q,\quad \frac{o_Pa_{ZP}}{Oa_Z}=\frac{k}{l}=r$$

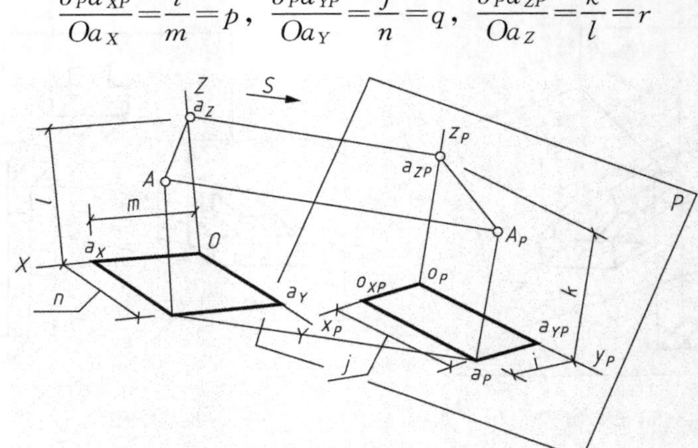

图 2.30　点的轴测投影

在空间坐标系，投射方向和投影面三者相互位置被确定时，点 A 的轴测坐标线段与其相对应的坐标线段的比值，称为轴向变化率，分别用 p、q、r 表示。

根据上式得

$$\frac{o_Pa_{XP}}{Oa_X}=p \quad 或 \quad o_Pa_{XP}=p\cdot Oa_X$$

$$\frac{o_Pa_{YP}}{Oa_Y}=q \quad 或 \quad o_Pa_{YP}=q\cdot Oa_Y$$

$$\frac{o_Pa_{ZP}}{Oa_Z}=r \quad 或 \quad o_Pa_{ZP}=r\cdot Oa_Z$$

其中，p、q、r 分别称 X 轴、Y 轴、Z 轴的轴向变化率。

这样，如果已知轴测投影中的轴测轴的方向和变化率，则与每条坐标轴平行的直线，其轴测投影必平行于轴测轴，其投影长度等于原来长度乘以该轴的变化率。这就是把这种投影法叫做轴测投影的原因。

轴间角和轴向变化率，是作轴测图的两个基本参数。随着物体与轴测投影面相对位置的不同以及投影方向的改变，轴间角和轴向变化率也随之而改变，从而可以得到各种不同的轴测图。

4）轴测投影的分类

轴测投影按投射线与投影面相对位置的不同分为正轴测投影和斜轴测投影两类，每类按轴向变化率的不同又分为以下3种。

(1) 正(或斜)等轴测投影。三个轴向变化率均相等，即 $p=q=r$，简称正(或斜)等测。

(2) 正(或斜)二轴测投影。三个轴向变化率其中有两个相等，即 $p=q\neq r$，简称正(或斜)二测。

(3) 正(或斜)三轴测投影。三个轴向变化率均不相等，即 $p\neq q\neq r$，简称正(或斜)三测。

工程上常采用正等测、正二测和斜二测投影。

5）正等轴测投影图、斜二轴测投影图的形成

轴测投影图的轴间角是画轴测投影图时建立坐标系的依据，轴向变化系数是画轴测投影图时量取尺寸的依据。

正等轴测投影图的三个轴间角均为120°。三个轴向伸缩系数均约为0.82，为了便于作图，采用简化伸缩系数，即 $p_1=q_1=r_1=1$。作图时，O_1Z_1 轴一般画成铅垂线，O_1X_1、O_1Y_1 轴与水平方向成30°角，如图2.31所示。

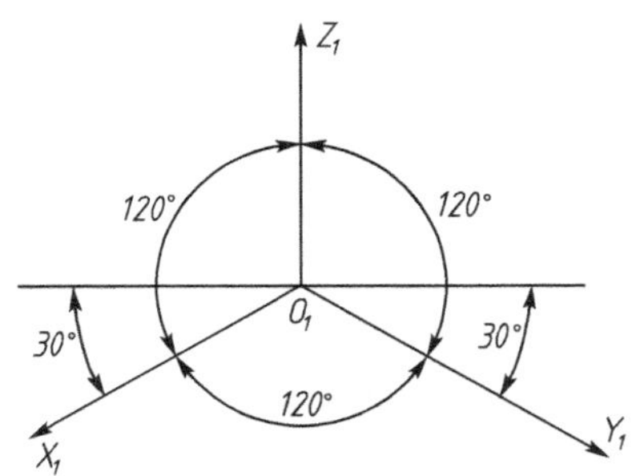

图2.31 正等轴测投影的轴间角

斜二轴测投影的轴间角：$\angle X_1O_1Z_1=90°$，$\angle X_1O_1Y_1=\angle Y_1O_1Z_1=135°$。轴向伸缩系数：$p_1=r_1=1$，$q_1=0.5$。作图时，$O_1Z_1$ 轴一般画成铅垂线，O_1X_1 轴与 O_1Z_1 轴垂直画成求平线，O_1Y_1 轴画成与水平方向成45°角，如图2.32所示。

2. 正等轴测投影图、斜二轴测投影图的画法

画轴测投影图的基本方法是坐标法，即按坐标系画出形体上各点，然后按照点连线，线围面，面围体的方法完成形体轴测投影图的绘制。但在作图时，还应根据物体的形状特点而灵活采用其他不同的方法。

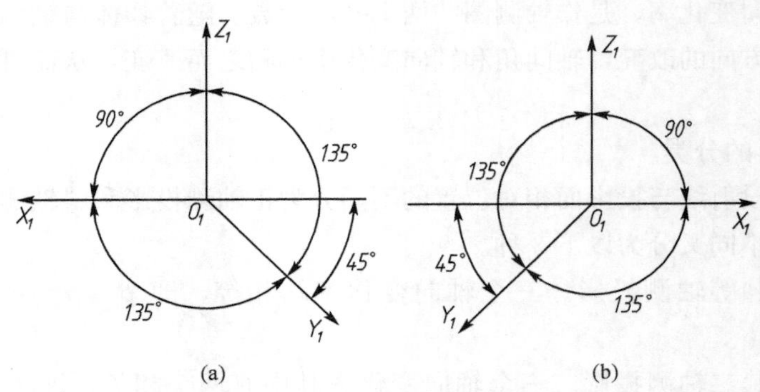

图 2.32 斜二轴测投影的轴间角

此外，在画轴测投影图时，为了使图形清晰，一般不画不可见轮廓线(虚线)。

画轴测投影图时还应注意，只有平行于轴向的线段才能直接量取尺寸，不平行于轴向的线段可由该线段的两端点的位置来确定。

轴测投影图是按平行投影的原理得到的，所以作图时要遵循平行投影的一切特性：相互平行的直线的轴测投影仍相互平行(因此，形体上平行于坐标轴的线段，其轴测投影必然平行于相应的轴测轴，且其变形系数与相应的轴向变形系数相同)；两平行直线或同一直线上的两线段的长度之比，轴测投影后保持不变(因此，形体上平行于坐标轴的线段，其轴测投影长度与实长之比，等于相应的轴向变形系数)。

1）平面立体轴测投影图的画法

为了使作图简便，图形清晰，作图时应分析清楚立体的特点，灵活应用坐标法，一般先从可见部分作图。

正等轴测投影图和斜二轴测投影图的画法基本一样，只是画图时根据轴间角建立的坐标系和轴向变化系数的不同，量取尺寸时的比例不同。

【例 2-3】 如图 2.33(a)所示，根据五棱柱的三面投影图，完成其正等轴测投影图。

分析：由于棱柱体上、下底面的大小形状相等且棱线互相平行，所以在作图时，先用坐标法把棱柱的顶面画出，再过顶面上的每一个点作互相平行的棱线，最后完成底面的作图。

解题步骤如下。

(1) 分析立体，在三面投影中确定坐标原点，如图 2.33(b)所示。

(2) 根据正等轴测投影图的轴间角建立画图坐标系，如图 2.33(c)所示。

(3) 根据正等轴测投影图的轴向变化系数，用坐标法完成棱柱体顶面 5 个点的轴测投影(三面投影图中 1 点与 2 点、3 点与 5 点、O 点与 4 点、O 点与 K 之间的距离同轴测投影图中 1 点与 2 点、3 点与 5 点、O 点与 4 点、O 点与 K 之间的距离相等)，依次连接 1、2、3、4、5 这 5 个点，完成棱柱体顶面的轴测投影，如图 2.33(d)所示。

(4) 过顶面上的 5 个点作互相平行的 5 条棱线(三面投影图中的棱线高同轴测投影图中的棱线高相等)，由于过 2 点作的棱线不可见，所以不作，如图 2.33(e)所示。

(5) 绘制底面，如图 2.33(f)所示。

(6) 去掉作图线，如图 2.33(g)所示。

(7) 加深图线，如图 2.33(h)所示。

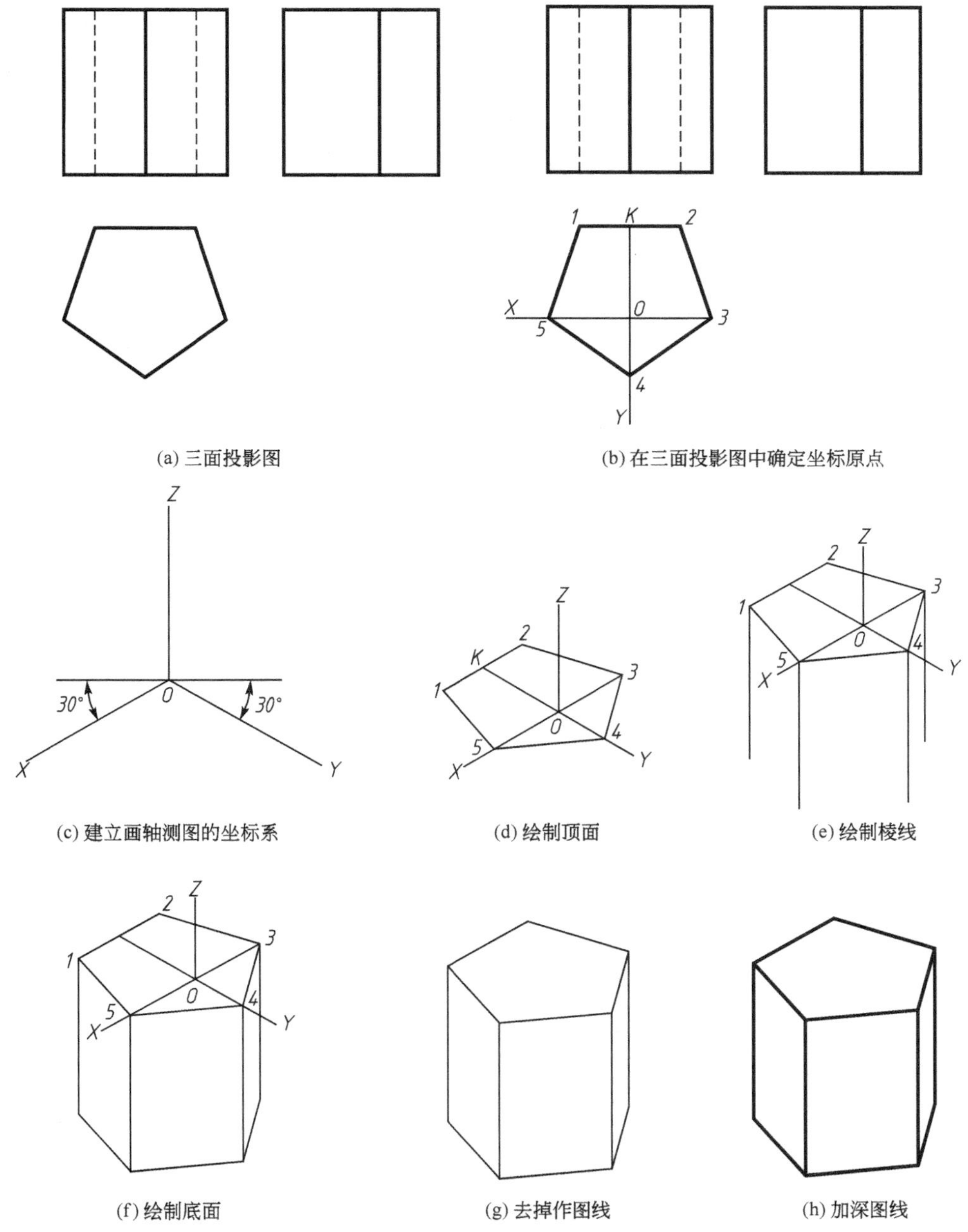

(a) 三面投影图

(b) 在三面投影图中确定坐标原点

(c) 建立画轴测图的坐标系

(d) 绘制顶面

(e) 绘制棱线

(f) 绘制底面

(g) 去掉作图线

(h) 加深图线

图 2.33　绘制五棱柱的正等轴测投影图

【例 2-4】如图 2.34(a)所示，根据五棱锥的三面投影图，完成其斜二轴测投影图。

分析：绘制棱柱体的轴测投影图时，应先用坐标法完成棱锥的底面，再用坐标法完成锥顶，最后把锥顶与底面的各点连接完成棱线。

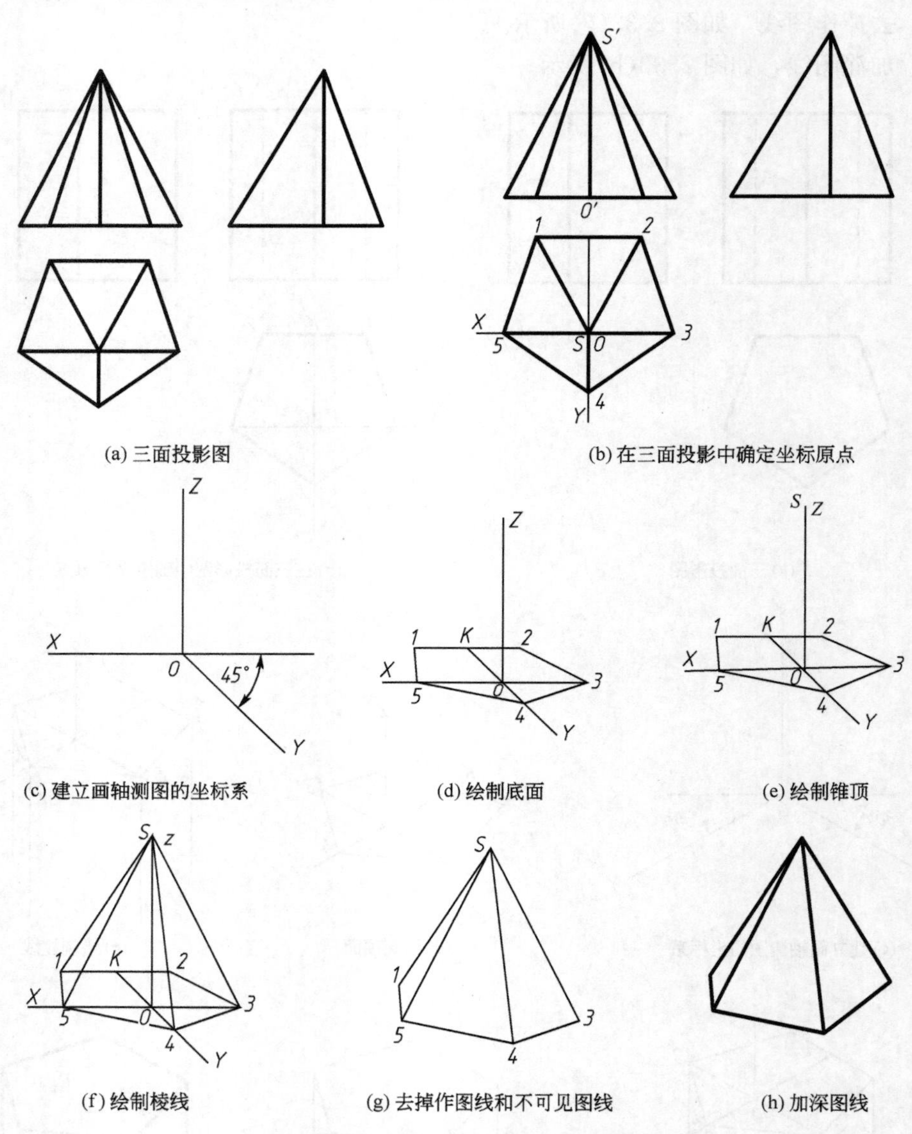

(a) 三面投影图　(b) 在三面投影中确定坐标原点

(c) 建立画轴测图的坐标系　(d) 绘制底面　(e) 绘制锥顶

(f) 绘制棱线　(g) 去掉作图线和不可见图线　(h) 加深图线

图 2.34　绘制五棱锥的斜二轴测投影图

解题步骤如下。

(1) 分析立体，在三面投影中确定坐标原点，如图 2.34(b)所示。

(2) 根据正等轴测投影图的轴间角建立画图坐标系：如图 2.34(c)所示。

(3) 根据正等轴测投影图的轴向变化系数，用坐标法完成棱锥底面 5 个点的轴测投影（三面投影图中 1 点与 2 点、3 点与 5 点之间的距离同轴测投影图中 1 点与 2 点、3 点与 5

点之间的距离相等；轴测投影图中 O 点与 4 点、O 点与 K 点之间的距离是三面投影图中 O 点与 4 点、O 点与 K 点之间的距离的一半)，依次连接 1、2、3、4、5 这 5 个点，完成棱锥底面的轴测投影，如图 2.34(d)所示。

(4) 用坐标法作锥顶的轴测投影(三面投影图中的 $O'S'$ 同轴测投影图中的 OS 相等)，如图 2.34(e)所示。

(5) 把锥顶与底面的各点连接完成棱线，S 与 2 连接不可见，所以不作，如图 2.34(f)所示。

(6) 去掉作图线和不可见图线，如图 2.34(g)所示。

(7) 加深图线，如图 2.34(h)所示。

2) 曲面立体轴测投影图的画法

曲面立体，不可避免地会遇到圆与圆弧的轴测投影画法。为简化作图，在绘图中，一般使圆所在的平面平行于坐标面，从而可以得到其正等轴测投影为椭圆。作图时，一般以圆的外接正方形为辅助线，先画出正方形的轴测投影，再用四心圆法近似画出椭圆。

【例 2-5】 如图 2.35(a)所示，根据圆柱的两面投影图，完成其正等轴测投影图。

解题步骤如下。

(1) 建立绘制轴测图的坐标系，并在 X 轴和 Y 轴上根据圆柱底面圆的半径确定四个点(圆柱底面圆外接正方形各边的中点)，如图 2.35(b)所示。

(2) 过 X 轴上的两个点向 Y 轴作平行线；过 Y 轴上的两个点向 X 轴作平行线，两组平行线围成一个四边形(圆柱底面圆外接正方形的轴测投影)，如图 2.35(c)所示。

(3) 确定 4 个圆心，即过四边形对角线短的两个顶点向其对边的中点相连接，连线的 4 个交点就是 4 个圆心，如图 2.35(d)所示。

(4) 过 4 个圆心作 4 段圆弧，完成圆柱顶面的投影，如图 2.35(e)所示。

(5) 用画顶面圆的方法，完成底面圆的轴测投影，如图 2.35(f)所示。

(6) 作顶面、底面圆的公切线，如图 2.35(g)所示。

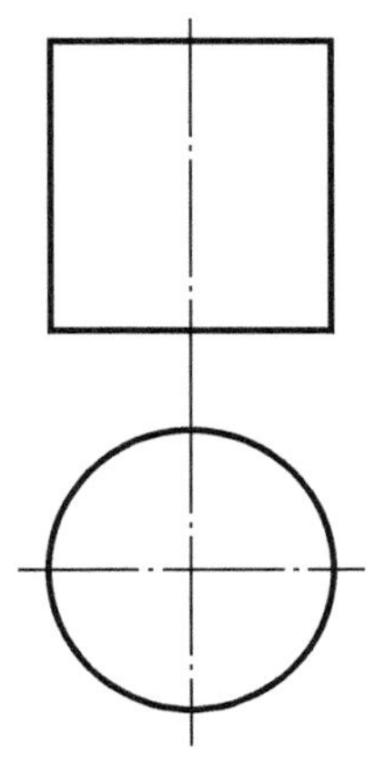

(a) 两面投影图

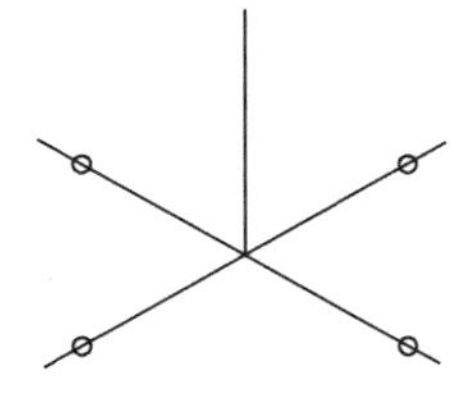

(b) 建立坐标系确定直径上的4个点

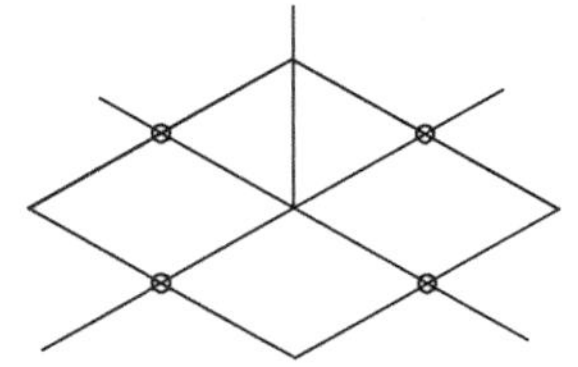

(c) 过直径上的点向对应的坐标轴作平行线

图 2.35 绘制圆柱的正等轴测投影图

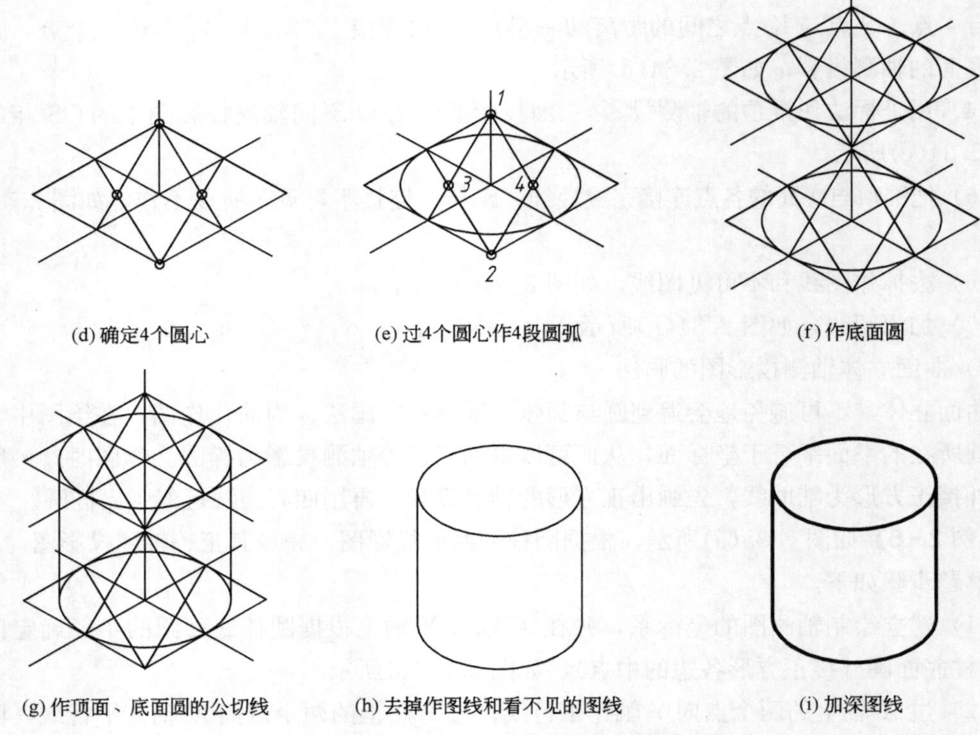

(d) 确定4个圆心　(e) 过4个圆心作4段圆弧　(f) 作底面圆

(g) 作顶面、底面圆的公切线　(h) 去掉作图线和看不见的图线　(i) 加深图线

图 2.35　绘制圆柱的正等轴测投影图(续)

(7) 去掉作图线和看不见的图线，如图 2.35(h)所示。

(8) 加深图线，如图 2.35(i)所示。

当曲面立体上的圆或圆弧所在平面平行于坐标平面 XOZ 时，用斜二轴测投影作曲面立体的轴测投影图，就会简便很多。

【例 2-6】 如图 2.36(a)所示，根据立体的两面投影，完成其斜二轴测投影图。

解题步骤如下。

(1) 建立坐标系，如图 2.36(b)所示。

(2) 画前端面(由于前端面平行于坐标平面 XOZ，所以前端面的轴测投影与立体前端面在 V 面投影上的形状一样，大小相等)，如图 2.36(c)所示。

(3) 画后端面(由于前后端面平行，所以只需把前端面沿 Y 轴方向向后平移立体宽度的一半即可)，如图 2.36(d)所示。

(4) 画棱线和半圆柱的公切线，如图 2.36(e)所示。

(5) 去掉作图线加深图线，如图 2.36(f)所示。

3) 平面截切基本体轴测投影图的画法

平面截切平面立体轴测投影图的画法：先画出完整的平面立体，再确定每一个截交点，连截交点为截交线，最后去掉被截切部分，完成作图。

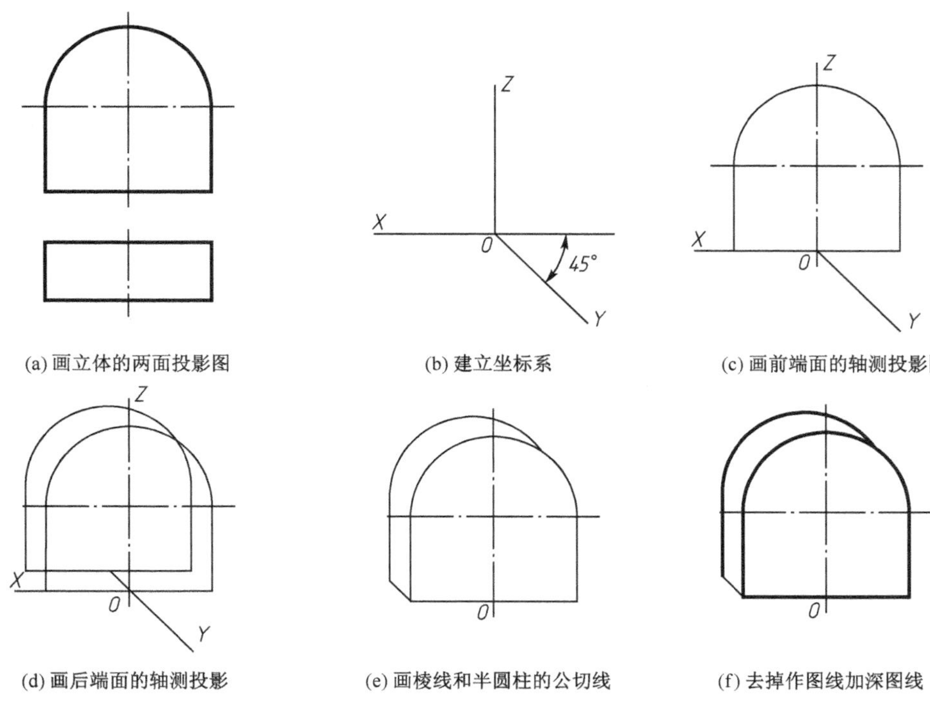

(a) 画立体的两面投影图　(b) 建立坐标系　(c) 画前端面的轴测投影图

(d) 画后端面的轴测投影　(e) 画棱线和半圆柱的公切线　(f) 去掉作图线加深图线

图 2.36　立体斜二轴测投影图绘制

【例 2-7】 如图 2.37 所示，已知平面截切六棱柱的两面投影，完成其正等测投影图。

解题步骤如下。

(1) 根据图 2.33 所示的方法完成六棱柱的正等轴测投影图，如图 2.37(b)所示。

(2) 确定截交点。先在两面投影图上定截交点，再利用截交点在棱线或棱面的位置确定截交点的轴测投影图，如图 2.37(c)所示。

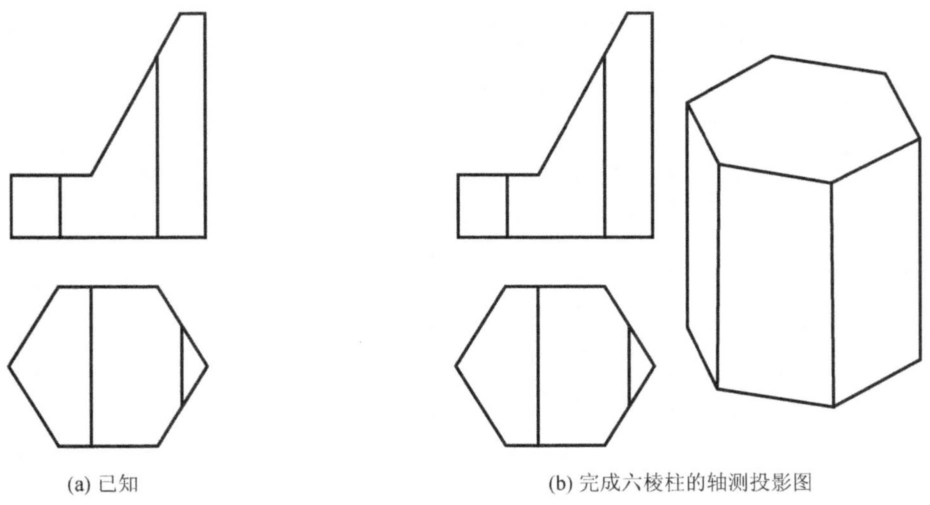

(a) 已知　(b) 完成六棱柱的轴测投影图

图 2.37　绘制平面截切六棱柱的正等轴测投影图

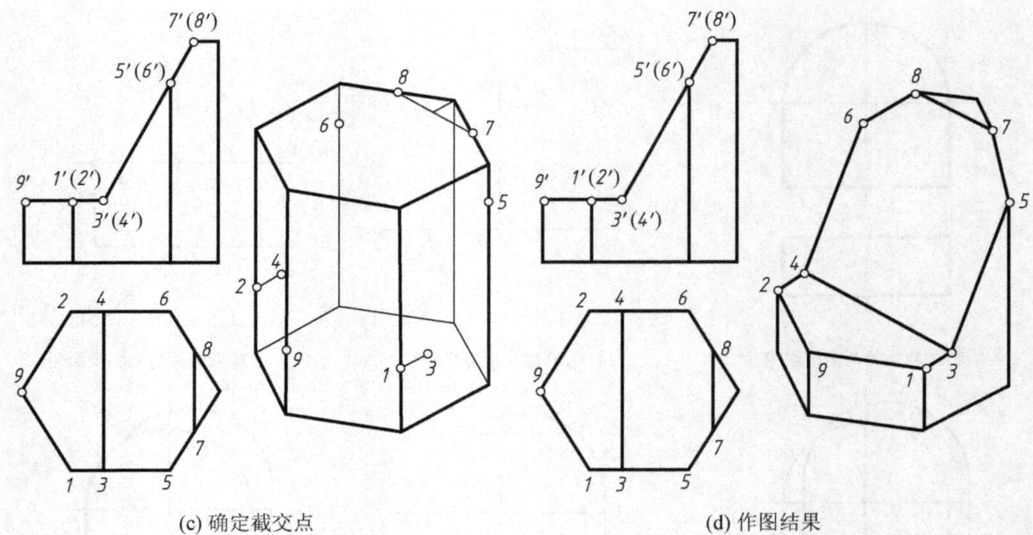

图 2.37 绘制平面截切六棱柱的正等轴测投影图(续)

(3) 连截交点为截交线，如图 2.37(d)所示。

(4) 去掉被截切部分，完成作图，如图 2.37(d)所示。

【例 2-8】 如图 2.38(a)所示，已知平面截切半圆柱的两面投影，完成其斜二轴测投影图。

解题步骤如下。

(1) 完成半圆柱的正等轴测投影图，如图 2.38(b)所示。

(2) 确定截交点。先在两面投影图上定截交点，再利用截交点在半圆柱表面的位置确定截交点的轴测投影图，如图 2.38(c)所示。

(3) 连截交点为截交线，如图 2.38(d)所示。

(4) 去掉被截切部分，完成作图，如图 2.38(d)所示。

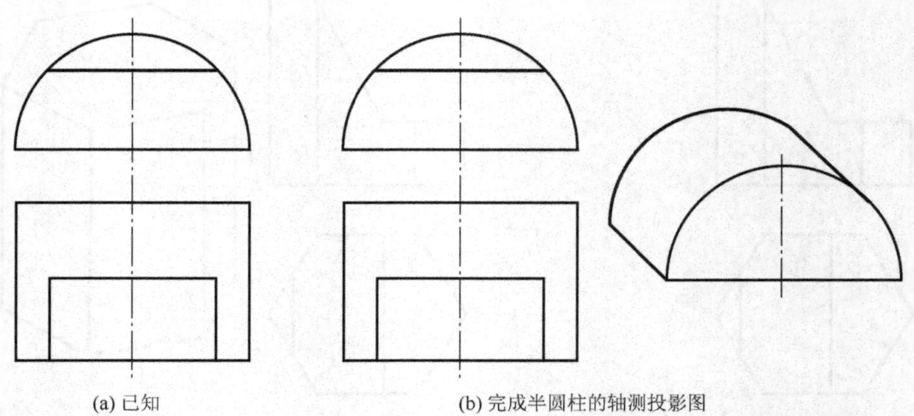

图 2.38 绘制平面截切半圆柱的斜二轴测投影图

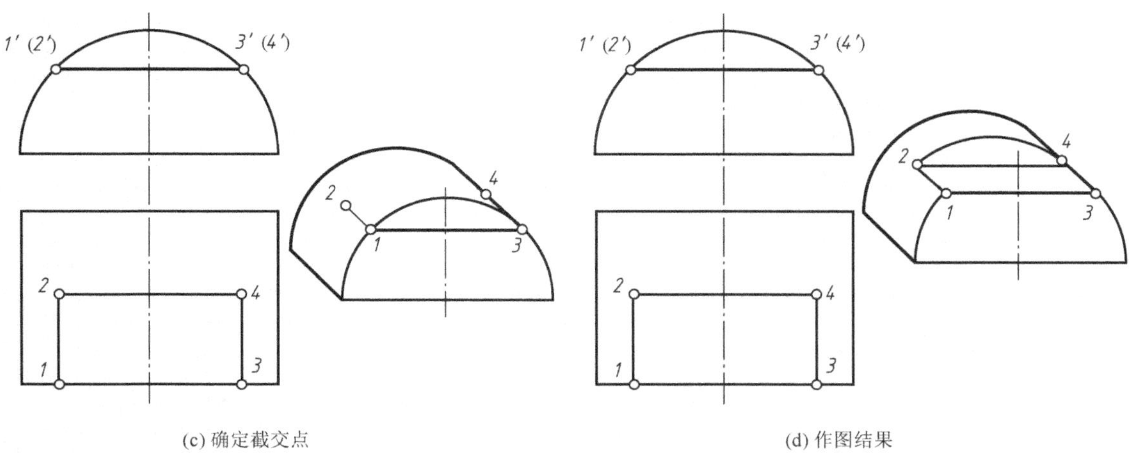

图 2.38　绘制平面截切半圆柱的斜二轴测投影图(续)

特别提示

绘制斜二轴测投影图时，注意 Y 方向上的轴向变化率为 1/2。

连截交线时，要根据图 2.14 确定截交线的性质。

4）组合体轴测投影图的画法

在画组合体的轴测图之前，应先通过形体分析了解组合体的组合方式和各组成部分的形状、相对位置。再选择适当的画图方法。一般绘制组合体轴测投影的方法有叠加法和切割法。

(1) 叠加法。当组合体是由基本体叠加而成时，先将组合体分解为若干个基本体，然后按各基本体的相对位置逐个画出各基本体的轴测图，经组合后完成整个组合体的轴测图。这种绘制组合体轴测图的方法叫做叠加法。

【例 2-9】求作如图 2.39(a)所示组合体的正等轴测投影图。

解题步骤如下。

① 形体分析。由已知的三面投影图可知，该组合体由四个基本体叠加而成，所以，可用叠加法完成组合体的轴测投影图，如图 2.39(a)所示。

② 建立坐标系。根据正等轴测图轴间角的要求建立坐标系，如图 2.39(b)所示。

③ 绘制各基本体的正等轴测投影图，根据各基本体的相对位置组合各基本体，完成组合体的正等轴测投影图[绘制底板的轴测投影图，如图 2.39(c)所示；绘制背板的轴测投影图，并与底板组合，如图 2.39(d)所示；绘制两个侧板的轴测投影图，并与底板和背板组合，如图 2.39(e)所示]。

④ 去掉多余的图线(基本体叠加后，端面平齐不应有接缝)，如图 2.39(f)所示。

⑤ 校核、清理图面，加深图线，如图 2.39(g)所示。

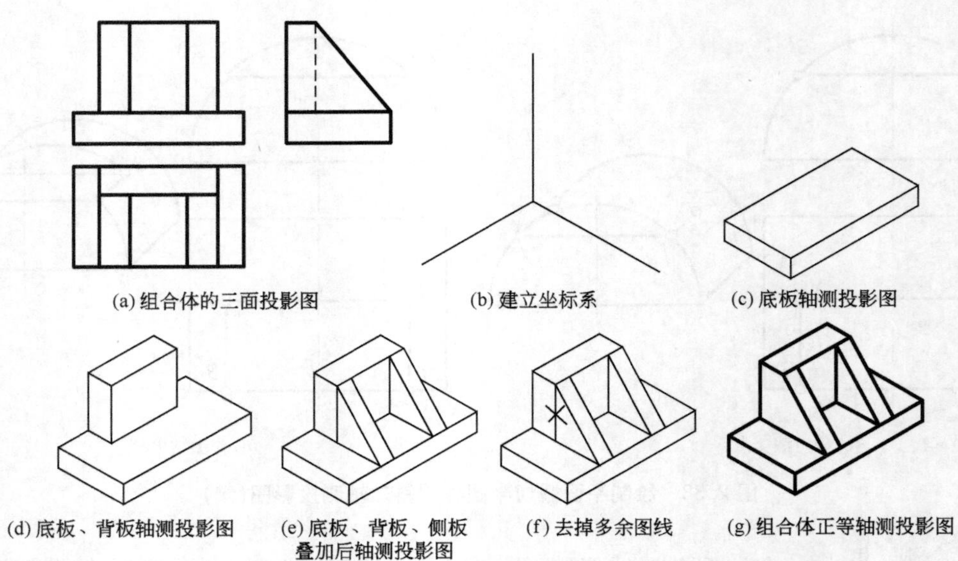

图 2.39　组合体轴测图的画法——叠加法

(2) 切割法。当组合体是由基本体切割而成时，可先画出完整的原始基本体的轴测投影图，然后按其切平面的位置，逐个切去多余部分，从而完成组合体的轴测投影图。这种绘制组合体轴测图的方法叫做切割法。

【例 2-10】求如图 2.40(a)所示组合体的正等轴测投影图。

解题步骤如下。

① 形体分析。由已知的三面投影图可知，该组合体是在四棱柱的基础上由 8 个切平面经 3 次切割而成，所以，可用切割法完成组合体的轴测投影图。

② 建立坐标系。根据正等轴测投影图的要求建立坐标系，如图 2.40(b)所示。

③ 画完整四棱柱的正等轴测投影图，如图 2.40(c)所示。

④ 按切平面的位置逐个切去被切部分，如图 2.40(d)、(e)、(f)所示。

⑤ 校核、清理图面，加深图线。如图 2.40(g)所示。

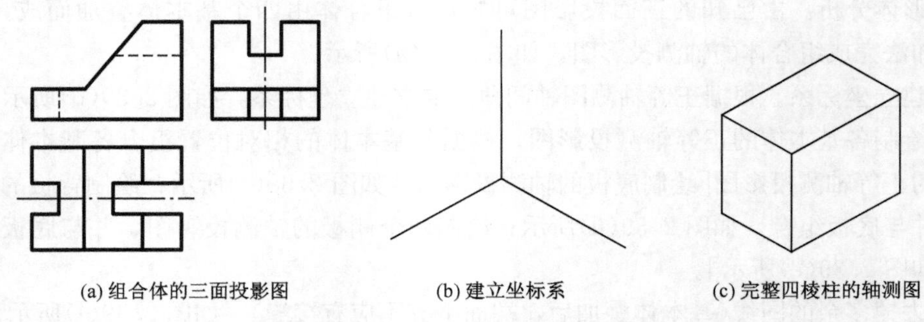

图 2.40　组合体轴测图的画法——切割法

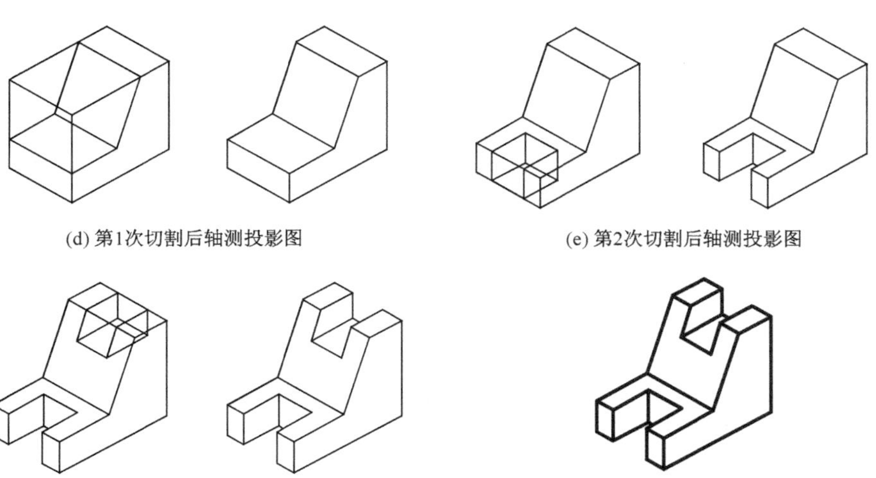

(d) 第1次切割后轴测投影图 (e) 第2次切割后轴测投影图

(f) 第3次切割后轴测投影图 (g) 组合体的正等轴测投影图

图 2.40　组合体轴测图的画法——切割法(续)

有些组合体俯视时主要部分被遮住不可见，如果用仰视画出组合体的轴测投影图，则直观效果较好。

【例 2-11】 画出如图 2.41(a)所示组合体的仰视斜二轴测投影图。

分析：如图 2.41(a)所示，组合体是由一个四棱柱和两个六棱柱叠加而成。

解题步骤如图 2.41(b)～(e)所示。

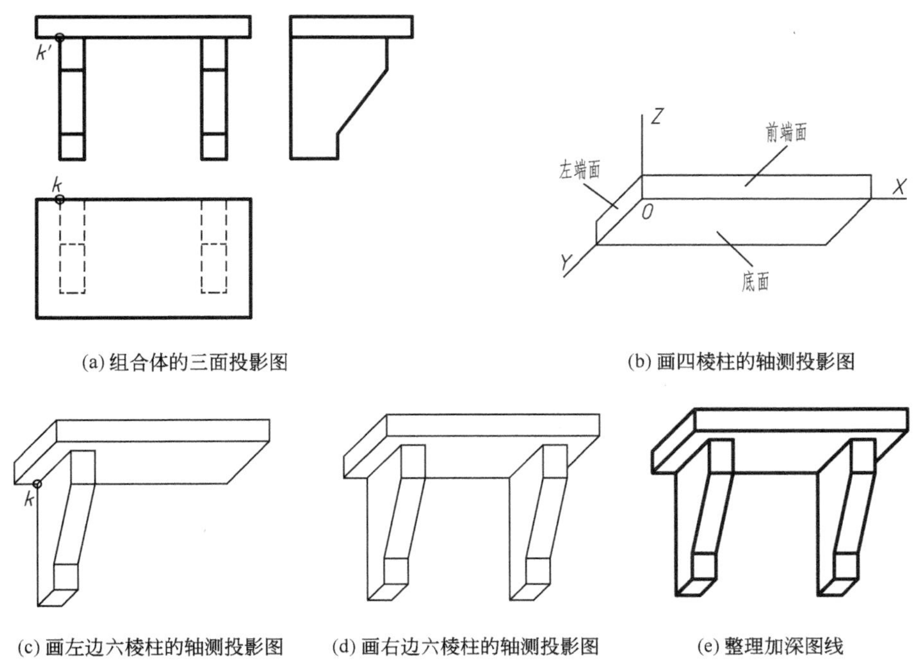

(a) 组合体的三面投影图 (b) 画四棱柱的轴测投影图

(c) 画左边六棱柱的轴测投影图 (d) 画右边六棱柱的轴测投影图 (e) 整理加深图线

图 2.41　组合体的仰视斜二轴测投影图画法

2.2　形体投影图的识图

画图是将具有三维空间的形体画成只具有二维平面的投影图的过程，读图则是把二维平面的投影图形想象成三维空间的立体形状。读图的目的是培养和发展读者的空间分析能力和空间想象能力。画图和读图是本章的两个重要环节，读图又是这两个重要环节中的关键环节。读者可通过多读多练，真正具备阅读组合体投影图的能力，为阅读工程施工图打下良好的基础。

2.2.1　基本体的识读

拉伸法是识读基本体投影图的主要方法，拉伸法读图是投影的逆向思维，即将反映物体形状特征的投影图沿一定的投影方向从投影面拉回空间，完成物体的投影图识读。

如图 2.42 所示，对照棱柱的三面投影图用拉伸法阅读棱柱时，把 V 面投影中的六边形沿 Y 轴方向拉回空间(拉伸的长度是六棱柱的长)，完成六棱柱的读图。

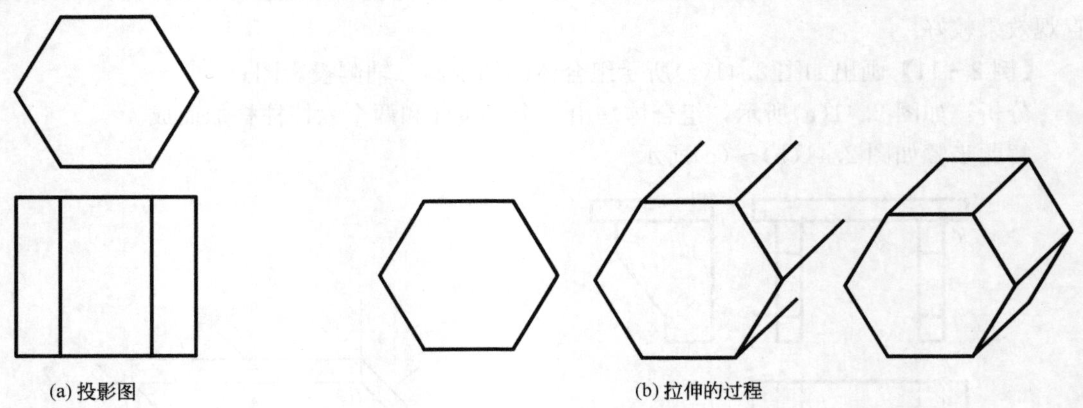

(a) 投影图　　(b) 拉伸的过程

图 2.42　拉伸法读棱柱

如图 2.43 所示，把 H 面的圆沿 Z 轴方向拉回空间(拉伸的高度是圆柱的高)，完成圆柱的读图。

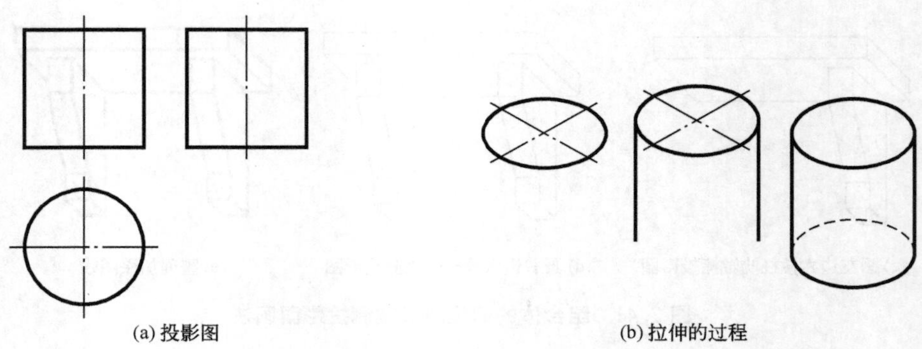

(a) 投影图　　(b) 拉伸的过程

图 2.43　拉伸法读圆柱

如图 2.44 和图 2.45 所示，用拉伸的方法阅读棱锥和圆锥时，在反映底面实形的投影中，将锥顶拉回空间即可完成读图。

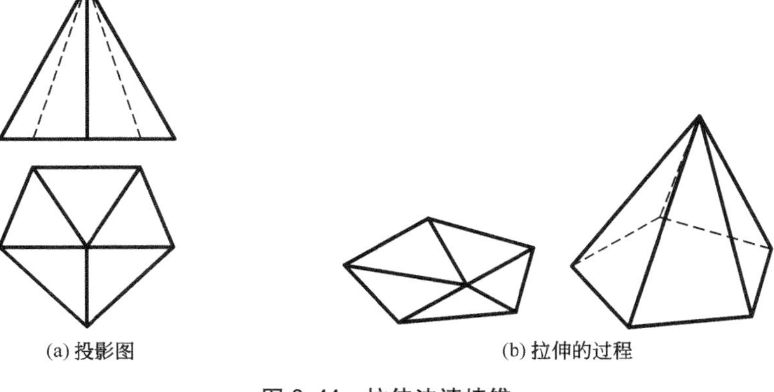

(a) 投影图　　(b) 拉伸的过程

图 2.44　拉伸法读棱锥

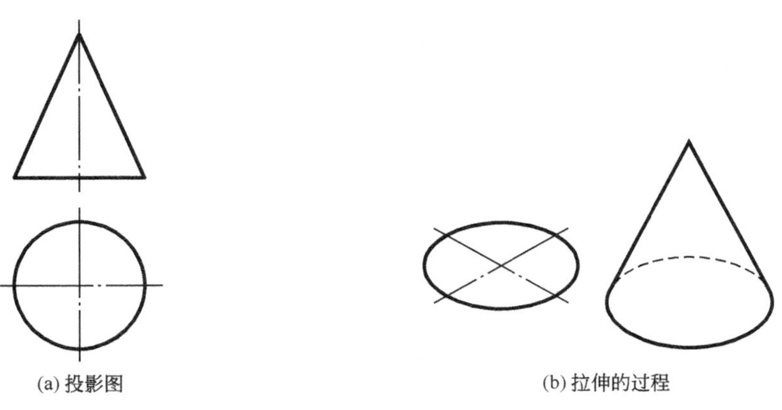

(a) 投影图　　(b) 拉伸的过程

图 2.45　拉伸法读圆锥

2.2.2　截交线、相贯线的识读

1. 截交线的识读

前面我们已经学习了截交线的形成，在此基础上识读截交线，其主要任务是识读带缺口基本立体的投影图。

【例 2-12】 如图 2.46(a)所示，根据已知的三面投影图，识读带缺口平面立体的投影图。

解题步骤如下。

(1) 在三面投影图中确定截交点。因为截交点是截平面与平面立体棱线的交点，根据两个截平面在 V 面上的投影积聚，可在 V 面上判断出两个截平面与五棱柱 3 条棱线相交产生的 3 个截交点，即 $1'$、$2'$、$5'$这 3 个点，如图 2.46(b)所示。

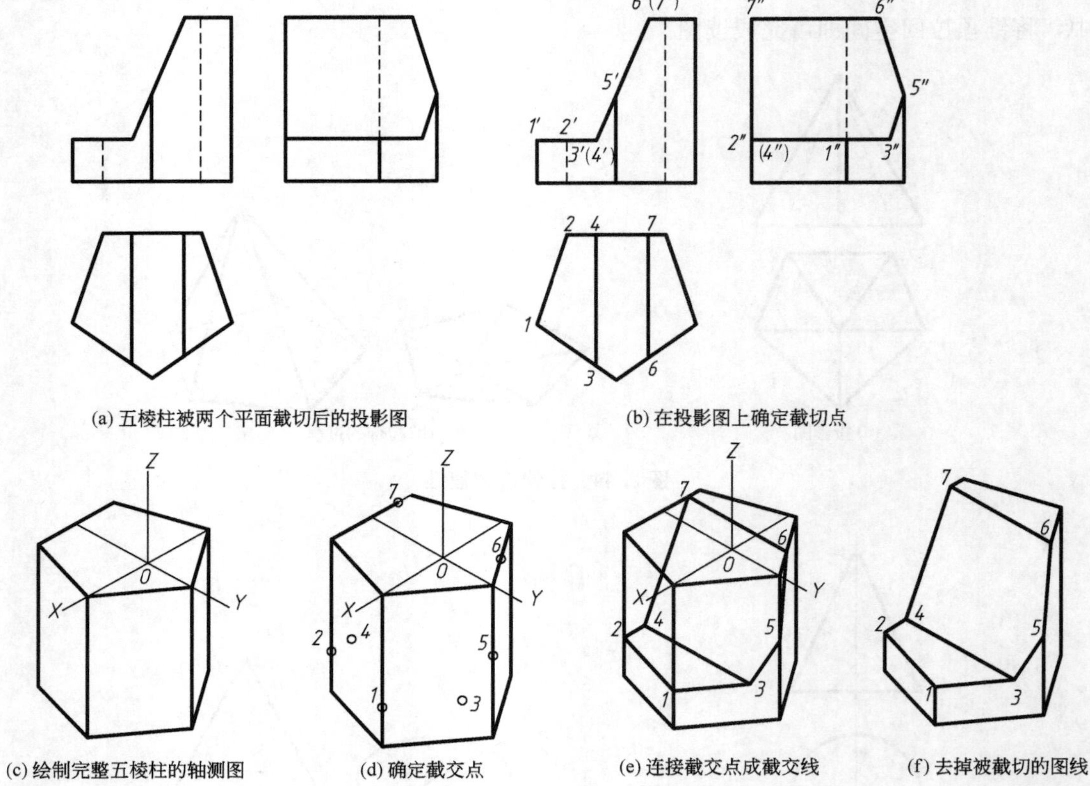

(a) 五棱柱被两个平面截切后的投影图　(b) 在投影图上确定截切点

(c) 绘制完整五棱柱的轴测图　(d) 确定截交点　(e) 连接截交点成截交线　(f) 去掉被截切的图线

图 2.46　识读平面截切五棱柱后的投影图

在 V 面投影图中可看出两个截平面的交线是正垂线(其在 V 面投影图中积聚成一个点)，它们交线上的两个端点在 V 面投影图中重合，即 3′点和 4′点[图 2.46(b)]。

正垂截平面与五棱柱顶面的交线也是一条正垂线，交线上的端点在 V 面投影图中也重合，即 6′点和 7′点，如图 2.46(b)所示。

根据长对正、宽相等、高平齐的投影规律可确定 7 个截交点的 H 面、W 面投影，如图 2.46(b)所示。

(2) 用绘制轴测图的方法来识图投影图。

① 绘制完整五棱柱的轴测投影图，如图 2.46(c)所示。

② 根据各截交点的坐标，完成截交点的轴测投影图。也可根据截交点与五棱柱上已知点、线的相对位置来确定截交点，如图 2.46(d)所示。

③ 连截交点成截交线，如图 2.46(e)。

④ 去掉被截切的图线和作图线，加深最后的成图线，如图 2.46(f)所示。

【例 2-13】 如图 2.47(a)所示，阅读下列三面投影图。

解题步骤如下。

① 从 V 面投影图可知圆柱被三个截平面截切，这三个截平面相对投影面的位置分别是：水平面、侧平面、正垂面，如图 2.47(a)所示。

② 水平截切面与圆柱的轴线垂直，截交线是部分圆曲线，如图 2.47(c)所示。

③ 侧面截切面与圆柱的轴线平行，截交线是直线，截断面是矩形，如图 2.47(d)所示。

④ 正垂截切面与圆柱的轴线倾斜，截交线是部分椭圆线，如图 2.47(e)所示。

⑤ 去掉被截切部分的图线，即可完成读图，如图 2.47(f)、(g)所示。

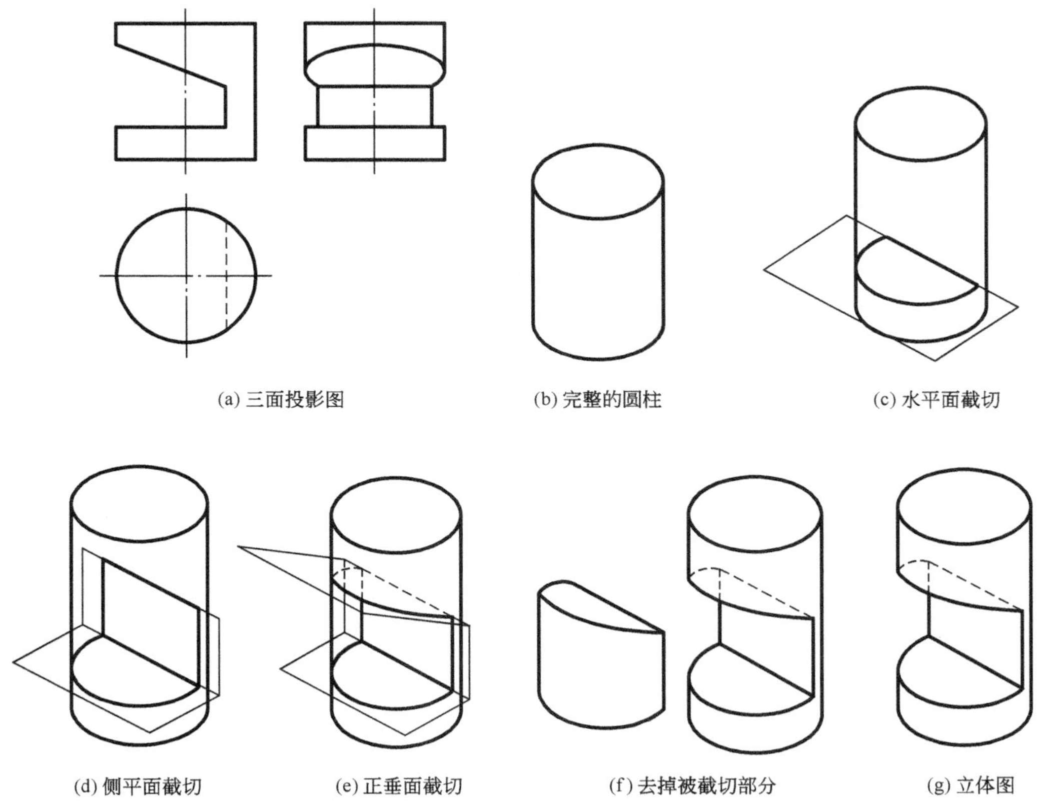

(a) 三面投影图　(b) 完整的圆柱　(c) 水平面截切

(d) 侧平面截切　(e) 正垂面截切　(f) 去掉被截切部分　(g) 立体图

图 2.47　平面截切圆柱其三面投影图的识图

【例 2-14】 如图 2.48(a)所示，阅读下列三面投影图。

解题步骤如下。

① 从 V 面投影图可知圆锥被三个截平面截切，这三个截平面相对投影面的位置分别是：侧平面、水平面和正垂面，如图 2.48(a)所示。

② 侧平截切面与圆锥的轴线平行，截交线是抛物线，如图 2.48(c)、(d)所示。

③ 水平截切面与圆锥的轴线垂直，截交线部分圆曲线，如图 2.48(e)、(f)所示。

④ 正垂截切面通过了圆锥的锥顶，截交线是直线，截断是三角形，如图 2.48(e)、(f)所示。

⑤ 去掉被截切部分的图线，即可完成读图，如图 2.48(g)所示。

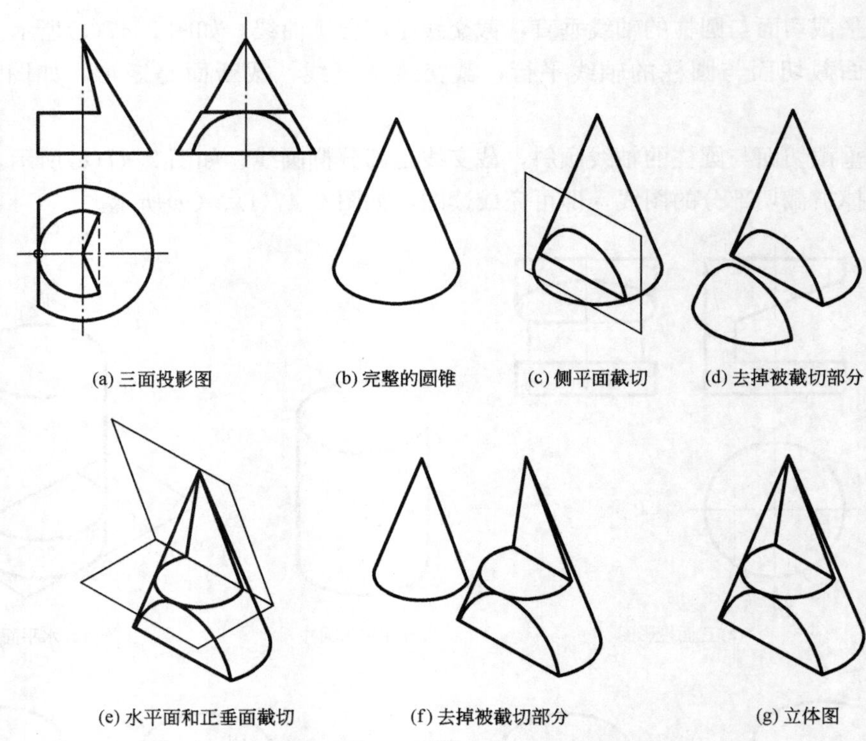

图 2.48　平面截切圆锥其三面投影图的识图

2. 相贯线的识读

两立体相交，称为两立体相贯。立体相贯有 3 种情况：两平面立体相贯；平面立体与曲面立体相贯；两曲面立体相贯。

1）平面立体与平面立体相贯

两平面立体相贯，相贯线是直线。每一条相贯线都由两个贯穿点连接而成。贯穿点是一个平面立体上的轮廓线与另一平面立体表面的交点。

【例 2－15】 如图 2.49(a)所示，阅读下列三面投影图。

解题步骤如下。

(1) 从已知的三面投影图可以看出两相交的平面立体分别是三棱锥和四棱柱，如图 2.49(a)所示。

(2) 从 V 面投影图看出四棱柱全部贯穿三棱锥，四棱柱的四条棱线与三棱锥的表面产生 8 个贯穿点，如图 2.49(b)、(d)所示；三棱锥只有最前面的一条棱线与四棱柱相贯，产生 2 个贯穿点，如图 2.49(b)、(e)所示。

连贯穿点成像贯线，如图 2.49(f)所示。

连点时要注意，同一棱面上的点才能连接。

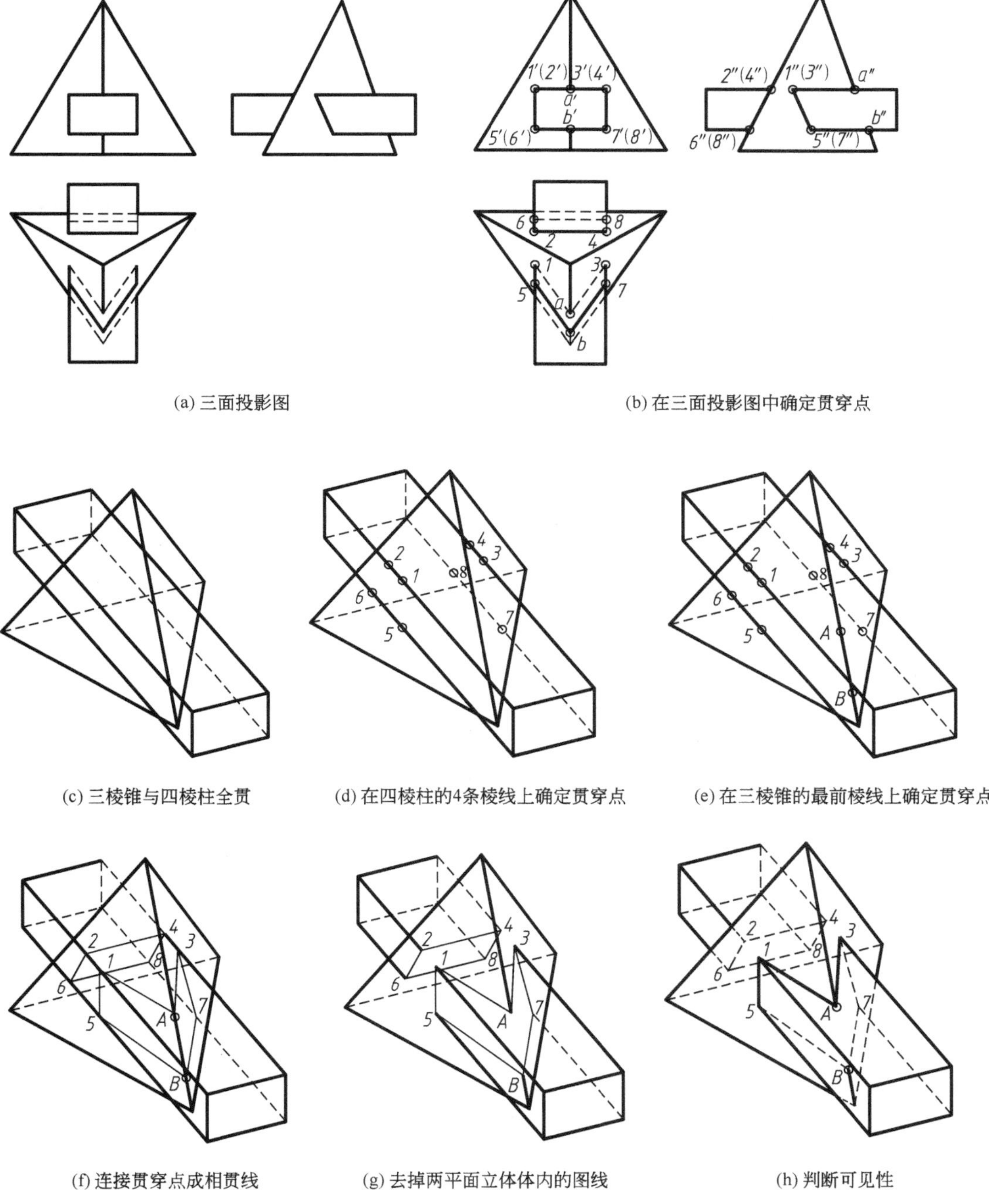

(a) 三面投影图

(b) 在三面投影图中确定贯穿点

(c) 三棱锥与四棱柱全贯

(d) 在四棱柱的4条棱线上确定贯穿点

(e) 在三棱锥的最前棱线上确定贯穿点

(f) 连接贯穿点成相贯线

(g) 去掉两平面立体体内的图线

(h) 判断可见性

图 2.49　两平面立体相贯

(3) 两平面立体相交成为一个整体，在它们的内部不应该有轮廓线，所以应去掉两平面立体贯穿点之间的轮廓线，如图 2.49(g)所示。

判断可见性，完成读图：如图 2.49(h)所示。

2）平面立体与曲面立体相贯

平面立体与曲面立体相贯，相贯线一般情况下是曲线，特殊情况下可能是直线。

如图 2.50 所示，圆锥和三棱柱全贯，产生前后两组封闭的相贯线。三棱柱的 3 条棱线都参加相贯，产生 6 个贯穿点。

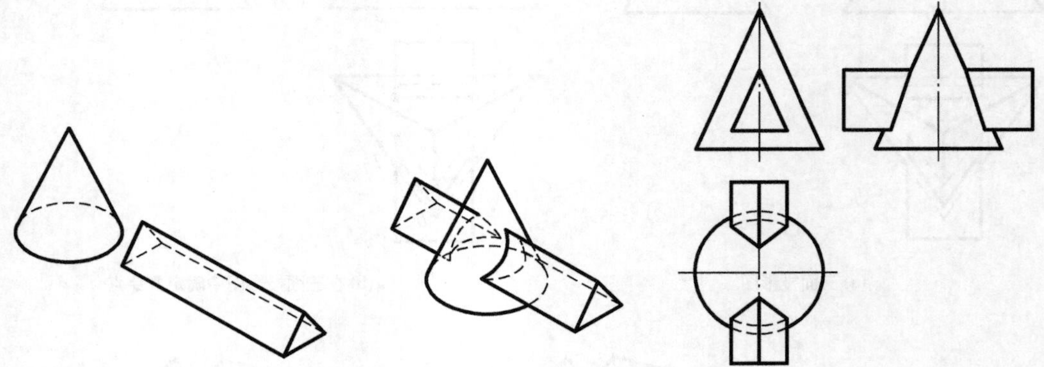

(a) 圆锥和三棱柱没有相贯时的立体图　(b) 圆锥与三棱柱全贯的立体图　(c) 圆锥与三棱柱全贯的投影图

图 2.50　平面立体与曲面立体相贯

由于对称性，前、后两组相贯线的形状一样，都是由三条曲线围成。其中三棱柱上面两个棱面与圆锥的一条素线平行，与圆锥的轴线倾斜，产生的相贯线是部分抛物线；三棱柱最下棱面与圆锥的轴线垂直，产生的相贯线是部分圆曲线。

3）曲面立体与曲面立体相贯

两曲面立体相贯，相贯线一般是光滑的封闭的空间曲线，特殊情况下可能是直线或平面曲线。如图 2.51 所示，两圆柱互贯，产生一组封闭的相贯线。

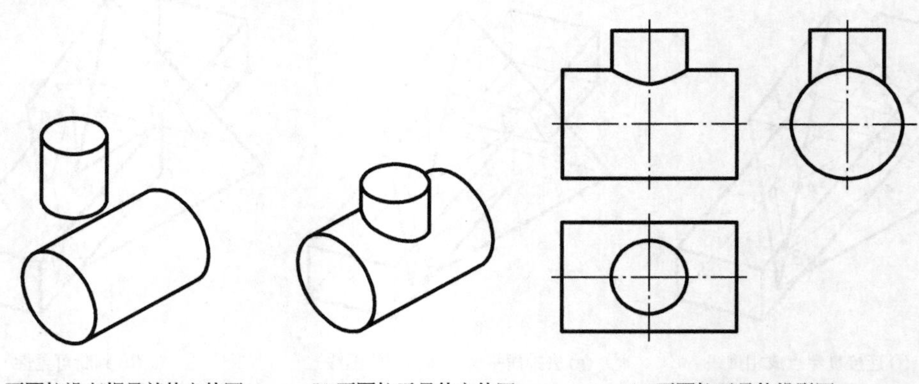

(a) 两圆柱没有相贯前的立体图　(b) 两圆柱互贯的立体图　(c) 两圆柱互贯的投影图

图 2.51　曲面立体与曲面立体相贯

2.2.3　组合体三面投影图的识读

读图是根据形体的投影图想象形体的空间形状的过程，也是培养和发展空间想象能力、空间思维能力的过程。读图的方法一般有：拉伸法、形体分析法、线面分析法、轴测投影辅助读图法。阅读组合体投影图时，一般以形体分析为主。

在阅读组合体投影图时，除了熟练运用投影规律进行分析外，还应注意以下几点。

(1) 熟悉各种位置的直线、平面、曲面及基本体的投影特性。

(2) 组合体的形状通常不能只根据一个投影图或两个投影图来确定。读图时必须把几个投影图联系起来思考，才能准确地确定组合体的空间形状。如图 2.52 所示，虽然(a)和(b)的 V、H 面投影图相同，但它们的 W 面投影图不同，因此，两个组合体的空间形状不相同。

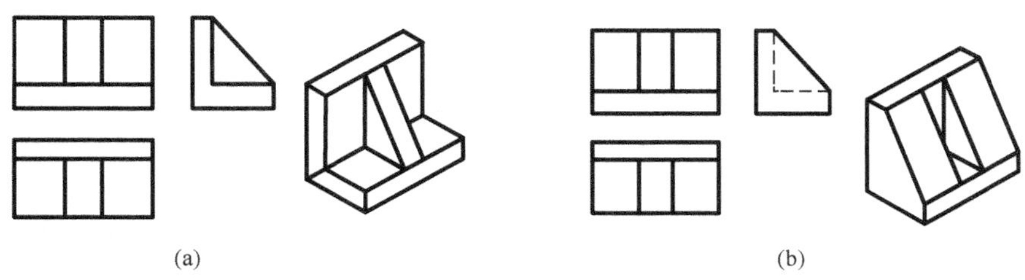

图 2.52　按三等关系读图

(3) 注意投影图中线条和线框的意义。

投影图中的一个线条，除表示一条线的投影外，还可以表示一个有积聚的面的投影、两个面的相交线及曲面的转向轮廓线，如图 2.53(a)所示。

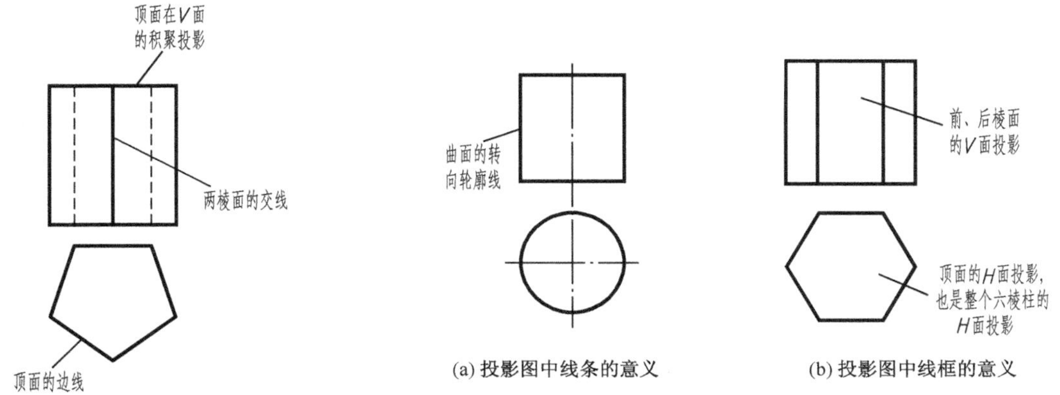

(a) 投影图中线条的意义　　(b) 投影图中线框的意义

图 2.53　投影图中线条和线框的意义

投影图中的一个线框除表示一个面的投影外，还可以表示一个基本体在某一投影面上的积聚投影，如图 2.53(b)所示。

1. 拉伸法读图

拉伸法读图是投影的逆向思维，即将反映物体形状特征的投影图沿一定的投影方向从投影面拉回空间，完成物体的投影图阅读。拉伸法读图一般用于柱体或由平面切割立体而成的简单体。

运用拉伸法读图时，关键是在给定投影图中找出反映立体特征的线框。一般来讲，当立体的三个投影图中有两个投影图中的大多数线条互相平行，且都是平行同一投影轴，而另一投影图是一个几何线框，该线框就是反映立体形状特征的线框。

【例 2－16】 阅读如图 2.54(a)所示组合体的三面投影图。

解题步骤如下。

分析：在三面投影图中，V 面和 W 面投影图的大多数图线都平行 Z 坐标轴，而 H 面投影是一个几何图形，所以 H 面投影的几何图框就是反映立体形状特征的线框，如图 2.54(b)所示。

在读图时用拉伸的方法，把 H 面的图框沿 Z 坐标方向拉伸 V 面(或 W 面)的高度，完成组合体的阅读，如图 2.54(c)、(d)所示。

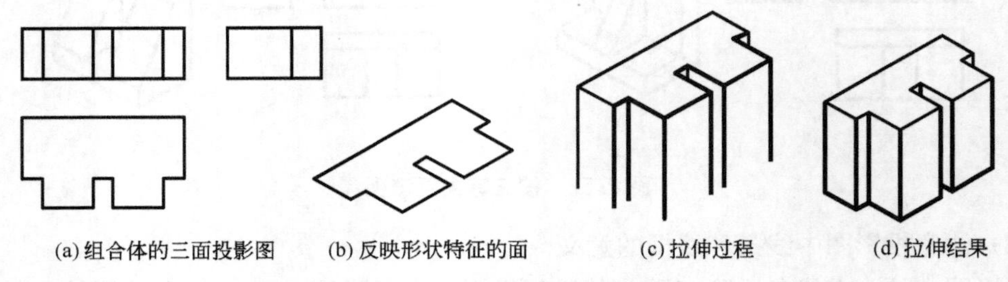

(a) 组合体的三面投影图　(b) 反映形状特征的面　(c) 拉伸过程　(d) 拉伸结果

图 2.54　拉伸法读图

2. 形体分析法读图

形体分析法读图，就是先以特征比较明显的视图为主，根据视图间的投影关系，将组合体分解成一些基本体，并想象各基本体的形状，再按它们之间的相对位置，综合想象组合体的形状。这种读图方法常用于叠加型组合体。

【例 2－17】 补画如图 2.55(a)所示立体的第三投影图。

解题步骤如下。

(1) 分线框。在组合体的三投影图线框明显的视图中分线框(即从组合体中分解基本体)，然后根据投影规律找出线框的对应关系。

在 V 面投影图中分出三个线框(即把组合体分解为三个基本体)，如图 2.55(b)所示。

根据长对正的投影规律找出 H 面这 3 个线框的对应图线，如图 2.55(c)所示。

(2) 读线框。结合基本体的特征，读懂各基本体的形状，并补画其第三投影图。

读线框 1(基本体 1)，补画其 W 面投影图，如图 2.55(d)所示。

读线框 2(基本体 2)，补画其 W 面投影图，并与基本体 1 组合，如图 2.55(e)、(f)所示。

读线框 3(基本体 3)，补画其 W 面投影图，并与基本体 1、2 组合，如图 2.55(g)、(h)所示。

(3) 检查校核，完成读图，如图 2.55(i)所示。

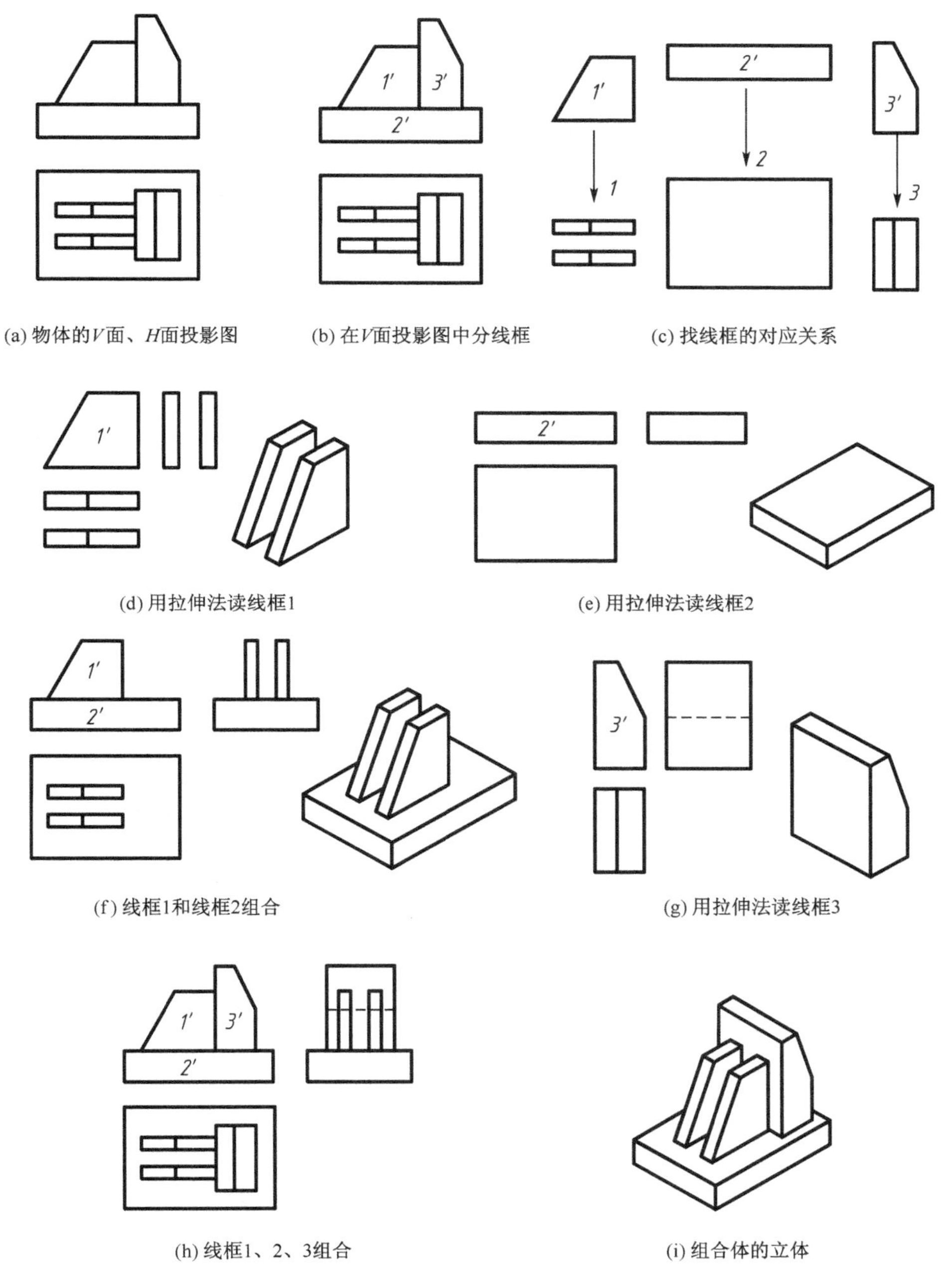

(a) 物体的V面、H面投影图　(b) 在V面投影图中分线框　(c) 找线框的对应关系

(d) 用拉伸法读线框1　(e) 用拉伸法读线框2

(f) 线框1和线框2组合　(g) 用拉伸法读线框3

(h) 线框1、2、3组合　(i) 组合体的立体

图 2.55　形体分析法读图

3. 线面分析法读图

由于立体的表面是由线、面等几何元素组成的，所以在读图时就可以把立体分解为线、面等几何元素。运用线、面的投影特性，识别这些几何元素的空间位置和形状，再根据线连面、面围体的方法，从而想象出立体的形状。这种方法适用于切割式的组合体。

【例 2－18】阅读如图 2.56(a)所示组合体的三面投影图。

解题步骤如下。

(1) 分析：从已知的三面投影图可看出，V 面只有一个线框，所以不能用形体分析的方法阅读。由于组合体的 V 面投影是一个封闭的五边形线框，说明组合体是由 7 个平面围成，如图 2.56(b)所示。

(2) 确定各表面的形状和空间位置。

从已知的三面投影图可分析出 1 平面(前端面)是侧垂面，2 平面(后端面)是正平面，如图 2.56(c)、(d)、(e)所示。

从已知三面投影图可知 3 平面(左下侧面)是正垂面，6 平面(左上侧平面)是侧平面，如图 2.56(f)、(g)、(h)所示。

从已知三面投影图可知 4 平面(右侧面)是正垂面，如图 2.56(i)、(j)所示。

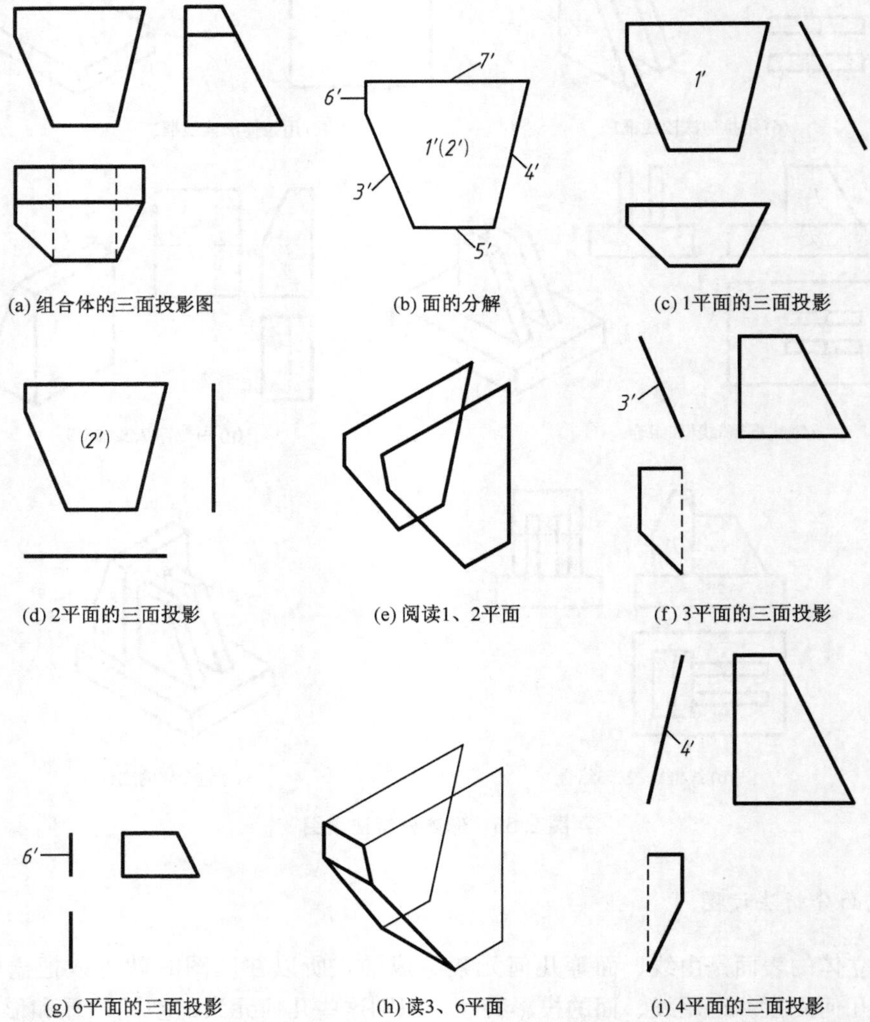

(a) 组合体的三面投影图

(b) 面的分解

(c) 1平面的三面投影

(d) 2平面的三面投影

(e) 阅读1、2平面

(f) 3平面的三面投影

(g) 6平面的三面投影

(h) 读3、6平面

(i) 4平面的三面投影

图 2.56　线面分析法读图

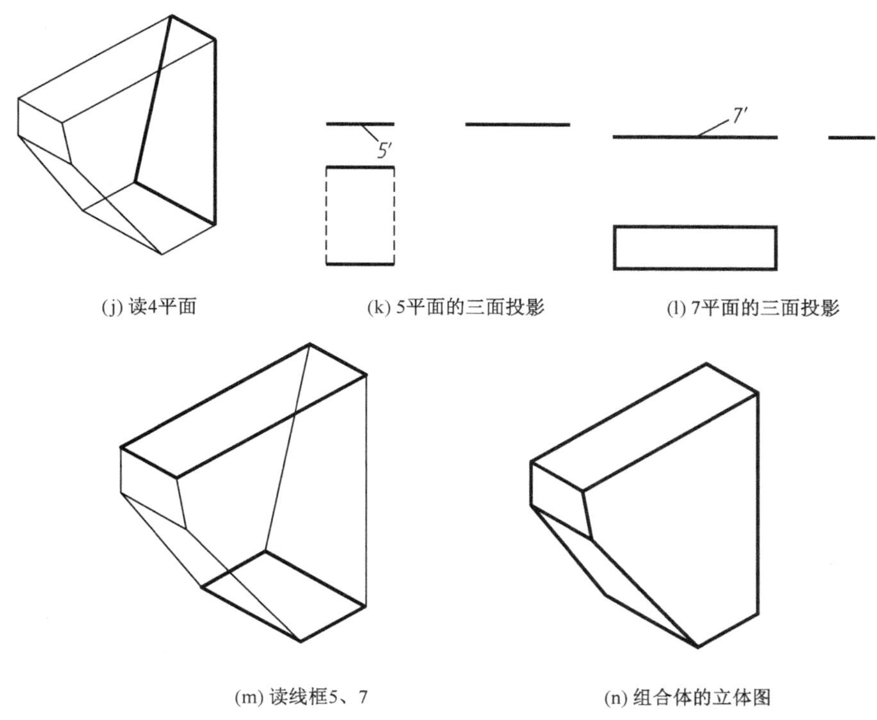

(j) 读4平面　(k) 5平面的三面投影　(l) 7平面的三面投影

(m) 读线框5、7　(n) 组合体的立体图

图 2.56　线面分析法读图(续)

从已知三面投影图可知 5 平面(下底面)是水平面，7 平面(上顶面)是水平面，如图 2.56(k)、(l)、(m)所示。

(3) 综合想象组合体的空间形状，如图 2.56(n)所示。

4. 轴测投影辅助读图

轴测投影的特点是在投影图上同时反映出几何体长、宽、高 3 个方向的形状，所以富有立体感，直观性较好。我们在进行组合体投影图阅读时就可以利用轴测投影的特点帮助读图。

【例 2-19】 补全如图 2.57(a)所示三面投影图中所缺少的图线。

解题步骤如下。

(1) 分析。从已知的三面投影图可以看出 W 面投影只有一个线框，即该形体是一个截割式的组合体，不能用形体分析的方法读图，如果用线面分析的方法读图，面又太多，不便分析，用拉伸的方法更不适合，所以就用画轴测图的方法来阅读该形体的空间形状。

(2) 想象原始基本体的形状。补上投影图的外边线，就可以分析出原始基本体是一个四棱柱，如图 2.57(b)所示。

(3) 分析切割过程，画轴测图。先在有积聚的投影图上分析切平面的位置，再分析切割过程。

等一次切割由切平面 1 和切平面 2 完成，如图 2.57(c)所示。

第二次切割由切平面3、4、5完成，如图2.57(d)所示。

(4) 对照轴测图补画投影图中所缺少的图线，如图2.57(e)所示。

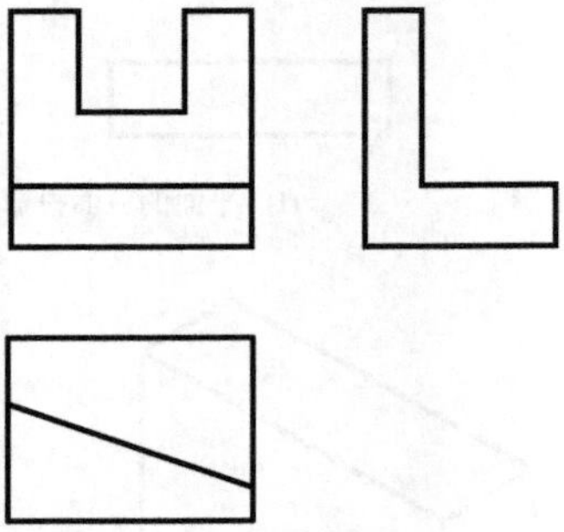

(a) 组合体三面投影图的部分图线

(b) 想象原始基本体形状

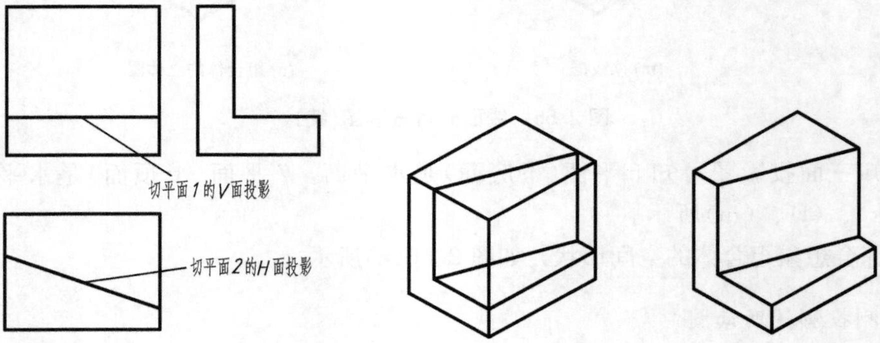

(c) 第一次切割

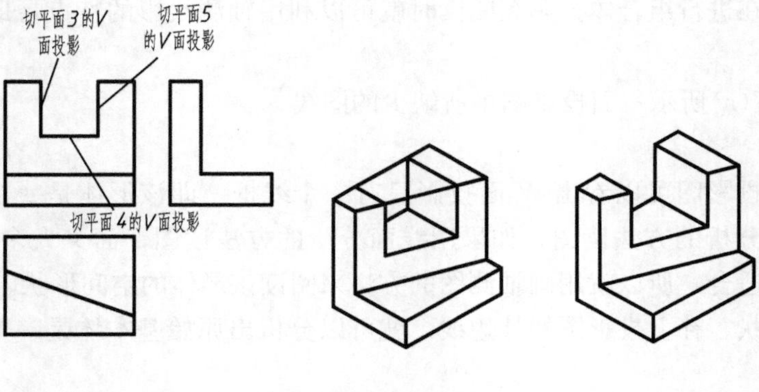

(d) 第二次切割

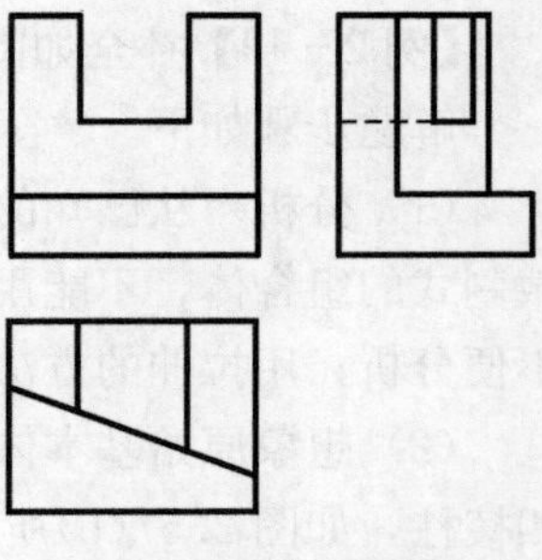

(e) 组合体的三面投影图

图2.57 轴测投影辅助读图

由于组合体组合方式的复杂性，在实际读图时，有时很难确定它的读图方法。一般以形体分析法为主，拉伸法、线面分析法、轴测投影辅助读图法为辅，根据不同的组合体，灵活应用各种方法。

【例 2-20】 如图 2.58(a)所示，已知组合体的三面投影图，阅读组合体的空间结构。

解题步骤如下。

(1) 形体分析。在 V 面投影图中分线框，如图 2.58(b)所示。

(2) 阅读基本体 1，如图 2.58(c)所示。

(3) 阅读基本体 2，如图 2.58(d)所示。

(4) 阅读基本体 3，如图 2.58(e)所示。

(5) 阅读基本体 4，如图 2.58(f)所示。

(6) 阅读基本体 5，如图 2.58(g)所示。

(7) 根据各基本体之间的相对位置，将各基本体组合成组合体，完成读图，如图 2.58(h)所示。

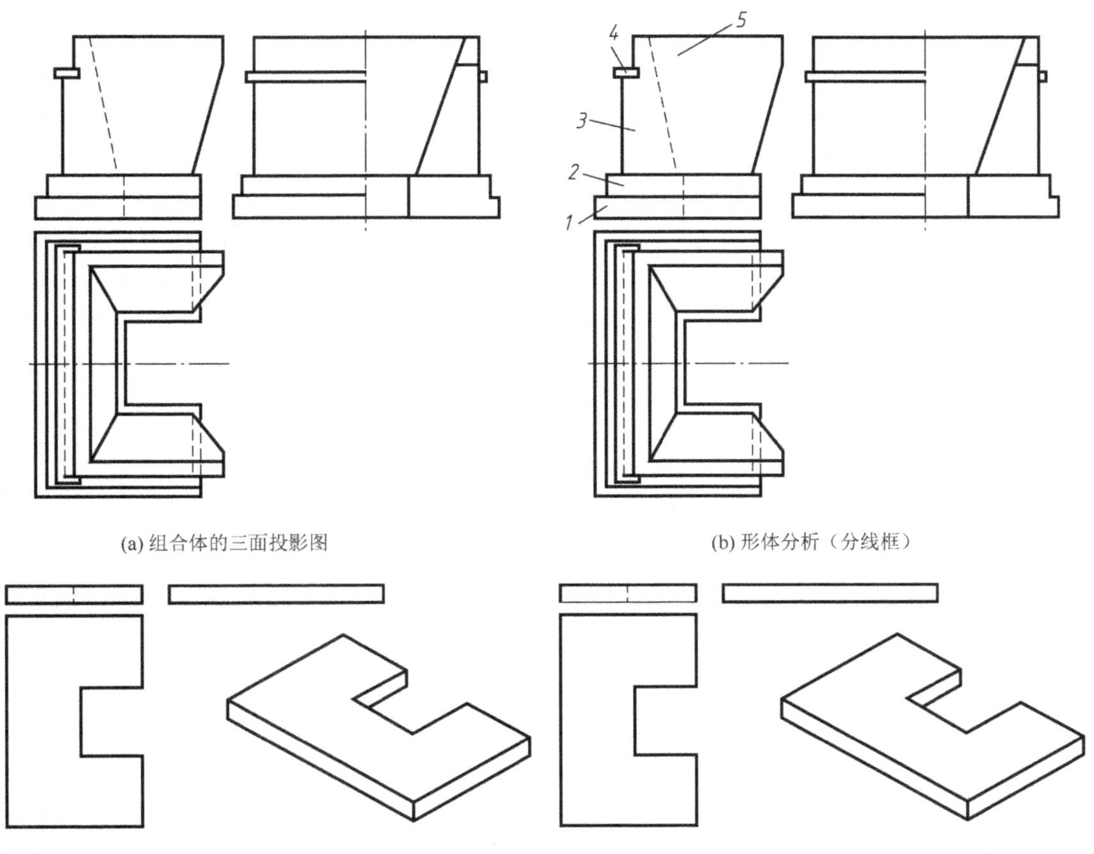

(a) 组合体的三面投影图

(b) 形体分析（分线框）

(c) 用拉伸法阅读基本体1（线框1）

(d) 用拉伸法阅读基本体2（线框2）

图 2.58 综合读图举例

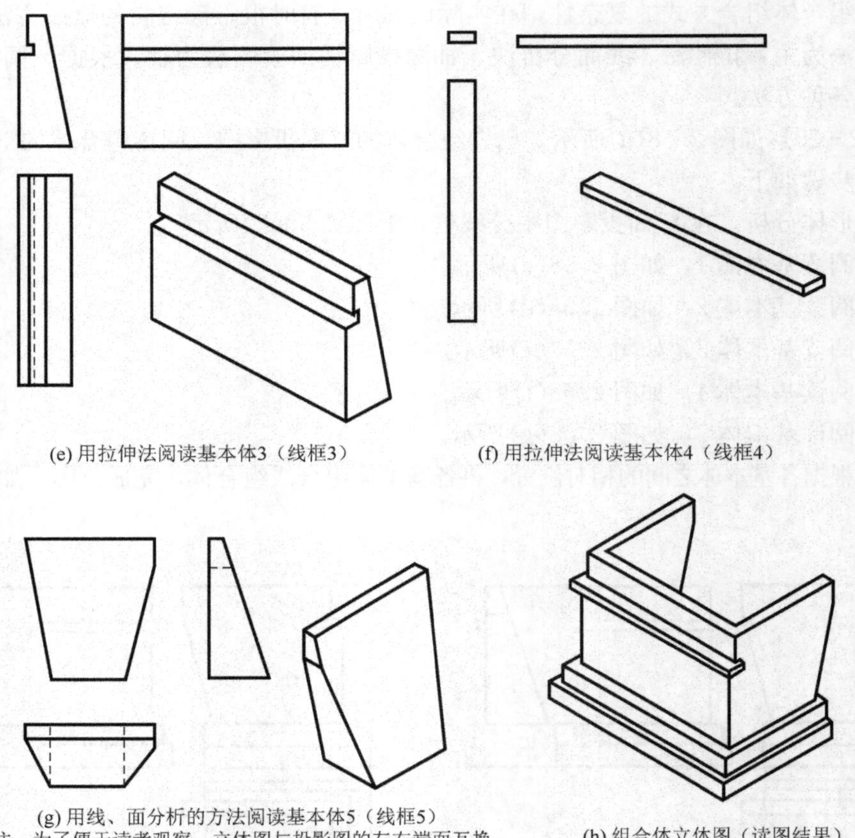

(e) 用拉伸法阅读基本体3（线框3）　(f) 用拉伸法阅读基本体4（线框4）

(g) 用线、面分析的方法阅读基本体5（线框5）
注：为了便于读者观察，立体图与投影图的左右端面互换

(h) 组合体立体图（读图结果）

图 2.58　综合读图举例(续)

本章小结

学习建筑制图的主要任务就是绘图和读图，所以本章是整本书的重点，也是后面识读建筑施工图的基础。

本章主要阐述的内容有以下几个方面。

（1）形体的投影图画法：基本体的投影；截交线、相贯线的形成；组合体的投影；形体的轴测投影图画法。

（2）形体的投影图识读：基本体的识读；截交线、相贯线的识读；组合体三面投影图识读。

通过本章的学习，要求掌握如下内容。

（1）组合体投影图的画法。

（2）组合体三面投影图的识读。

习题

1. 什么是平面立体？
2. 什么是曲面立体？什么是母线、素线、回转曲面？
3. 什么是截交线、相贯线？它们是怎么形成的？
4. 平面与圆柱相交，产生哪几种截交线？平面与圆锥相交，产生哪几种截交线？
5. 轴测投影图的基本分类有哪些？
6. 正等轴测投影图和斜二轴测投影图的绘制有哪些差别？
7. 组合体的组合形式分为哪 3 类？
8. 画组合体投影图的方法有哪些？
9. 组合体尺寸标注的基本要求是什么？何为定位尺寸、定形尺寸、总体尺寸？
10. 什么是形体分析？
11. 识读组合体投影图有哪些基本方法？

第 3 章

剖面图、断面图的绘制和识图

教学目标

通过了解剖面图和断面图的基本概念、分类和绘制方法，初步具备正确识读和绘制土建工程中剖面图和断面图的能力，为后续章节的学习奠定基础。

教学要求

能力目标	知识要点	权重	自测分数
掌握剖面图的图示特点并能正确阅读	剖面图的形成	15%	
	剖面图的绘图步骤	20%	
	剖面图的读图方法	10%	
	剖面图的分类	5%	
掌握断面图的图示特点并能正确阅读	断面图的形成	15%	
	断面图的分类	20%	
	剖面图的绘图和标注方法	10%	
	剖面图与剖面图的区别	5%	

章节导读

通过前面章节的学习我们已经知道，使用正投影图能够反映空间形体的真实大小和形状，而且根据相关规定，形体上被遮挡部分的轮廓线用虚线来表示。对于比较简单的形体，这种表达方式非常直观、方便，但是对于构造比较复杂的形体，常常会因为被遮挡部分的虚线太多而感到混乱，特别是在阅读房屋建筑图时，过多的虚线会导致图形复杂、绘图烦琐、读图困难、易出差错等问题。即便是一般的形体，大量的虚线也会使阅读者感到读图困难。为此，在《房屋建筑制图统一标准》(GB/T 50001—2001)中规定了采用剖面图和断面图的表示方法。

本章所讨论的是形体的剖面图和断面图。学习中要掌握剖面图和断面图的形成、分类、绘制方法和使用过程中的差异，并联系工程实际应用以加深理解。

引例

在建筑施工过程中，施工图是指导工程建设的重要依据。即使是一幢简单的建筑物，为了表达清楚其内部和外部的尺寸、结构及各部位的相互关系，也需要大量的图纸。这其中，用来表达建筑物内部的结构形式、分层情况、层高和各部分相互关系的剖面图就显得十分重要，通过它，我们可以全面清楚地了解建筑物的情况，从而为施工和进行概预算等各项工作提供重要依据。

如图3.1所示为某房屋的部分施工图中，我们可以通过其“1—1剖面图”读取以下信息。

1. 房屋内部的分层、分隔情况

该房屋建筑高度方向为3层。宽度方向分隔是①～③轴为楼梯间，③～④轴为过道和餐厅，④～⑦轴为客厅和卧室。

2. 屋顶坡度及屋面保温隔热情况

在建筑物中有平屋顶和坡屋顶之分。屋面坡度在5%以内的屋顶称为平屋顶；屋面坡度大于15%的屋顶称为坡屋顶。从图中可以看出，该房屋①～③轴之间为平屋顶，采用建筑找坡，而在③～⑦轴之间为坡屋顶。具体做法可在其余相应详图中表示。

3. 房屋高度方向的尺寸、标高及宽度方向的尺寸

如在图3.1(b)中，反映了每层楼地面的标高及楼梯的高度等，有的剖面图中还会根据需要标出内部门窗洞口的尺寸等。

4. 其他

在剖面图中还有阳台、台阶、散水等。凡是剖切到的或用正投影法能看到的部位，都在图中表示清楚。

5. 索引符号

剖面图中不能直接详细表示清楚的部位，引出了索引符号，可以根据索引符号的标识，参考其他详图。

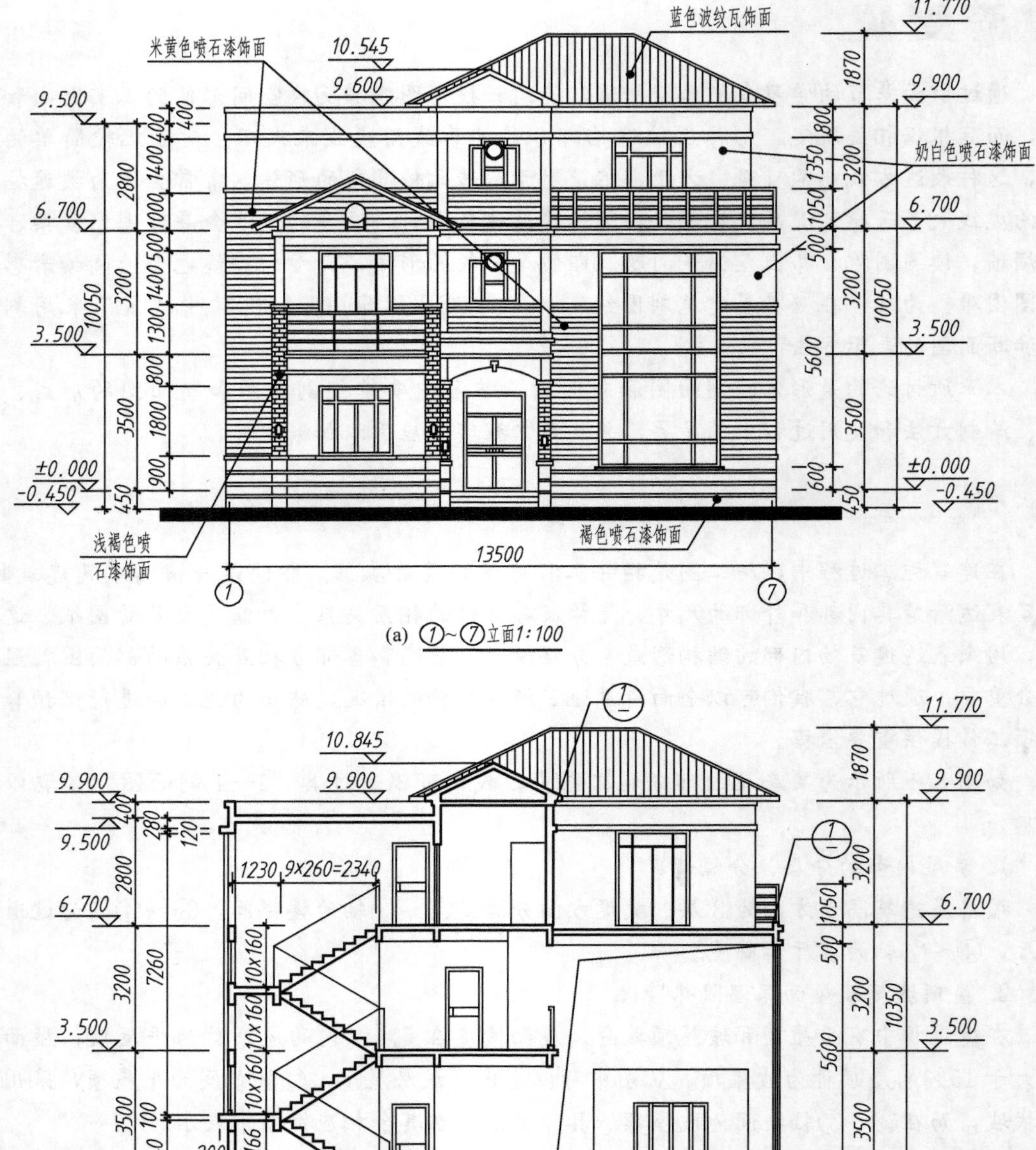

(a) ①~⑦立面1:100

(b) 1-1剖面 1:100

图 3.1 某房屋的部分施工图

案例小结

剖面图、断面图和平面图、立面图一样，是建筑施工图中最重要的图纸之一，用来表示建筑物的整体情况。其中剖面图用来表达建筑物的结构形式、分层情况、层高及各部位的相互关系等，是施工、概预算及备料的重要依据。

3.1 剖面图的绘制和识图

3.1.1 剖面图的形成

在正投影图中，建筑形体内部结构形状的投影一般用虚线表示。但当形体内部比较复杂时，投影图中就会出现较多的虚线，从而造成投影图实线和虚线交错，混淆不清，甚至给绘图、读图带来一定困难，因此，在绘图时，常常会采用“剖切”的方法来解决形体内部结构形状的表达问题。

用假想的剖切平面在选定的位置将物体剖切开后，移去观察者和剖切平面之间的部分，就能看到形体的内部形状，此时将剩余部分按垂直于剖切平面方向完成正投影，并在剖切到的实体部分画上相应的剖面材料图例(或剖面线)，这样所画的图形称为剖面图。如图 3.2 所示，假想用一个通过水槽前后对称面的平面 P 将其剖开[图 3.1(a)]，移去观察者与平面 P 之间的部分，得到剖切后的形体[图 3.1(b)]，再将剖切后剩下的部分向 V 面完成正投影，即可得到水槽的剖面图[图 3.1(c)]。剖开水槽的平面 P 称为剖切平面。水槽被剖开后，其槽内孔洞可见，并且用粗实线表示，避免了画虚线，这样可以使水槽内部形状表达得更清晰。

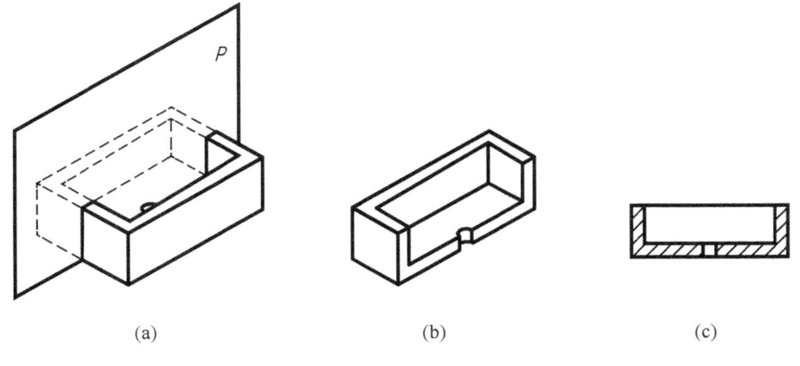

图 3.2 剖面图的形成

剖面图是体的投影。

特别提示

剖切时一个假想的作图过程，因此当一个投影画成剖面图后，其他投影图仍应完整画出。

3.1.2 剖面图的剖切位置及标注

剖面图的剖切位置可以任意选定。一般来说，如果剖切对象是对称形体，剖切位置宜选择在对称位置上；如果形体上有孔、洞、槽时，剖切位置宜选择在孔、洞、槽的中心线上。剖切平面一般为投影面的平行面或投影面的垂直面，但不得采用一般位置平面。

剖面图的剖切位置，决定了剖面图的形状，作图时必须用相应的符号来标明剖切位置、投影方向和编号，这些符号称为剖切符号。

剖面图的剖切符号是由剖切位置线和投影方向线组成，并且均采用粗实线绘制，如图 3.3 所示。剖切位置线垂直指向被剖切物体，长度为 6～8mm。剖切方向线垂直于剖切位置线，长度应短于剖切位置线，约为 4～6mm。绘图时，剖切符号不得与图面上的其他图线接触，并保持适当的间距。

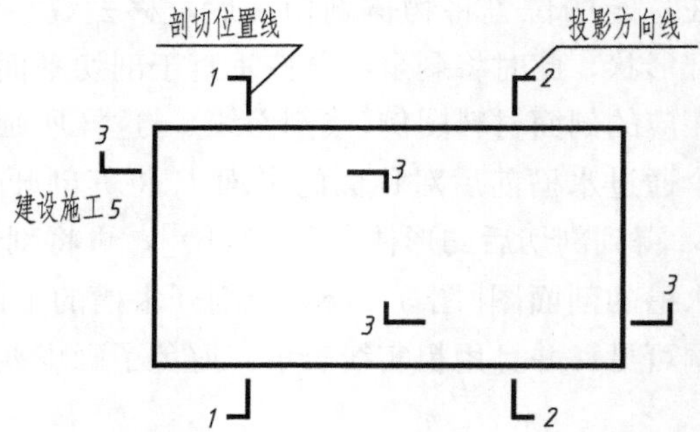

图 3.3 剖面图的剖切符号

剖切符号的编号应采用阿拉伯数字，按照从左至右、由上到下的顺序连续编排，并应注写在投影方向线的端部。需要转折的剖切位置线，在转折处如与其他图线发生混淆，应在转角的外侧加注与该符号相同的编号。

在绘图过程中，可能会出现剖面图与投影图无法在同一张图纸上绘制的情况，此时，需要在相应的剖切符号下方加以注明。如图 3.3 中 3—3 剖切符号下方所注的“建施 5”，表明该剖切面的剖面图与投影图不在同一张图纸上，而是在“建施 5”图纸上。

剖切面与形体的接触部分称为剖切区域。为了区分物体的主要轮廓与剖切区域，规定剖切区域的轮廓用粗实线表示，并在剖切区域内画上表示材料类型的图例，如图 3.4 所示。

常用的建筑材料图例符号，见表 3-1。

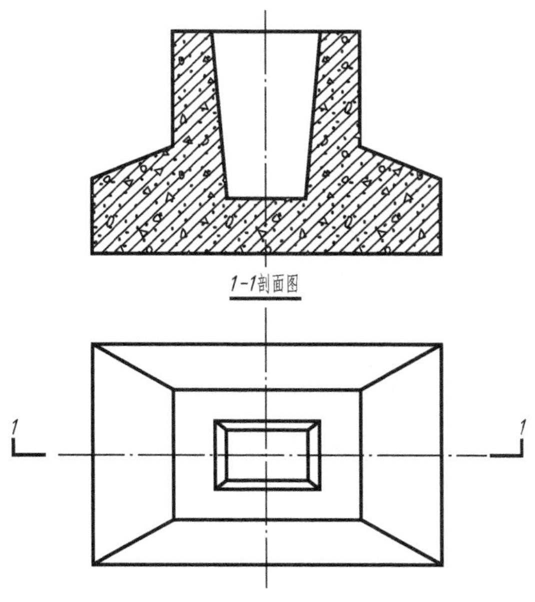

图 3.4　剖面图的画法

表 3-1　常用的建筑材料图例符号

序号	材料名称	图　　例	说　　明
1	自然土壤		包括各种自然土壤
2	夯实土壤		
3	砂、灰土		靠近轮廓线的位置点较密集一些
4	毛石		石子有棱角，徒手画
5	天然石材		斜线为45°细实线用尺画
6	混凝土		1. 本图例仅适用于能承重的混凝土及钢筋混凝土 2. 包括各种强度等级、骨料、添加剂的混凝土 3. 在剖面图上画出钢筋时，不画图例线 4. 当断面图形小，不易画出图例线时，可涂黑
7	钢筋混凝土		

续表

序号	材料名称	图　例	说　明
8	普通砖		1. 包括实心砖、多孔砖、砌块等砌体 2. 断面较窄，不易画出图例线时，可涂红
9	饰面砖		包括铺地砖、马赛克、陶瓷锦砖、人造大理石等
10	空心砖		指非承重砖砌体
11	木材		1. 上图为横断面，左上图为垫木、木砖或木龙骨 2. 下图为纵断面
12	金属		1. 包括各种金属材料 2. 图形小时，可涂黑
13	多孔材料		包括水泥珍珠岩、沥青珍珠岩、泡沫混凝土、非承重加气混凝土、泡沫塑料、软木等

剖切面没有切到，但沿投影方向仍可以看到的物体的其他部分投影的轮廓线用中粗实线绘制。剖面图中一般不画虚线。

3.1.3　剖面图的分类与画法

根据剖面图中剖切面的数量、剖切方式及被剖切的范围等情况，剖面图可以分为全剖面图、半剖面图、局部剖面图、阶梯剖面图、旋转剖面图和展开剖面图等。

1. 全剖面图

用一个投影面平行面作为剖切平面，把形体全部剖切开后，画出的剖面图称为全剖面图。这是一种最常用的剖切方法，适用于不对称的形体和虽然对称但外形比较简单的形体，或另有投影图，不需要表达外形的形体。如图 3.5 所示为某水池采用 1—1 剖切平面剖切后得到的剖面图。

绘制全剖面图时，应按图线要求加深图线，按采用的材料画上相应的材料图例，同时在图形的正下方标注上剖面图的编号，并在剖面图编号的下边加绘一条粗实线作为图名符号，如图 3.5(c)所示。

当形体比较复杂，一次剖切不能将形体内部情况完整表达清楚时，可以选择不同的剖切位置进行多次剖切。比如，若横向剖切表示不清楚，在横向剖切的基础上还可以进行纵向剖切，但不管怎样剖切，每一次剖切时，都要将形体作为整体来看待。

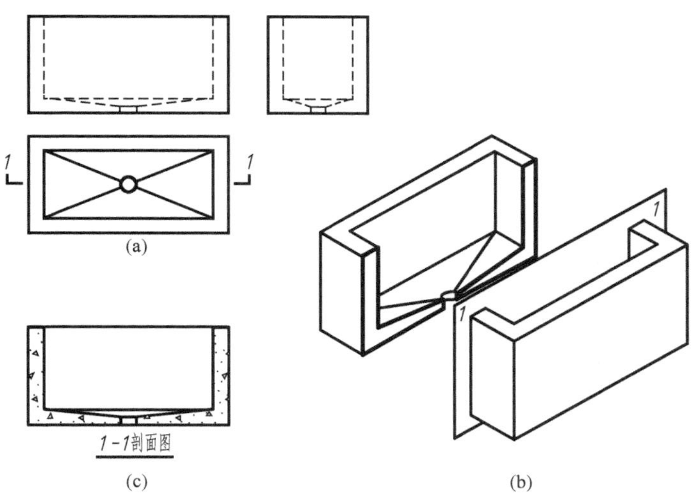

图 3.5　全剖面图

特别提示

在绘制全剖面图的时候，若形体对称，且剖切平面通过对称中心平面，而全剖面图又置于基本投影位置时，标注可以省略。

2. 半剖面图

当形体具有对称平面时，在垂直于对称平面的投影面上所得的投影，可以对称轴线为界，一半绘制为外形正投影图，另外一半绘制成剖面图，这种图形叫做半剖面图，如图 3.6 所示。半剖图适用于内外形状都比较复杂、都需要表达的对称图形。

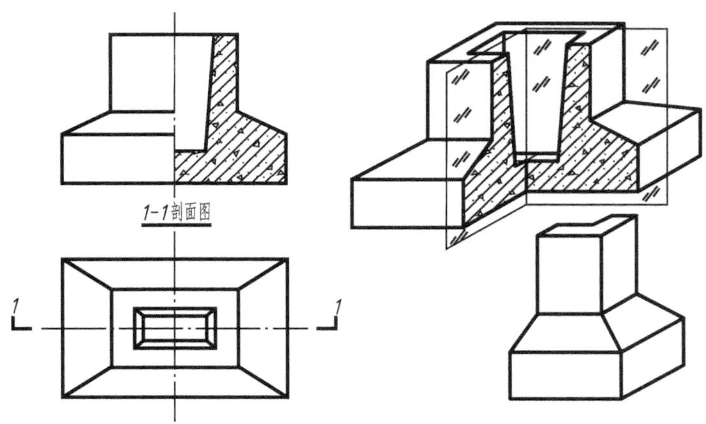

图 3.6　半剖面图

在半剖面图中应注意以下几个问题：

(1) 半外形图和半剖面图的分界线应画成点划线，不能当作物体的外轮廓线而画成实线(图 3.7 和图 3.8)。

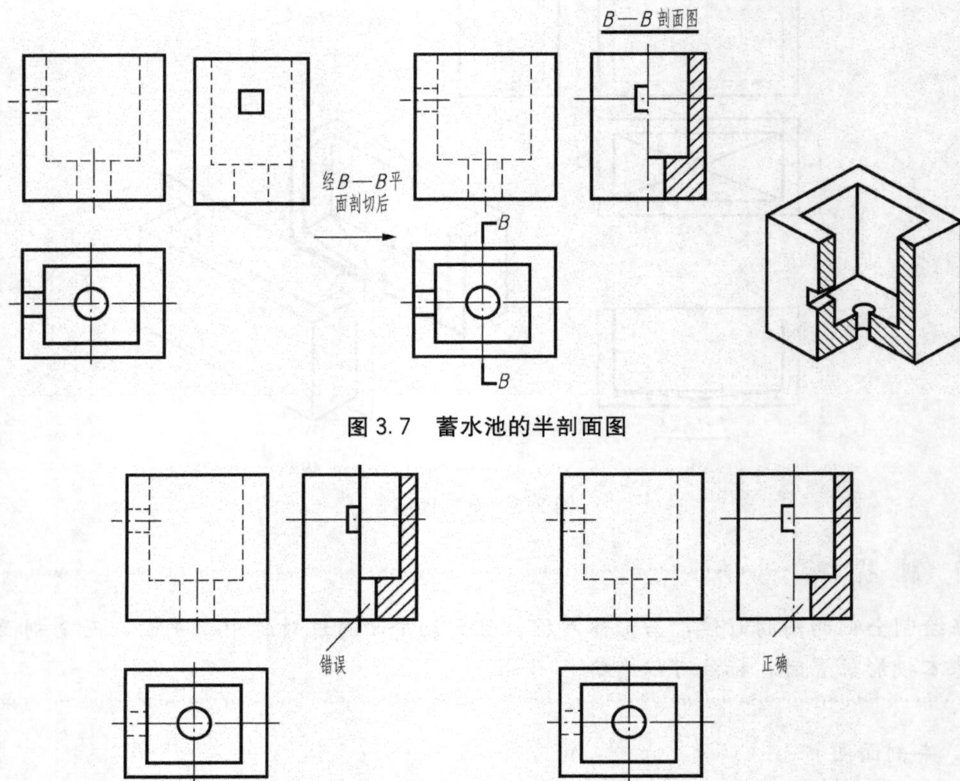

图 3.7　蓄水池的半剖面图

图 3.8　半外形图和半剖面图的分界线应画成点划线

（2）当物体左右对称或前后对称时，将外形投影图绘在中心线左边，剖面图绘在中心线右边[图 3.9(a)]；当物体上下对称时，将外形投影图画在中心线上方，剖面图绘在中心线下方[图 3.9(b)]。

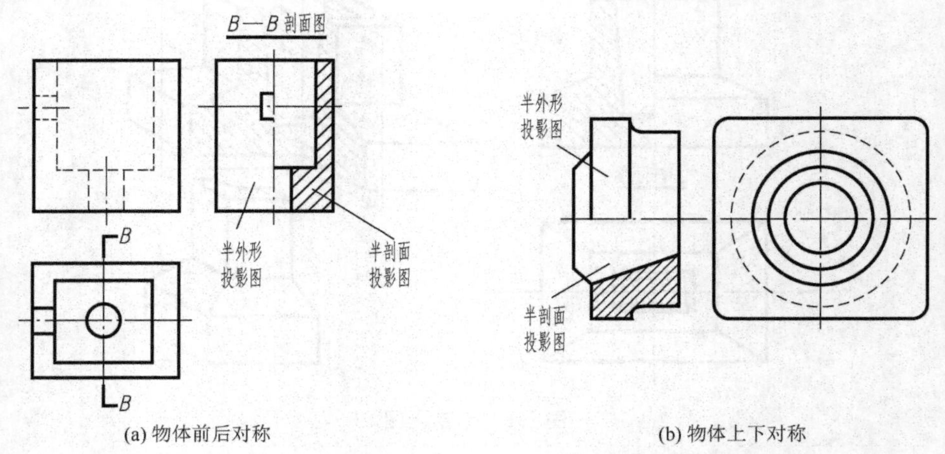

(a) 物体前后对称　　(b) 物体上下对称

图 3.9　半剖面图中半外形投影和半剖面图的放置位置

（3）在半剖面图中，剖切平面位置的标注与全剖面图一样。

(4) 若形体具有两个方向的对称平面，且半剖面又置于基本投影位置时，标注可以省略。但当形体只有一个方向的对称面时，半剖面图必须标注(图 3.10)。

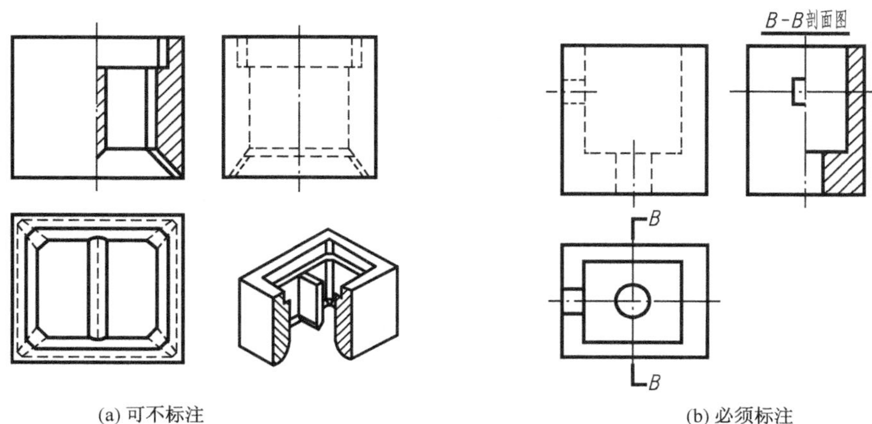

(a) 可不标注 (b) 必须标注

图 3.10 半剖面图中的标注

特别提示

绘制半剖面图时应注意，视图与剖面图的分界线应该是细点划线，不能画成粗实线。

3. 局部剖面图

当物体外形复杂、内形简单且需保留大部分外形、只需表达局部内形时，在不影响外形表达的情况下，可以局部地剖开物体来表达结构内形。这种用剖切面局部地剖开物体所得到的剖面图，称为局部剖面图，如图 3.11 所示。

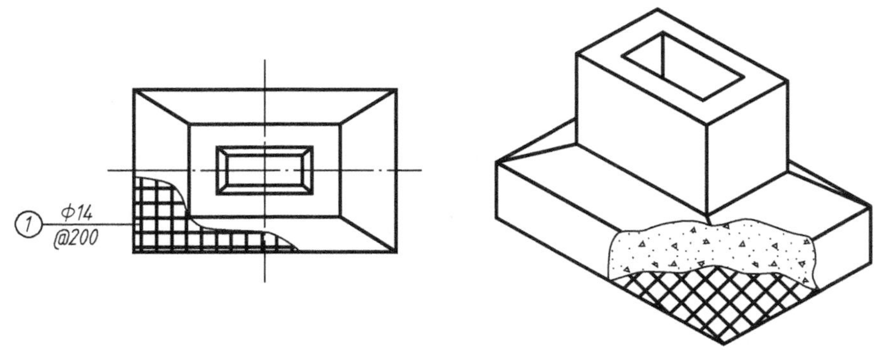

图 3.11 局部剖面图

局部剖面图是一种灵活的表达方式，其位置、剖切范围的大小等都可以根据需要来定，当物体上有孔眼、凹槽等局部形状需要表达时，都可以采用局部剖面图。如果物体的轮廓线与对称轴线重合，不宜采用半剖切或不宜采用全剖切时，也可以采用局部剖面图。绘制局部剖面图时，剖面图与原视图用波浪线分开。

特别提示

波浪线表示物体断裂的边界线的投影，因而波浪线应画在形体的实体部分，不应与任何图线重合或画在形体之外。

在专业图中常用局部剖面图来表示多层结构所用的材料和构造的做法，按结构层次逐层用波浪线分开，这种剖面图又称为分层剖面图。分层剖面图常用几个互相平行的剖切平面分别将形体的局部剖开，把几个局部剖面图重叠在一个视图上。如图 3.12 所示为表示某墙体各结构层的分层剖面图。分层剖面图不需要标注。

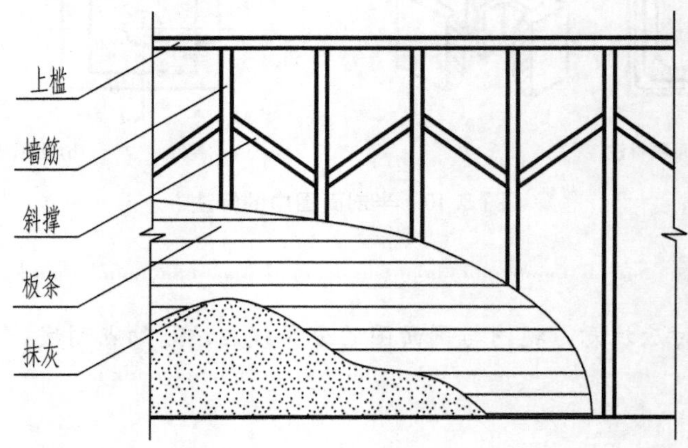

图 3.12　分层剖切的局部剖面图

在局部剖面图中应注意以下几个问题：

(1) 局部剖切比较灵活，但应照顾看图方便，不应过于零碎。

(2) 用波浪线表示形体断裂痕迹，应画在实体部分。不能超过视图的轮廓线或画在中空部分；不能与视图中的其他图线重合。

(3) 局部剖切图只是物体整个外形投影中的一个部分，不需标注。

(4) 物体的轮廓线与对称轴线重合时，采用局部剖切，如图 3.13 所示。

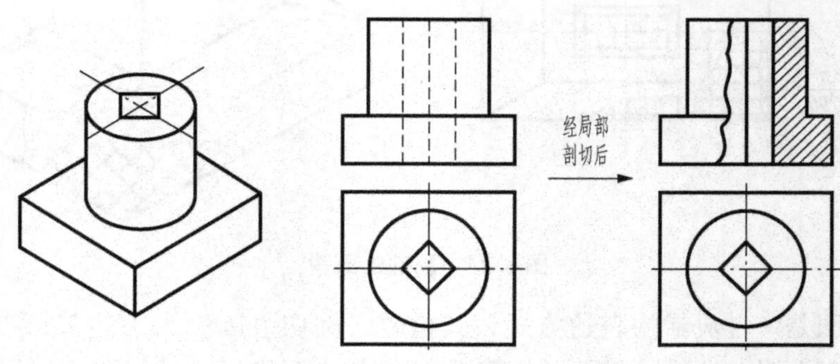

(a) 内部轮廓线与对称中线重合

图 3.13　物体的轮廓线与对称轴线重合时，采用局部剖切

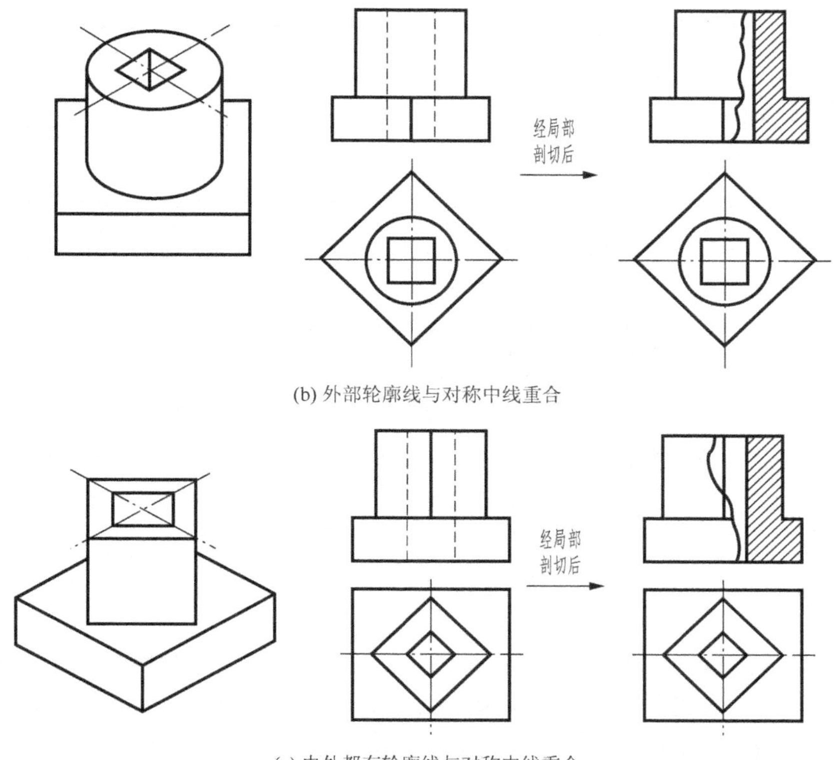

(b) 外部轮廓线与对称中线重合

(c) 内外都有轮廓线与对称中线重合

图 3.13　物体的轮廓线与对称轴线重合时，采用局部剖切(续)

4. 阶梯剖面图

当物体内部结构层次较多，采用一个剖切平面无法把物体内部结构全部表达清楚时，可以假想用两个或两个以上相互平行的剖切平面来剖切物体，所得到的剖面图，称为阶梯剖面图，如图 3.14 所示。

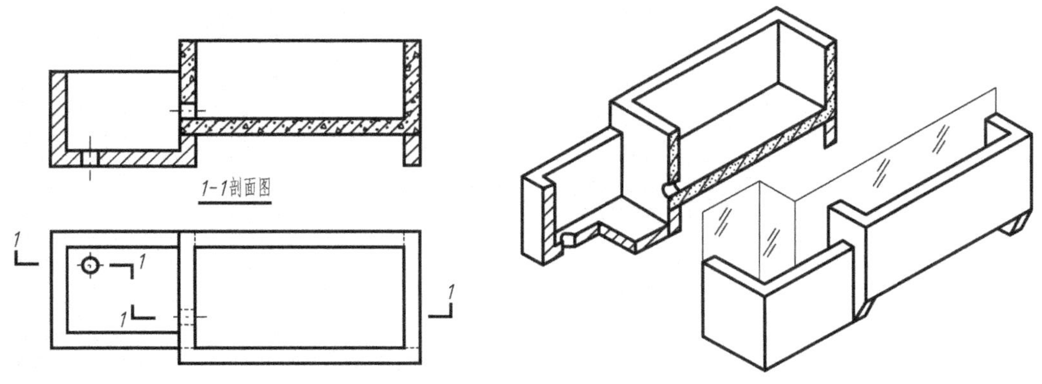

图 3.14　阶梯剖面图

阶梯剖面图适合于表达内部结构(孔或槽)的中心线排列在几个相互平行的平面内的形体。

特 别 提 示

在绘制阶梯剖面图时应注意以下几个问题：

(1) 画剖面图时，应把几个平行的剖切平面视为一个剖切平面。在剖面图中，不可画出两平行的剖切面所剖得的两个断面在转折处的分界线，同时，剖切平面转折处不应与形体的轮廓线重合。

(2) 在剖切平面的起、讫、转折处都应画上剖切位置线，投影方向线与形体外的起、剖切位置线重合，每个符号处注上同样的编号，图名仍然为“×—×剖面图”。

(3) 在同一剖切面内，如果形体采用了两种或两种以上的材料完成构造，绘图时，应使用粗实线将不同材料的图例分开，如图 3.10 所示，左边水槽为普通砖构造，右边水槽为钢筋混凝土构造，在剖面图两种材料的图例分界处采用了粗实线绘制。

5. 旋转剖面图

采用交线垂直于某一投影面的两个相交剖切面剖切形体后，将倾斜于基本投影面的剖面旋转到与基本投影面平行的位置，再进行投影，使剖面图得到实形，这样的剖面图叫做旋转剖面图。如图 3.15 所示，用一个正平面和一个铅垂面分别通过检查井的两个圆柱孔轴线将其剖开，再将铅垂面部分旋转到与 V 面平行后再进行正投影，得到检查井的旋转剖面图。

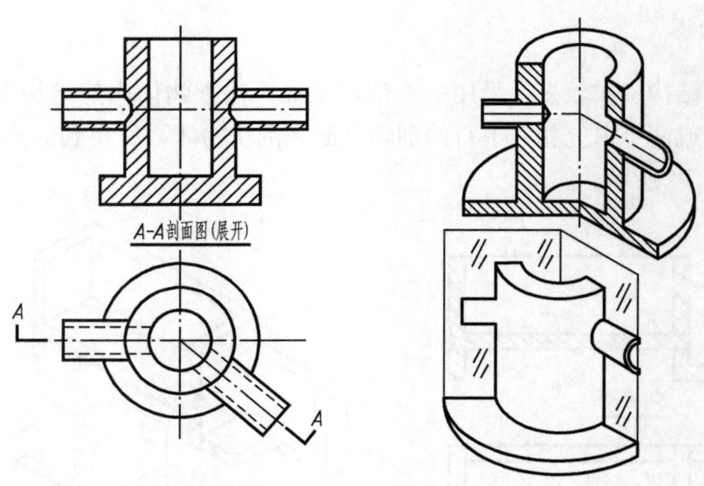

图 3.15 旋转剖面图

旋转剖面图适合于表达内部结构(孔或槽)的中心线不在同一平面上，且具有回转轴的形体。

标注旋转剖面图时，投影方向应与剖切平面垂直，编号仍应标注在投影方向线的上端，旋转后的长度应和剖切平面与被剖切形体的交线等长。两剖切平面的交线在剖面图中无须画出，但是，在剖面图的图名后要加注“展开”二字，并将“展开”二字用括号括起来，以区别于图名。

3.2 断面图的绘制和识图

3.2.1 断面图的形成

假想用剖切平面将形体某处切断，仅画出截断面的形状，并在截断面内画上材料图例，这种图形称为断面图。断面图又称为截面图。如图 3.16 所示为立柱的不同位置的断面图。

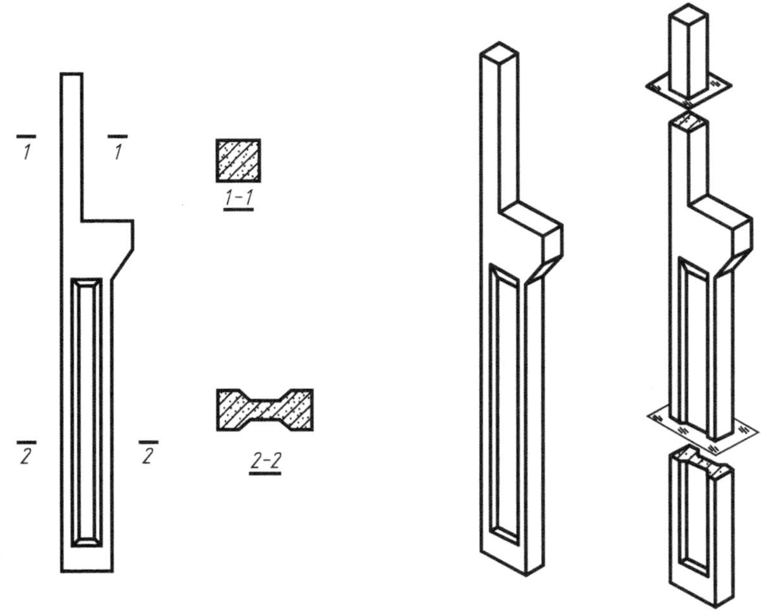

图 3.16 立柱的断面图

3.2.2 断面图的剖切位置及标注

断面图的剖切位置可以任意选定，当确定了剖切位置后，在投影图上用剖切符号标明剖切位置，如图 3.16 所示。与剖面图不同，断面图中的剖切符号仅由剖切位置线表达，剖切位置线用粗实线绘制，长度为 6～10mm。

断面图的编号采用阿拉伯数字依次编写，如图 3.16 中的 1—1 断面、2—2 断面等。编号的数字要写在投影方向的一侧，即编号数字写在哪边，就表示剖开后对哪边进行正投影。一般来说，当剖切平面为水平面时，将编号数字写在剖切位置线的下方；当剖切平面为正平面时，将编号数字写在剖切位置线的后边；当剖切平面为侧平面时，将编号数字写在剖切位置线的左边，如图 3.17 所示。

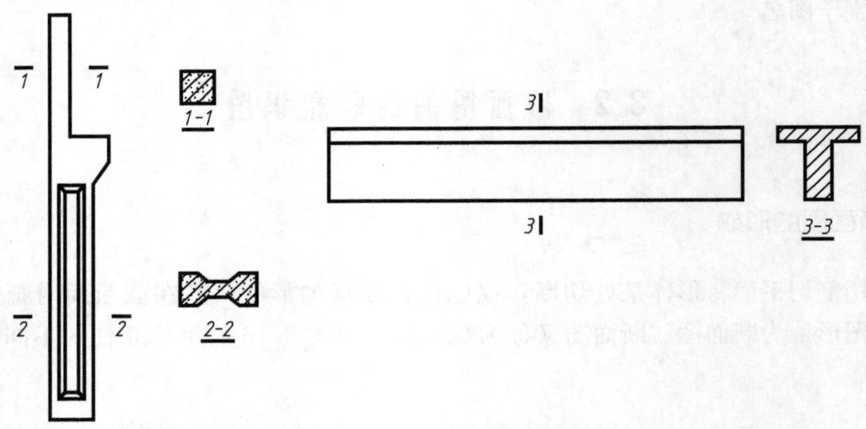

图 3.17 断面图的标注

3.2.3 断面图的分类与画法

断面图根据布置的位置不同，可以分为移出断面图、重合断面图和中断断面图。

1. 移出断面图

画在投影图之外的断面图称为移出断面图，简称移出断面。移出断面宜按顺序依次排列，如图 3.18 所示。将图名写在断面图的正下方，并标注上图名编号。

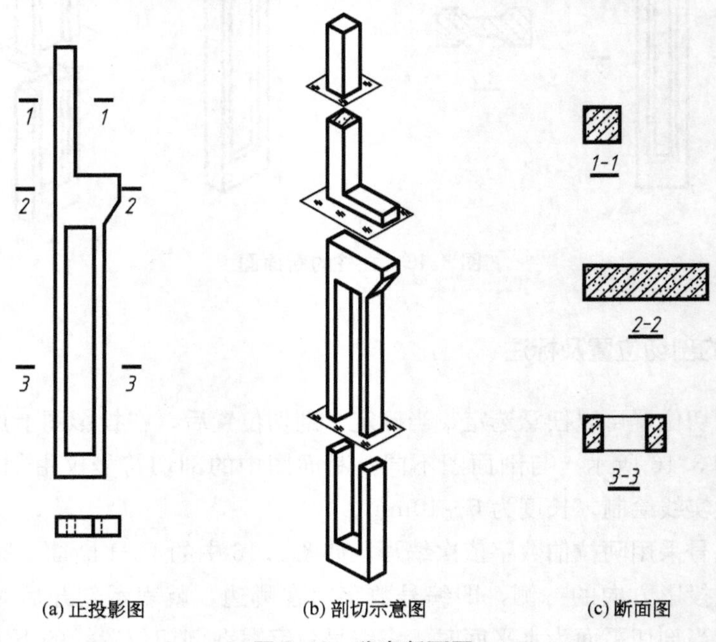

图 3.18 移出断面图

移出断面图一般用来表达梁、柱等形体，这些形体有一个方向的尺寸与其他两个方向的尺寸差别比较大。例如，梁的长度一般比宽度和高度大得多，柱子的高度一般比长度和宽度大得多。凡是遇到这样的情况，可以用大于基本视图的比例画出移出断面图，如图 3.18 中的断面图就采用了比投影图大一倍的比例来绘制。用这种方法绘制的图样就可以把需要表示的内容表达得更清楚。

在移出断面图中，一般用两种线条，即粗实线和细实线。断面轮廓线用粗实线，材料符号图例采用细实线。

特别提示

移出断面的轮廓线用标准实线绘制，一般只画出剖切后的断面形状，但剖切后出现完全分离的两个断面时，这些结构应按剖面图画出，如图 3.18 中的 3—3 断面。

2. 重合断面图

直接将断面图按形成左侧投影或水平投影的旋转方向重合画在基本投影图的轮廓线内，称为重合断面图，又称折倒断面图，如图 3.19 所示分别为槽钢、工字钢和角钢的重合断面图。

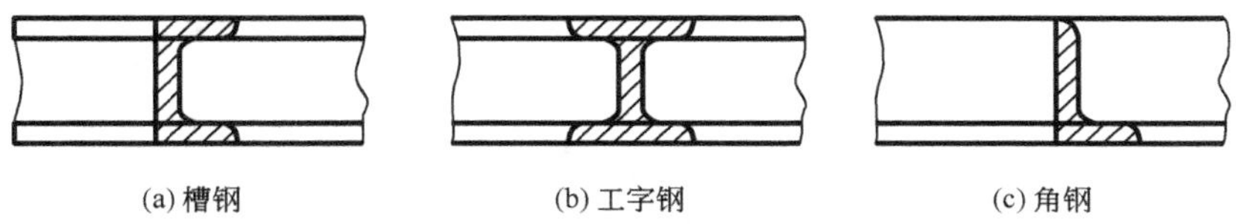

(a) 槽钢　(b) 工字钢　(c) 角钢

图 3.19　重合断面图

重合断面图在工程实际中的使用非常广泛。在结构布置图中，梁板断面图可以直接画在结构布置图上；在建筑施工图中，墙面装修的断面图也可以直接画在投影图中。重合断面图不需要标注剖切符号。在结构布置图中，因为断面图较窄，图中表示材料的图例一般直接用涂黑的方法表示，如图 3.20(a)所示。在建筑施工图中，若不需要将断面图全部画出来，画图时可以只画一边的截交线。为了表示被剖切部分相互间的关系，一般在断面轮廓线内侧沿轮廓线加绘 45°细实线，如图 3.20(b)所示。

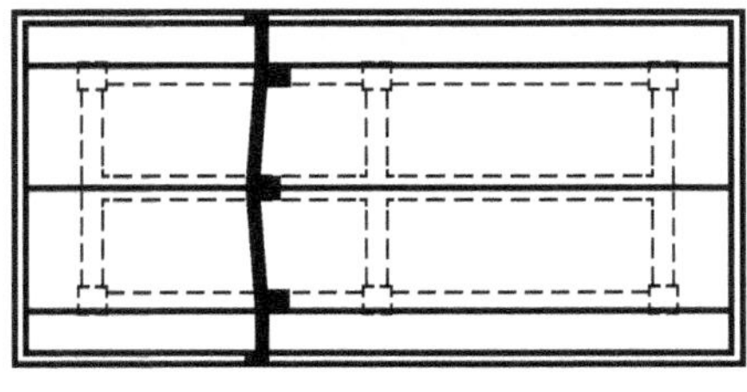

(a) 在结构图中的表示方法

图 3.20　重合断面图在工程实际中的应用

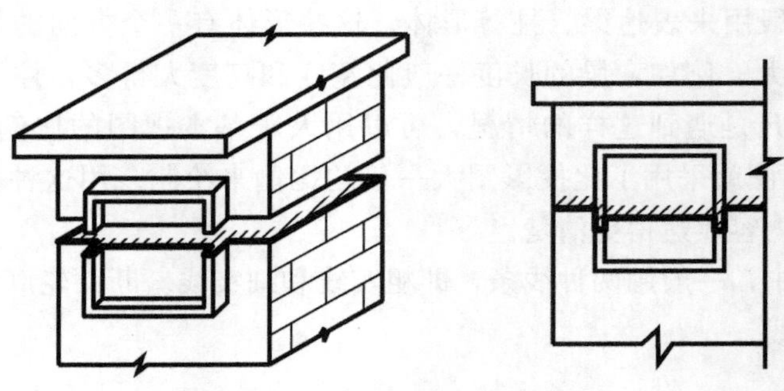

(b) 在建筑施工图中的表示方法

图 3.20 重合断面图在工程实际中的应用(续)

3. 中断断面图

把长杆件的投影图断开，将断面图画在中间，这样的断面图称为中断断面图。如图 3.21 所示为钢屋架中型钢杆件的中断断面图。

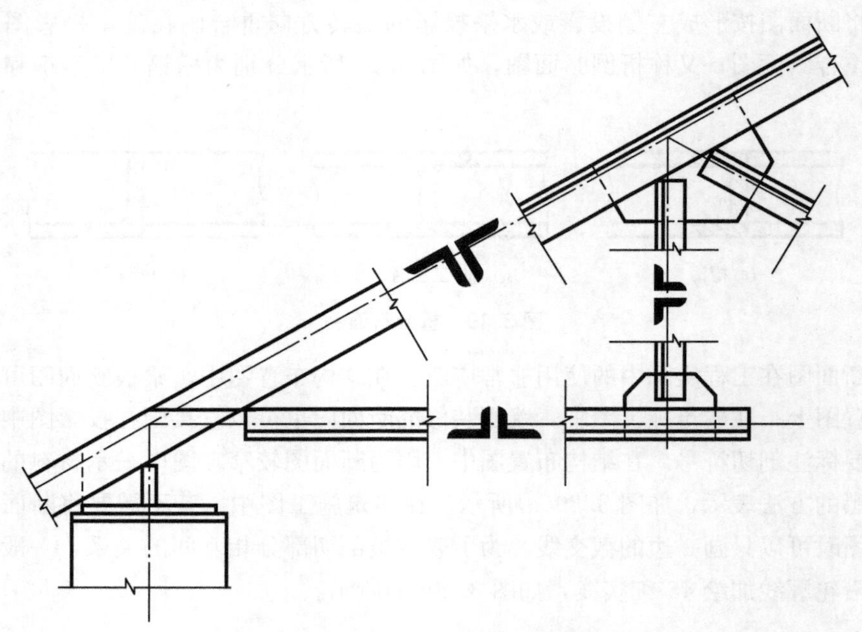

图 3.21 钢架杆件的中断断面图

中断断面图不需要标注，断面轮廓线为粗实线，而且比例与基本视图一致。

3.2.4 断面图与剖面图的区别

断面图与剖面图的区别主要有以下三点。

1. 标注符号不同

断面图标注时只有剖切位置线，而剖面图的标注不但有剖切位置线表明剖切位置，还有投影方向线表明投影的方向，如图 3.22 所示。

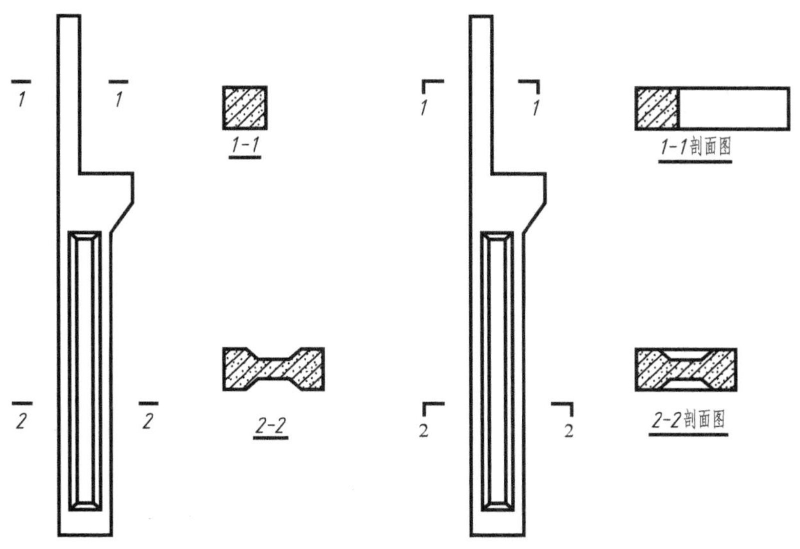

图 3.22 断面图与剖面图的区别

2. 画法不同

断面图只需要画出被剖切到的切断断面，而剖面图除了需要画出被剖切到的切断断面，还要画出沿投影方向能看见的轮廓线(看不见的轮廓线一般无须绘出)。

3. 图名不同

断面图只需要按标号顺序标注上顺序号即可，如图 3.22 中的“1—1”、“2—2”等断面图。而剖面图除了要像断面图一样按顺序标注上顺序号，还要在顺序号后面写上“剖面图”三个字，如图 3.22 中的“1—1 剖面图”和“2—2 剖面图”。

3.3 剖、断面图的识图

【例 3-1】如图 3.23 所示为一沉井的投影图。

因为沉井左右对称，其立面图投影图采用半剖面图表达。虽然沉井前后也对称，但因为沉井中间有一道隔墙，所以侧面投影图不宜采用半剖面图，故采用阶梯剖面图。

从半剖面图和 H 面投影图可以看出沉井的外形是四棱柱[图 3.23(a)、(b)]。

从半剖面图和阶梯剖面图可以看出沉井是在四棱柱的基础上经过三次挖切而成。即第一次是在四棱柱的上部挖切了一个倒角的四棱柱孔[图 3.23(c)]；第二次是在四棱柱的中间挖切了两个倒角的四棱柱孔[图 3.23(d)]；第三次是在四棱柱的下部挖切了一个倒角的四棱台。

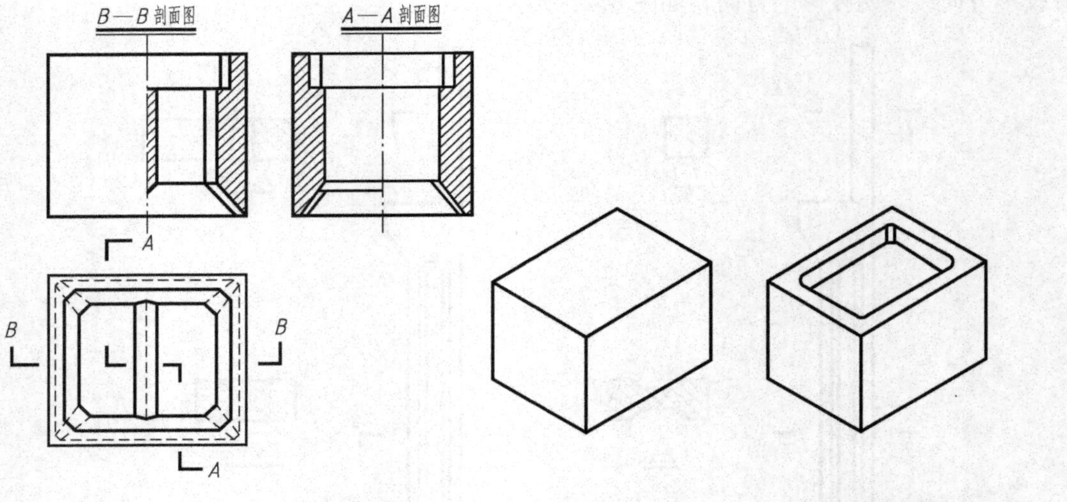

(a) 沉井的投影图　　(b) 沉井的外形立体图　　(c) 沉井第一次挖切

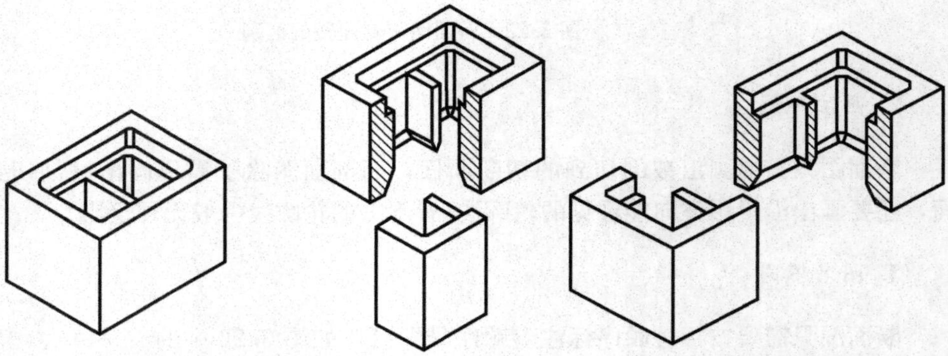

(d) 沉井第二次挖切立体图　　(e) 沉井立体图的半剖切　　(f) 沉井立体图的阶梯剖切

图 3.23　沉井剖面图阅读

【例 3-2】 如图 3.24 所示为一变截面梁的投影图。

由于梁身断面不断变化，故变截面梁的投影图采用几个断面来表示。

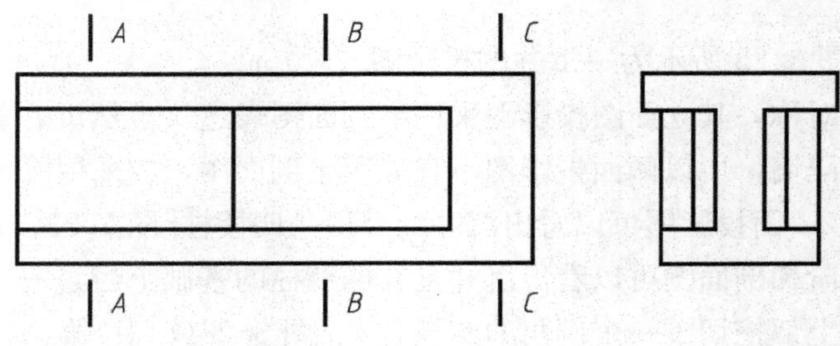

(a) 梁的两面投影图

图 3.24　变截面梁的投影图

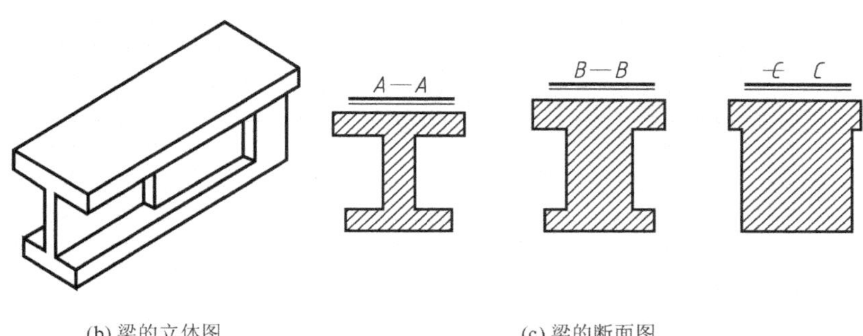

(b) 梁的立体图　　(c) 梁的断面图

图 3.24　变截面梁的投影图(续)

本章小结

本章是学习建筑制图课程必须具备的基础知识和理论，也是全书的重点内容之一。掌握和了解剖面图、断面图的形成和性质，对于识读、绘制和应用建筑施工图等工程图样具有极为重要的意义。

剖面图和断面图均是假想用一个剖切平面，在选定的位置将形体剖开，移去观察者与剖切平面之间的部分，画出剩余部分按垂直于剖切平面方向的投影，并在剖切到的实体部分画上相应的剖面材料图例或剖面线。但两者不同之处在于，断面图在绘图时只画剖切平面切到部分的图形，而剖面图除画出断面图形外，还要画出沿投影方向可以看到的其余轮廓线。

根据剖面图中剖切面的数量、剖切方式及被剖切的范围等情况，剖面图可以分为全剖面图、半剖面图、局部剖面图、阶梯剖面图、旋转剖面图和展开剖面图等。断面图根据布置的位置不同，可以分为移出断面图、重合断面图和中断断面图。不同类型的剖面图和断面图可以根据需要表达的形体内容和状况灵活选用，但在绘图时应注意不同类型的剖面图和断面图在绘制时的注意事项和要求。

剖面图和断面图在土建工程中的使用非常广泛，其中，剖面图和平面图、立面图一样，是建筑施工图中最重要的图纸之一，对于完整表达建筑物的结构形式、各部位的相互干系等有非常重要的作用，也是施工、概预算的重要依据。

习题

1. 什么是剖面图？什么是断面图？它们有何不同之处？
2. 剖面图有哪些分类？它们所表达的形体各有什么特点？
3. 断面图有哪些分类？它们在绘图时的主要区别是什么？

第4章

建筑工程施工图的一般知识

教学目标

通过了解房屋的组成及建筑工程施工图的作用和分类，熟悉建筑工程施工图的图示规定、内容和用途，掌握建筑工程施工图常用符号的意义及画法，为后续建筑工程图纸的识读与绘制奠定基础。

教学要求

能力目标	知识要点	权重	自测分数
了解房屋的类型及组成	房屋的类型	5%	
	房屋的组成	5%	
掌握建筑工程施工图的作用及分类	建筑工程施工图的作用	10%	
	建筑工程施工图的分类	10%	
掌握建筑工程施工图的图示方法	图线	15%	
	比例	15%	
	构件及配件图例	15%	
掌握建筑工程施工图中常用的符号	常用符号图示方法和画法	25%	

章节导读

一个建筑工程项目，从制订计划到最终建成，必须经过一系列的过程。建筑工程施工图的产生过程，是建筑工程从计划到建成过程中的一个重要环节。

建筑工程施工图是由设计单位根据设计任务书的要求、有关的设计资料、计算数据及建筑艺术等多方面因素设计绘制而成的。根据建筑工程的复杂程度，其设计过程分两阶段设计和三阶段设计两种，一般情况都按两阶段进行设计，对于较大的或技术上较复杂、设计要求高的工程，才按三阶段进行设计。

两阶段设计包括初步设计和施工图设计两个阶段。

(1) 初步设计的主要任务是根据建设单位提出的设计任务和要求，进行调查研究、搜集资料，提出设计方案，其内容包括必要的工程图纸、设计概算和设计说明等。初步设计的工程图纸和有关文件只是作为提供方案研究和审批之用，不能作为施工的依据。

(2) 施工图设计主要任务是满足工程施工各项具体技术要求，提供一切准确可靠的施工依据，其内容包括工程施工所有专业的基本图、详图及其说明书、计算书等。此外还应有整个工程的施工预算书。整套施工图纸是设计人员的最终成果，是施工单位进行施工的依据。所以施工图设计图纸必须详细完整、前后统一、尺寸齐全、正确无误，符合国家建筑制图标准。

(3) 当工程项目比较复杂，许多工程技术问题和各工种之间的协调问题在初步设计阶段无法确定时，就需要在初步设计和施工图设计之间插入一个技术设计阶段，形成三阶段设计。技术设计的主要任务是在初步设计的基础上，进一步确定各专业间的具体技术问题，使各专业之间取得统一，达到相互配合协调。在技术设计阶段各专业均需绘制出相应的技术图纸，写出有关设计说明和初步计算等，为第三阶段施工图设计提供比较详细的资料。

引例

房屋建筑施工图是按建筑设计要求绘制的，用以指导施工的图纸，是建造房屋的依据。工程技术人员必须看懂整套施工图，按图施工，这样才能体现出房屋的功能用途、外形规模及质量安全。因此掌握识读和绘制房屋施工图是从事建筑专业的工程技术人员的基本技能。

4.1 建筑工程施工图的分类和排序

4.1.1 房屋的类型及组成

1. 房屋的类型(按使用功能分)

(1) 民用建筑(居住建筑，公共建筑)，如住宅、宿舍、办公楼、旅馆、图书馆等。如

图 4.1 所示为某民用建筑。

图 4.1 某民用建筑

(2) 工业建筑，如纺织厂、钢铁厂、化工厂等。如图 4.2 所示为某工业建筑。

图 4.2 某工业建筑

(3) 农业建筑，如拖拉机站、谷仓等。如图 4.3 所示为某农业建筑。

图 4.3 某农业建筑

2. 房屋的组成

建筑物虽然名目繁多，但一般都是由基础、墙(或柱)、楼(地)面、屋顶、楼梯、门窗等组成的，如图 4.4 所示。

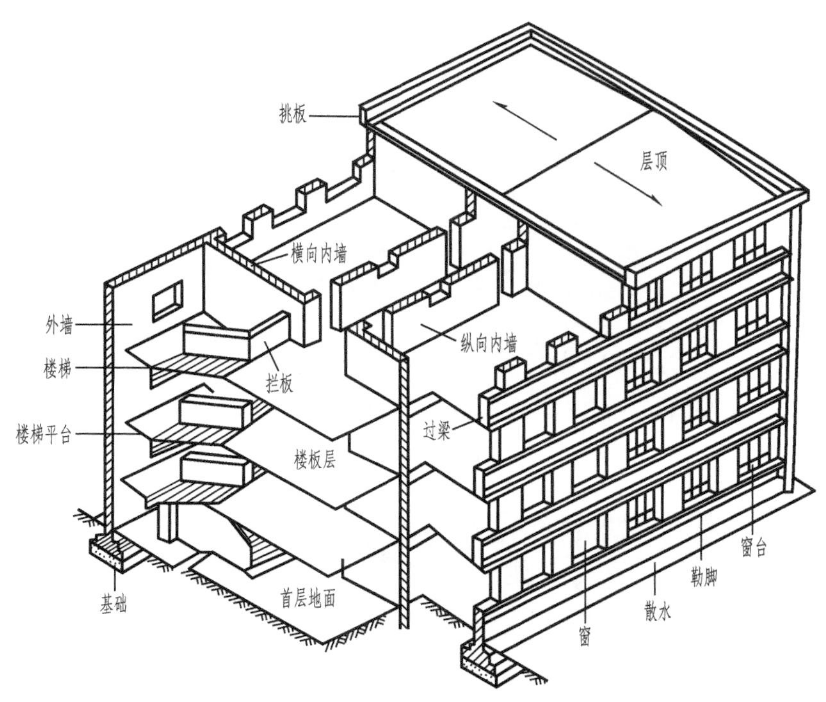

图 4.4 房屋的基本组成

(1) 基础(图 4.5)。基础位于墙或柱的下部，属于承重构件，起承重作用，并将全部荷载传递给地基。

图 4.5 条形基础

（2）墙或柱(图 4.6 和图 4.7)。墙或柱都是将荷载传递给基础的承重构件。墙还起围成房屋空间和内部水平分隔的作用。墙按受力情况分为承重墙和非承重墙；按位置可分为内墙和外墙；按方向可分为纵墙和横墙。两端的横墙通常称为山墙。

图 4.6　墙体

图 4.7　柱子

（3）地面或楼面(图 4.8)。楼面又叫楼板层，是划分房屋内部空间的水平构件，具有承重、竖向分隔和水平支撑的作用，并将楼板层以上的荷载传递给墙(梁)或柱。

（4）屋面(图 4.9)。一般指屋顶部分。屋面是建筑物顶部的承重构件，主要作用是承重、保温隔热、防水和排水。它承受着房屋顶部包括自重在内的全部荷载，并将这些荷载传递给墙(梁)或柱。

（5）楼梯(图 4.10)。楼梯是各楼层之间的垂直交通设施，为上下楼层用。

（6）门窗(图 4.11)。门和窗均为非承重的建筑配件。门的主要功能是交通和分隔房间，窗的主要功能是通风和采光，同时还具有分隔和围护的作用。

图 4.8 楼地面

图 4.9 屋面

图 4.10 楼梯

图 4.11 门窗

房屋的组成，除了以上 6 大组成部分外，根据使用功能不同，还设有阳台(图 4.12)、雨篷(图 4.13)、勒脚(图 4.14)、散水(图 4.15)、明沟(图 4.16)等。

图 4.12 阳台

图 4.13 雨篷

图 4.14 勒脚

图 4.15 散水

图 4.16 明沟

4.1.2 建筑工程施工图的分类

房屋建筑图按专业分工的不同，通常分为以下三类。

(1) 建筑施工图(简称建施)。反映建筑施工图设计的内容，用以表达建筑物的总体布局、外部造型、内部布置、细部构造、内外装饰以及一些固定设施和施工要求，包括施工总说明、总平面图、建筑平面图、立面图、剖视图和详图等。

(2) 结构施工图(简称结施)。反映建筑结构设计的内容，用以表达建筑物各承重构件(如基础、承重墙、柱、梁、板等)，包括结构施工说明、结构布置平面图、基础图和构件详图等。

(3) 设备施工图(简称设施)。反映各种设备、管道和线路的布置、走向、安装等内容，包括给排水、采暖通风和空调、电气等设备的布置平面图、系统图及详图。

一栋房屋的全套施工图的编排顺序是：图纸目录、建筑设计总说明、总平面图、建施、结施、水施、暖施、电施。各专业施工图的编排顺序是：全局性的在前，局部性的在后；先施工的在前，后施工的在后；重要的在前，次要的在后。

1. 图纸首页

在施工图的编排中，将图纸目录、建筑设计说明、总平面图及门窗表等编排在整套施工图的前面，常称为图纸首页。

2. 图纸目录

读图时，首先要查看图纸目录。图纸目录是查阅图纸的主要依据，包括图纸的类别、编号、图名以及备注等栏目。图纸目录一般包括整套图纸的目录，应有建筑施工图目录、结构施工图目录、给水排水施工图目录、采暖通风施工图目录和建筑电气施工图目录。从图纸目录中可以读出以下资料。

(1) 设计单位。某建筑设计事务所。

(2) 建设单位。某房地产开发公司。

(3) 工程名称。某生态住宅小区E型工程住宅楼。

(4) 工程编号。工程编号是设计单位为便于存档和查阅而采取的一种管理方法。

(5) 图纸编号和名称。每一项工程会有很多张图纸，在同一张图纸上往往画有若干个图形。因此，设计人员为了表达清楚，便于使用时查阅，就必须针对每张图纸所表示的建筑物的部位，给图纸起一个名称，另外用数字编号，确定图纸的顺序。

(6) 图纸目录各列、各行表示的意义。图纸目录第2列为图别，填有“建筑”字样，表示图纸种类为建筑施工图；第3列为图号，填有01、02……字样，表示为建筑施工图的第1张、第2张……图纸；第4列为图纸名称，填有总平面图、建筑设计说明……字样，表示每张图纸具体的名称；第5、6、7列为张数，填写新设计、利用旧图或标准图集的张数；第8列为图纸规格，填有A3、A2、A2+……字样，表示图纸的图幅大小分别为A3图幅、A2图幅、A2加长图幅。图纸目录的最后几行，填有建筑施工图设计中所选用的标准图集代号、项目负责人、工种负责人、归档接收人、审定人、制表人、归档日期等基本信息。

特别提示

目前，图纸目录的形式由各设计单位自己规定，尚无统一的格式，但总体上包括上述内容。

3. 建筑设计说明

建筑设计说明的内容根据建筑物的复杂程度有多有少，是施工图样的必要补充，主要是对图样中未能表达清楚的内容加以详细的说明，必须说明设计依据、建筑规模、建筑物标高、装修做法和对施工的要求等。下面以“建筑设计说明”为例，介绍读图方法。

1）设计依据

设计依据包括政府的有关批文。这些批文主要有两个方面的内容：一是立项，二是规划许可证等。

2）建筑规模

建筑规模主要包括占地面积(规划用地及净用地面积)和建筑面积。这是设计出来的图纸是否满足规划部门要求的依据。

占地面积：建筑物底层外墙皮以内所有面积之和。

建筑面积：建筑物外墙皮以内各层面积之和。

3）标高

在房屋建筑中，规定用标高表示建筑物的高度。标高分为相对标高和绝对标高两种。

以建筑物底层室内地面为零点的标高称为相对标高；以青岛黄海平均海平面的高度为零点的标高称为绝对标高。建筑设计说明中要说明相对标高和绝对标高的关系。例如，附图建施一01中“相对标高±0.000相对于绝对标高1891.15m”，这就说明该建筑物底层室内地面比黄海平均海平面高1891.15m。

4）装修做法

这方面的内容比较多，包括地面、楼面、墙面等的做法。我们需要读懂说明中的各种数字、符号的含义。例如说明中的第四条：“一般地面：素土夯实基层，70厚C10混凝土垫层……”这是说明地面的做法：先将室内地基土夯实，作为基层，在基层上做厚度为70的C10混凝土为垫层(结构层)，在垫层上再做面层。

5）施工要求

施工要求包含两个方面的内容：一是要严格执行施工验收规范中的规定；二是对图纸中不详之处的补充说明。

4. 门窗统计表

分楼层统计门窗的类型及数量。某楼层的门窗统计表，见表4－1。

表4－1　某楼层门窗统计表

代号	框外围尺寸(宽×高)/mm	洞口尺寸(宽×高)/mm	门窗类型
M1	1780×2390	1800×2400	松木带亮自由门
M2	1180×2390	1200×2400	镶板门
C1	1470×1770	1500×1800	塑钢双玻平开门
C2	2970×1770	3000×1800	塑钢双玻平开门
C3	2370×1470	2400×1500	塑钢双玻平开门

4.2　建筑工程施工图的图示方法

建筑工程施工图的识读与绘制，应遵循画法几何的投影原理、《房屋建筑制图统一标准》(GB/T 50001—2010)和《房屋建筑CAD制图统一规则》(GB/T 18112—2010)。

总平面图的识读与绘制，还应遵守《总图制图标准》(GB/T 50103—2010)。

建筑平面图、建筑立面图、建筑剖面图和建筑详图的识读与绘制，还应遵守《建筑制图标准》(GB/T 50104—2010)。下面简要说明《建筑制图标准》中常见的基本规定。

4.2.1　图线

图线的宽度 b 应根据图样的复杂程度和比例，按《房屋建筑制图统一标准》(GB/T 50001—2010)中(图线)的规定选用，如图4.17～图4.19所示。绘制较简单的图样时，可采用两种线宽的线宽组，其线宽比最好为 b∶0.25b。

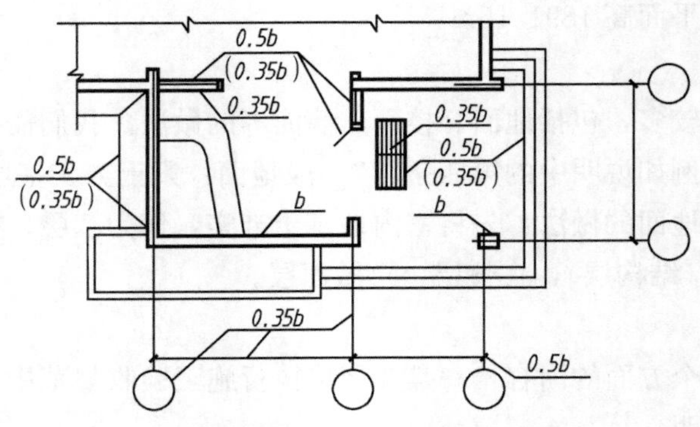

图4.17　平面图图线宽度选用示例

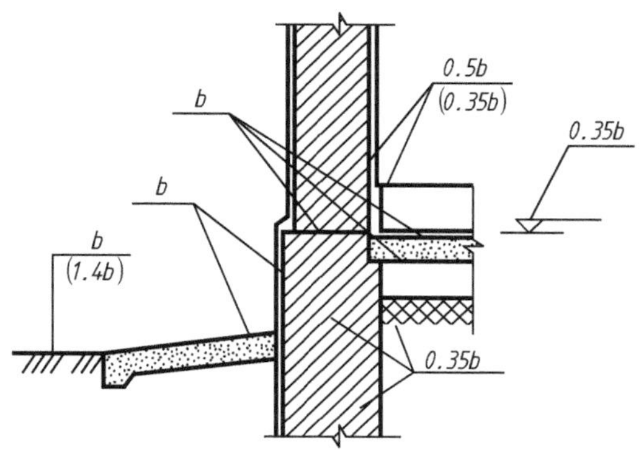

图 4.18 墙身剖面图图线宽度选用示例

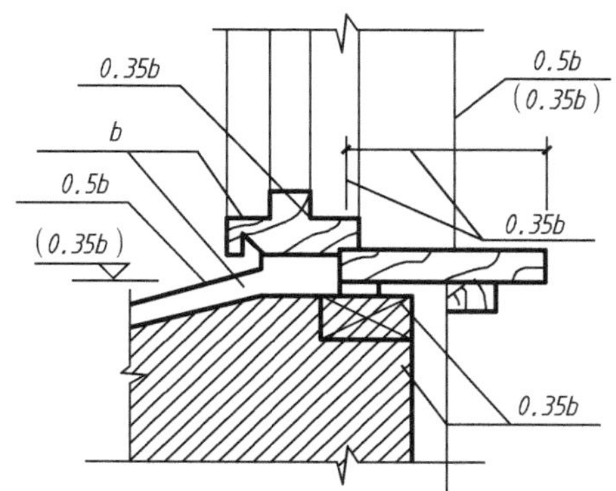

图 4.19 详图图线宽度选用示例

建筑专业、室内设计专业制图采用的各种图线线型应符合表 4-2 的规定。

表 4-2 建筑专业、室内设计专业制图采用的各种图线线型

名 称	图 例	线 宽	用 途
粗实线	——————	b	1. 平、剖面图中被剖切的主要建筑构造(包括构配件)轮廓线 2. 建筑立面图或室内立面图的外轮廓线 3. 建筑构造详图中的外轮廓线 4. 建筑构配件详图中的外轮廓线 5. 平、立、剖面图的剖切符号
中实线	——————	$0.5b$	1. 平、剖面图中被剖切的次要建筑构造(包括构配件)轮廓线 2. 建筑平、立、剖面图中建筑构配件的轮廓线 3. 建筑构造详图及建筑构配件详图中的一般轮廓线

续表

名称	图例	线宽	用途
细实线	——————	0.25b	小于 0.5b 图形线、尺寸线、尺寸界线、图例线、索引符号、标高符号、详图材料做法引出线等
中虚线	– – – – – –	0.5b	1. 建筑构造详图及建筑构配件不可见的轮廓线 2. 平面图中的起重机(吊车)轮廓线 3. 拟扩建的建筑物轮廓线
细虚线	- - - - - -	0.25b	图例线，小于 0.5b 的不可见轮廓线
粗单点长划线	——·——·——	b	起重机(吊车)轨道线
细单点长划线	——·——·——	0.25b	中心线、对称线、定位轴线
折断线	——∿——	0.25b	不需画全的断开界线
波浪线	～～～	0.25b	不需画全的断开界线，构造层次的断开界线

4.2.2 比例

建筑专业、室内设计专业制图选用的比例应符号表 4－3 的规定。

表 4－3 建筑专业、室内设计专业制图选用的比例

图名	比例
建筑物或构筑物的平面图、立面图、剖面图	1∶50，1∶100，1∶150，1∶200，1∶300
建筑物或构筑物的局部放大图	1∶10，1∶20，1∶25，1∶30，1∶50
配件及构造详图	1∶1，1∶2，1∶5，1∶10，1∶15，1∶20，1∶25，1∶30，1∶50

4.2.3 构件及配件图例

由于建筑平、立、剖面图常用 1∶100、1∶200 或 1∶50 等较小比例，图样中的一些构配件，不可能也没必要按实际投影画出，只需用规定的图例表示即可，常用构造及配件图例，见表 4－4。

表 4－4 常用构造及配件图例

序号	名称	图例	说明
1	土墙	═══	包括土筑墙、土坯墙、三合土墙等

续表

序号	名　　称	图　　例	说　　明
2	隔断		(1) 包括板条抹灰、木制、石膏板、金属材料等隔断 (2) 适用于到顶与不到顶隔断
3	栏杆	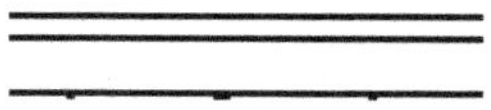	左上图为非金属扶手 左下图为金属扶手
4	楼梯	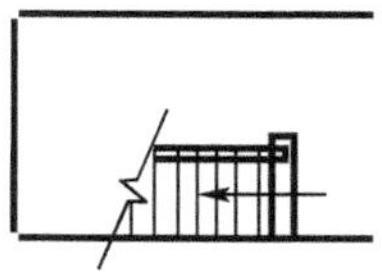 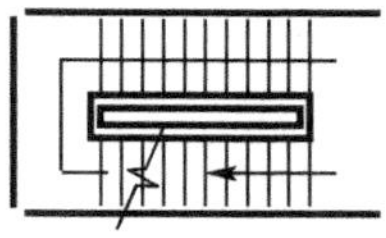 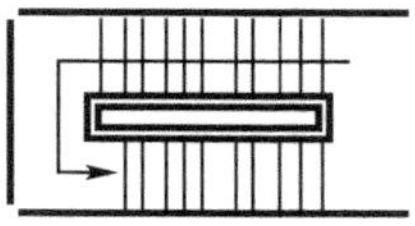	(1) 左上图为底层楼梯平面，左中图为中间层楼梯平面，左下图为顶层楼梯平面 (2) 楼梯的形式及步数应按实际情况绘制
5	坡道	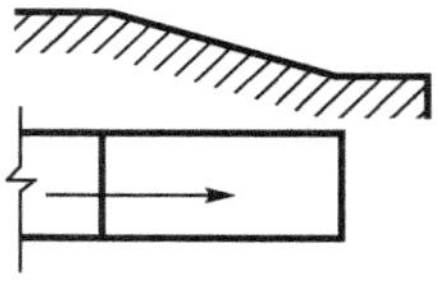	
6	检查孔		左图中左图为可见检查孔 左图中右图为不可见检查孔
7	孔洞		
8	坑槽		
9	墙顶留洞	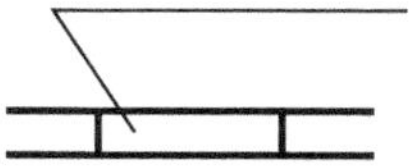	
10	墙顶留槽	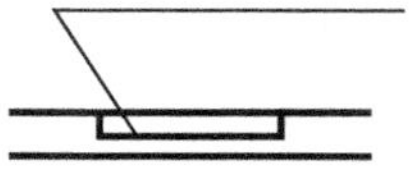	

续表

序号	名　　称	图　　例	说　　明
11	烟道	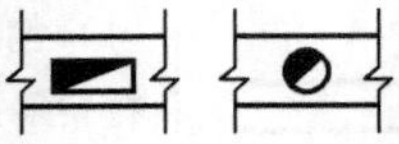	
12	通风道	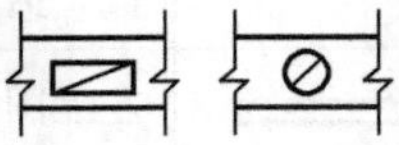	
13	新建的墙和窗	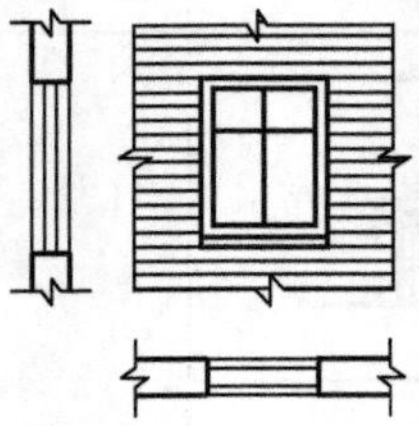	左图为砖墙图例，若用其他材料，应按所用材料的图例绘制
14	改建时保留的原有墙和窗	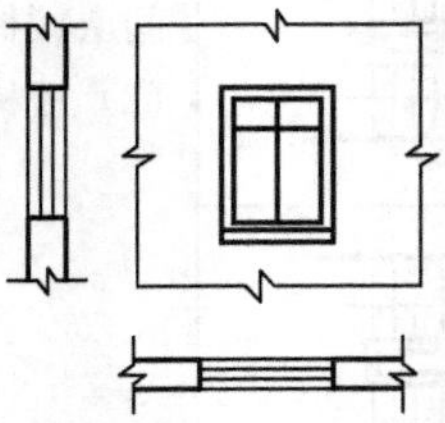	
15	应拆除的墙	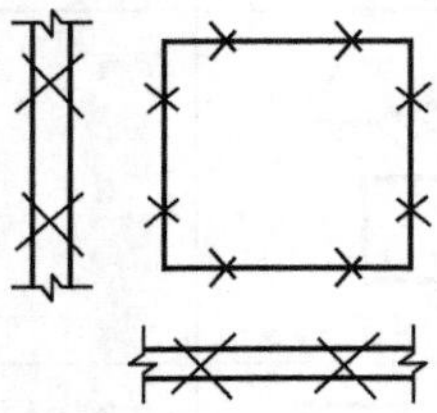	
16	在原有墙和楼板上新开的洞	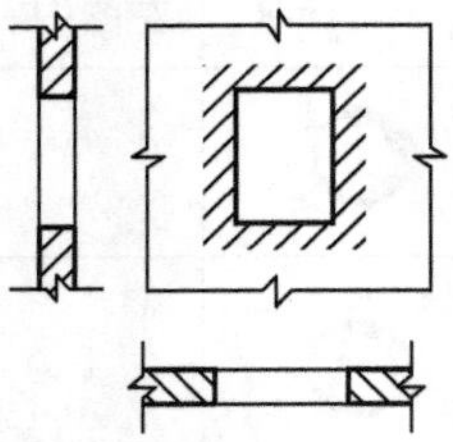	
17	在原有洞旁放大的洞	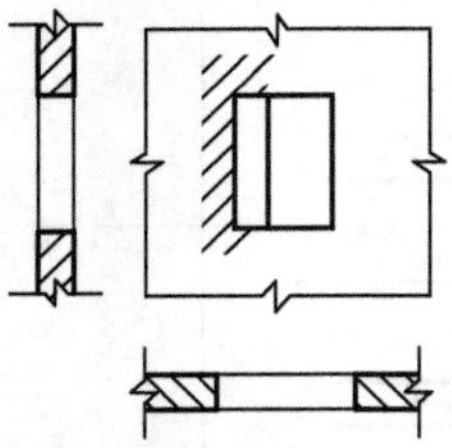	

续表

序号	名　　称	图　　例	说　　明
18	在原有墙或楼板上全部填塞的洞		
19	在原有墙或楼板上局部填塞的洞		
20	空门洞		
21	单扇门(包括平开或单面弹簧)		(1) 门的名称代号用 M 表示 (2) 剖面图上左为外、右为内，平面图上下为外、上为内 (3) 立面图上开启方向线交角的一侧为安装合页一侧，实线为外开，虚线为内开 (4) 平面图上的开启弧线及立面图上的开启方向线，在一般设计图上不需表示，仅在制作图上表示 (5) 立面形式应按实际情况绘制
22	双扇门(包括平开或单面弹簧)		
23	对开折叠门		

续表

序号	名　　称	图　　例	说　　明
24	墙外单扇推拉门	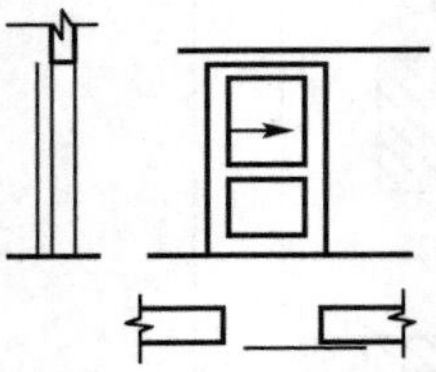	同序号 21 说明中的 1
25	墙外双扇推拉门	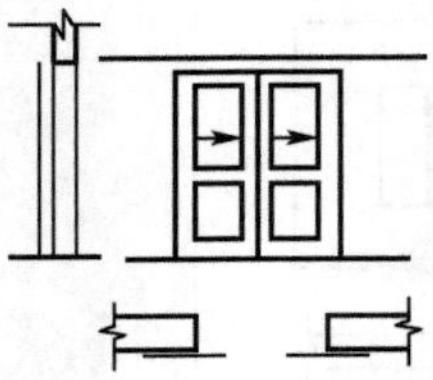	同序号 24
26	墙内单扇推拉门	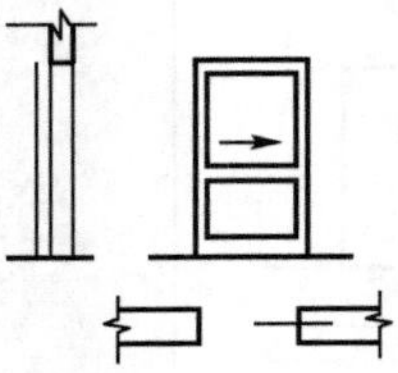	同序号 24
27	墙内双扇推拉门	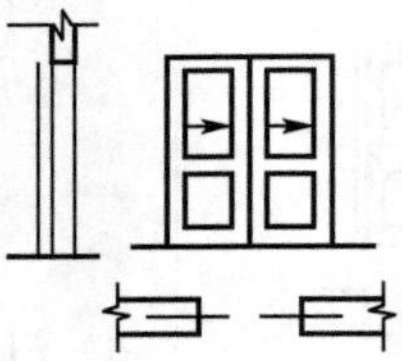	同序号 24
28	单扇双面弹簧门	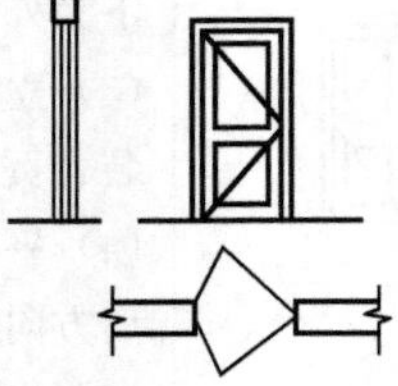	同序号 21
29	双扇双面弹簧门	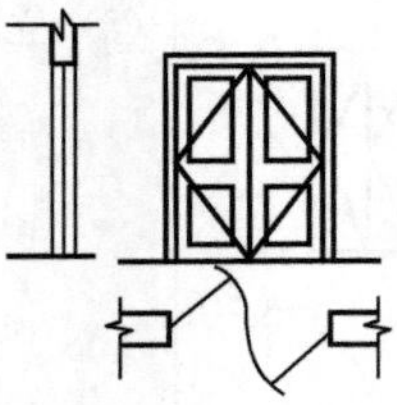	同序号 21

续表

序号	名　　称	图　　例	说　　明
30	单扇内外开双层门（包括平开或单面弹簧）	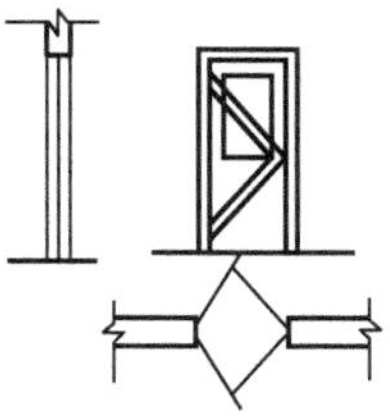	同序号 21
31	双扇内外开双层门（包括平开或单面弹簧）	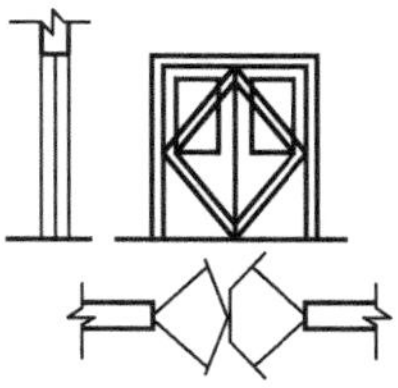	同序号 21
32	转门	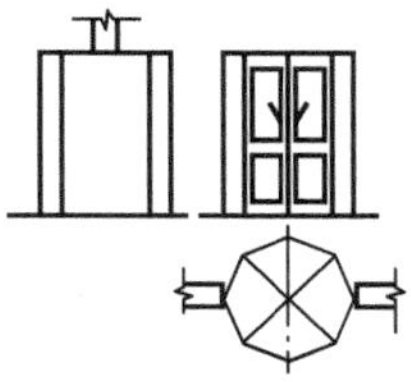	同序号 21 中的 1、2、4、5
33	折叠上翻门	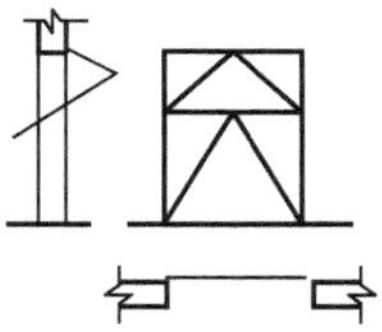	同序号 21
34	单层内开下悬窗	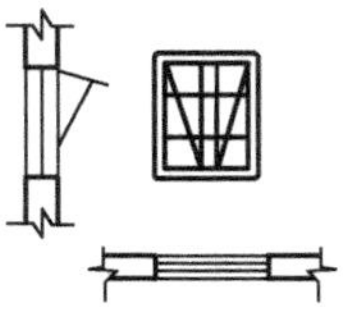	同序号 36
35	单层外开平开窗	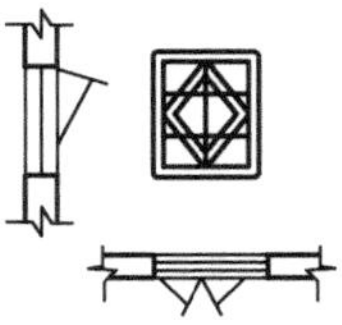	同序号 36
36	立转窗	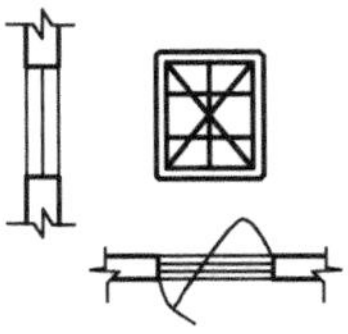	同序号 36

续表

序号	名　称	图　例	说　明
37	单层内开平开窗	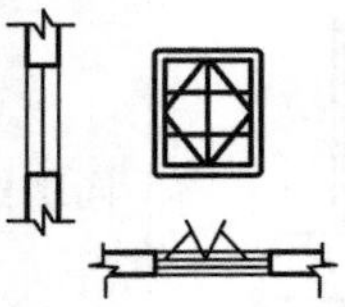	同序号 36
38	双层内外开平开窗	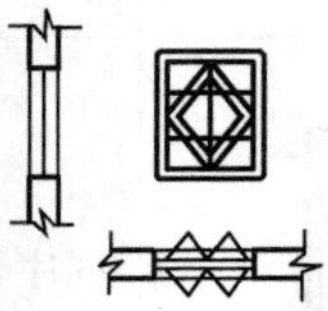	同序号 36
39	左右推拉窗	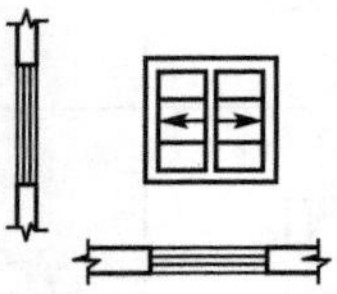	同序号 36 说明中的 1、3、5
40	上推窗	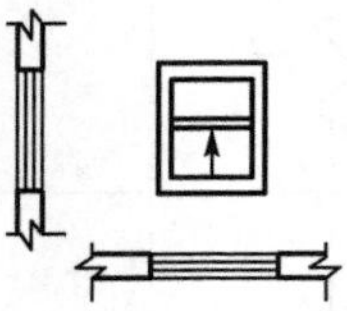	同序号 36 说明中的 1、3、5
41	百叶窗	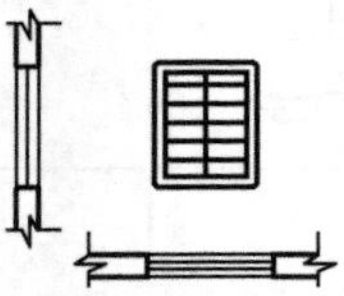	同序号 36

4.3 建筑工程施工图中常用的符号

4.3.1 常用符号的图示方法和画法

1. 定位轴线

在施工时要用定位轴线定位放样，因此，承重墙、柱、大梁或屋架等主要承重构件都应画出轴线以确定其位置。对于非承重的隔断墙及其他次要承重构件等，一般不画轴线，而注明它们与附近轴线的相关尺寸以确定其位置。

定位轴线用细点划线表示，末端画细实线圆，圆的直径为8mm，圆心应在定位轴线的延长线上或延长线的折线上，并在圆内注明编号。水平方向编号采用阿拉伯数字从左至右顺序编写；竖向编号应用大写拉丁字母从下至上顺序编写。拉丁字母中的I、O、Z不得用作轴线编号，以免与数字0、1、2混淆。如字母数量不够使用，可增用双字母或单字母加数字注脚，如AA、BB、…YY或A1、B1、…Y1。

定位轴线也可采用分区编号，编号的注写形式应为“分区号——该区轴线号”。

两轴线之间，有的需要用附加轴线表示，附加轴线用分数编号(图4.20)。如图4.20(a)中的$\frac{1}{2}$，表示2号轴线后附加的第一根轴线。当在1号轴线或A号轴线之前附加轴线时，分母就应用01或0A表示[图4.20(b)、(d)]。

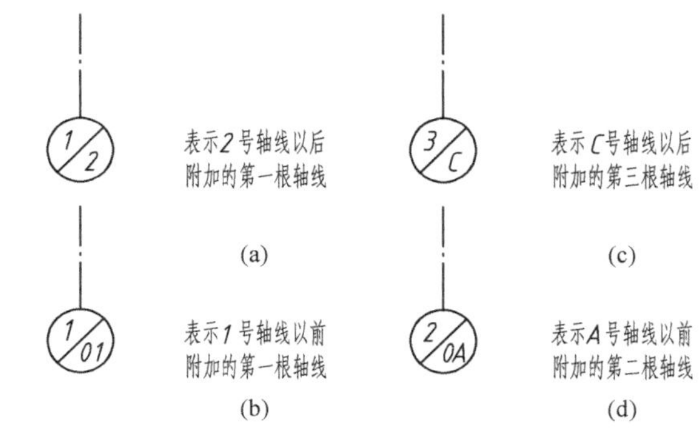

图4.20 附加轴线的表达方法

一个详图适用于几根定位轴线时，应同时注明有关轴线的编号，如图4.21所示。

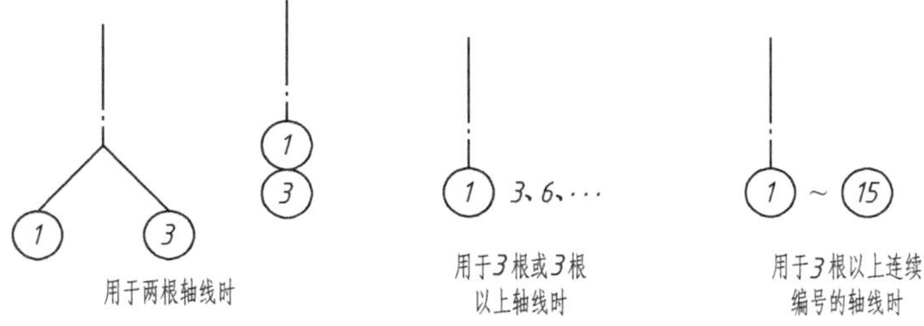

图4.21 详图的轴线编号

2. 标高

标高有绝对标高和相对标高两种。

绝对标高：把青岛附近黄海的平均海平面定为绝对标高的零点，其他各地标高都以它作为基准。如在总平面图中的室外整平标高▼2.75，即为绝对标高。

相对标高：在建筑物的施工图上要注明许多标高，如果全用绝对标高，不但数字烦琐，而且不容易直接得出各部分的高差。因此除总平面图外，一般都采用相对标高，即把底层室内主要的地坪标高定为相对标高的零点，标注为▽±0.000，而在建筑工程图的总说明中说明相对标高和绝对标高的关系，再根据当地附近的水准点(绝对标高)测定拟建工程的底层地面标高。

标高用来表示建筑物各部位的高度。标高符号为“▽—”和“△—”，用细实线画出，短横线是需注高度的界线，长横线之上或之下注出标高数字，例如▽2.900，△-0.300。小三角形高约3mm，是等腰直角三角形，标高符号的尖端，应指至被注的高度。在同一图纸上的标高符号，应上下对正，大小相等。

总平面图上的标高符号，宜用涂黑的三角形表示，标高数字可注写在黑三角形的右上方，如▼2.75，也可注写在黑三角形的上方或右侧。

标高数字以m为单位，注写到小数点以后第三位(在总平面图中可注写到小数点后第2位)。零点标高应注写成±0.000，正数标高不注“+”，负数标高应注“-”，例如3.000、-0.600。

3. 索引符号与详图符号

施工图中某一部位或某一构件如另有详图，则可画在同一张图纸内，也可画在其他有关的图纸上。为了便于查找，可通过索引符号和详图符号来反映该部位或构件与详图及有关专业图纸之间的关系。

1) 索引符号

索引符号如图4.22所示，是用粗实线画出来的，圆的直径为10mm。当索引出的详图与被索引的图在同一张图纸内时，在上半圆中用阿拉伯数字注出该详图的编号，在下半圆中间画一段水平细实线；当索引出的详图与被索引的图不在同一张图纸内时，在下半圆中用阿拉伯数字注出该详图所在图纸的编号。当索引出的详图采用标准图时，在圆的水平直径延长线上加注标准图册编号。

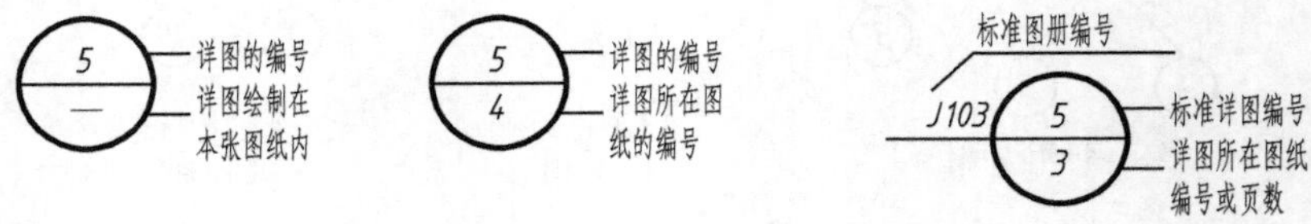

图4.22 索引符号

索引的详图是局部剖视(或断面)详图时，索引符号在引出线的一侧加画一剖切位置线，引出线在剖切位置线的哪一侧，就表示向该侧投影射(图4.23)。

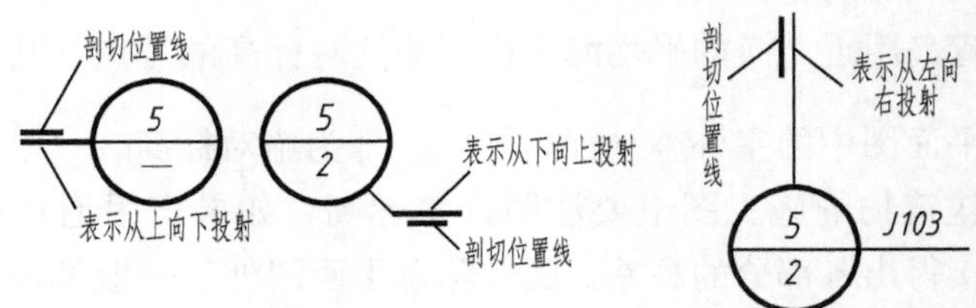

图4.23 索引剖视详图的索引符号

2）详图符号

详图符号如图 4.24 所示，是用粗实线画出来的，圆的直径为 14mm。当圆内只用阿拉伯数字注明详图的编号时，说明该详图与被索引图样在同一张图纸内；若详图与被索引的图样不在同一张图纸内，则可用细实线在详图符号内画一水平直径，在上半圆内注明详图纸编号，在下半圆中注明被索引图样的图纸编号。

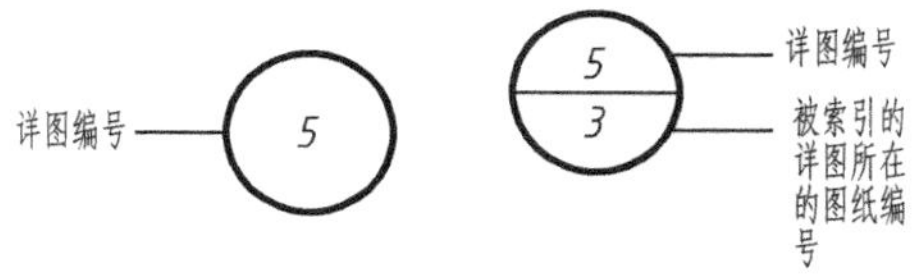

图 4.24　详图符号

要注意的是图中需要另画详图的部位应编上索引号，并把另画的详图编上详图号，两者之间须对应一致，以便查找。

4. 其他符号

1）引出线

建筑物的某些部位需要用文字或详图加以说明时，可用引出线(细实线)从该部位引出。引出线用水平方向的直线，或与水平方向成 30°、45°、60°、90°的直线，或经上述角度再折为水平的折线。文字说明可注写在横线的上方[图 4.25(a)]，也可注写在横线的端部[图 4.25(b)]，索引详图的引出线，应对准索引符号的圆心[图 4.25(c)]。

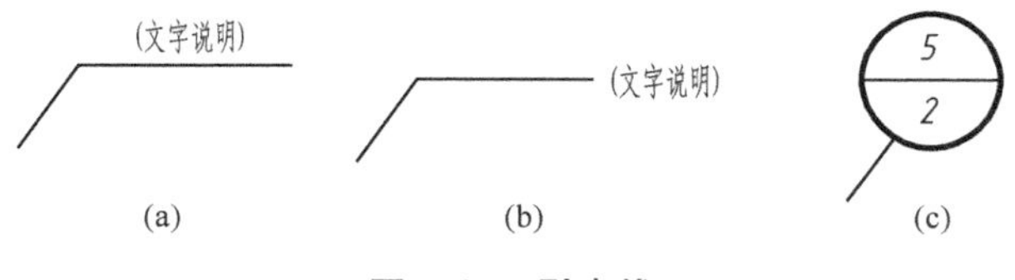

图 4.25　引出线

同时引出几个相同部分的引出线可画成平行线[图 4.26(a)]，也可画成集中于一点的放射线[图 4.26(b)]。

图 4.26　共用引出线

用于多层构造的共同引出线，应通过被引出的多层构造，文字说明可注写在横线的上方，也可注写在横线的端部。说明的顺序自上至下，与被说明的各层要相互一致。若层次为横向排列，则由上至下的说明顺序要与由左至右的各层相互一致(图 4.27)。

2）对称符号

如构配件的图形为对称图形，绘图时可画对称图形的一半，并用细点划线画出对称符号，对称符号如图 4.28 所示。符号中平行线的长度为 6～10mm，平行线的间距宜为 2～3mm，平行线在对称线两侧的长度应相等。

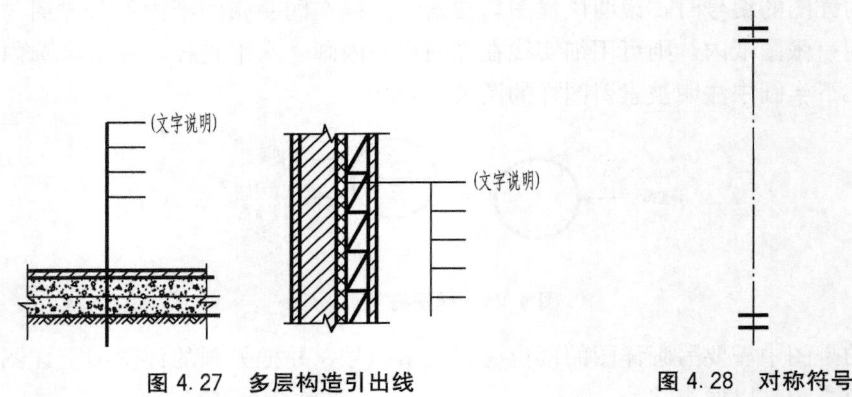

图 4.27　多层构造引出线　　　　图 4.28　对称符号

3）连接符号与指北针

一个构配件，如绘制位置不够，可分成几个部分绘制，并用连接符号表示。连接符号以折断线表示需要连接的部位，并在折断线两端靠图样一侧，用大写拉丁字母表示连接编号，两个被连接的图样，必须用相同的字母编号，如图 4.29 所示。

指北针符号的形状如图 4.30 所示，圆用细实线绘制，其直径为 24mm，指北针尾部的宽度宜为 3mm。

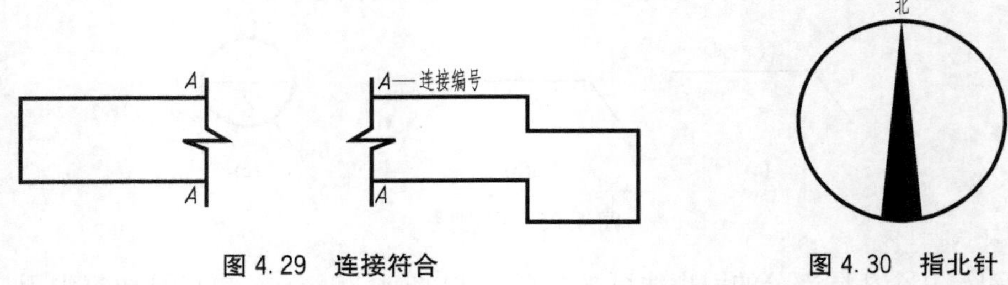

图 4.29　连接符合　　　　图 4.30　指北针

本章小结

本章是学习建筑工程图识读与绘制课程应首先具备的基础知识和理论，也是全书的重点内容之一。掌握和了解这些基本规定对于识读、绘制和应用建筑工程施工图具有极为重要的意义。

建筑工程施工图按专业分为建筑施工图、结构施工图和设备施工图 3 大类。一栋房屋的全套施工图的编排顺序是：图纸目录、建筑设计总说明、总平面图、建施、结施、水施、暖施、电施。

建筑工程施工图的图线、比例、构件及配件图例等内容的识读与绘制，应遵循画法几何的投影原理、《房屋建筑制图统一标准》(GB/T 50001—2010)和《房屋建筑CAD制图统一规则》(GB/T 18112—2010)。

建筑工程施工图中常用的符号，如索引符号、详图符号、引出线、定位轴线、标高等，其用途、含义及画法都应掌握，为后续建筑工程施工图的识读与绘制做好铺垫。

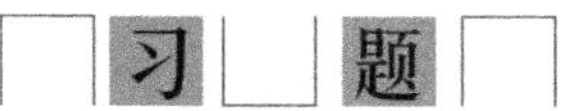

1. 建筑工程施工图有什么作用？包括哪些内容？
2. 规范中对于图线的线型、宽度是怎样规定的？主要用在何处？
3. 熟悉建筑构造和配件的图例。
4. 索引符号和详图符号是如何规定的？并举例说明如何使用。
5. 定位轴线用什么图线表示？如何编写轴线编号？
6. 标高的符号是如何规定的？
7. 什么是绝对标高？什么是相对标高？各用在何处？
8. 对称线、指北针怎么表示？

第5章

建筑施工图

教学目标

通过了解建筑图的内容和相关的表达方法，掌握建筑总平面图的图示内容及作用，掌握建筑平面图、建筑立面图、建筑剖面图、详图的图示内容、画法与识读方法，为后续专业课程的学习奠定良好的基础。

教学要求

能力目标	知识要点	权重	自测分数
了解建筑图识读的基本知识	建筑施工图的分类	10%	
	建筑施工图构件及配件图例	5%	
	图线和比例	5%	
掌握建筑平面图的图示内容及作用	识读并绘制建筑总平面图	10%	
	识读并绘制建筑平面图	10%	
掌握建筑立面图的图示内容及作用	识读建筑立面图	10%	
	绘制建筑立面图	10%	
掌握建筑剖面图的图示内容及作用	识读建筑剖面图	10%	
	绘制建筑剖面图	10%	
掌握建筑详图的图示内容及作用	识读建筑详图	10%	
	绘制建筑详图	10%	

章节导读

房屋施工图是用来表达建筑物构配件的组成、外形轮廓、平面布置、建筑构造以及装饰、尺寸、材料做法等的工程图纸，是组织施工和编制预、决算的依据。

建造一幢房屋从设计到施工，要由许多专业和不同工种工程共同配合来完成。按专业分工不同，可分为：建筑施工图(简称建施)、建筑施工图(简称结施)、电气施工图(简称电施)、给排水施工图(简称水施)、采暖通风与空气调节(简称空施)及装饰施工图(简称装施)。

本章所讨论的是建筑施工图的基本知识和如何识读并绘制主要的建筑施工图纸，以任务驱动的方式，让读者在学习情境中更好地理解本章的内容，培养正确识读建筑施工图的能力。

引例

建筑施工图：主要用来表达建筑设计的内容，即表示建筑物的总体布局、外部造型、内部布置、内外装饰、细部构造及施工要求。它包括首页图、总平面图、建筑平面图、立面图、剖面图和建筑详图等。本章主要向大家介绍建筑施工图的内容，通过本章的学习，为以后进一步的学习打下良好的基础。

5.1 建筑施工图概述

5.1.1 建筑施工图的分类和内容

1. 建筑施工图的分类

建筑施工图主要包括建筑施工图的图纸目录、建筑施工说明、总平面图、立面图、剖面图、建筑构件详图等。

2. 建筑施工图的内容

建筑施工图：主要用来表达建筑设计的内容，即表示建筑物的总体布局、外部造型、内部布置、内外装饰、细部构造及施工要求。它包括首页图、总平面图、建筑平面图、立面图、剖面图和建筑详图等。

特别提示

建筑施工图是房屋施工图重要的组成部分之一，正确识读建筑施工图，对编制施工组织计划和编制工程预算具有重要的作用。

5.1.2 施工图首页

施工图首页一般由图纸目录、设计总说明、构造做法表及门窗表组成。

1. 图纸目录

图纸目录放在一套图纸的最前面，说明本工程的图纸类别、图号编排、图纸名称和备注等，以方便图纸的查阅。某住宅楼的施工图图纸目录，见表5-1。该住宅楼共有建筑施工图12张，结构施工图4张，电气施工图2张。

表5-1 某住宅楼的施工图图纸目录

图别	图号	图纸名称	备注	图别	图号	图纸名称	备注
建筑	01	设计说明、门窗表		建施	10	1—1剖面图	
建施	02	车库平面图		建施	11	大样图一	
建施	03	一～五层平面图		建施	12	大样图二	
建施	04	六层平面图		结施	01	基础结构平面布置图	
建施	05	阁楼层平面图		结施	02	标准层结构平面布置图	
建施	06	屋顶平面图		结施	03	屋顶结构平面布置图	
建施	07	①～⑩轴立面图		结施	05	柱配筋图	
建施	08	⑩～①轴立面图		电施	01	一层电气平面布置图	
建施	09	侧立面图		电施	02	二层电气平面布置图	

2. 设计总说明

主要说明工程的概况和总的要求。内容包括工程设计依据(如工程地质、水文、气象资料)，设计标准(建筑标准、结构荷载等级、抗震要求、耐火等级、防水等级)，建设规模(占地面积、建筑面积)，工程做法(墙体、地面、楼面、屋面等的做法)及材料要求。

下面是某住宅楼设计说明举例。

(1) 本建筑为某房地产公司经典生活住宅小区工程，有9栋，共6层，住宅楼底层为车库，总建筑面积3263.36m^2，基底面积538.33m^2。

(2) 本工程为二类建筑，耐火等级二级，抗震设防烈度六度。

(3) 本建筑定位见总图；相对标高±0.000相对于绝对标高值见总图。

(4) 本工程合理使用50年；屋面防水等级Ⅱ级。

(5) 本设计各图除注明外，标高以m计，平面尺寸以mm计。

(6) 本图未尽事宜，请按现行有关规范规程施工。

(7) 墙体材料及做法：砌体结构选用材料除满足本设计外，还必须配合当地建设行政部门政策要求。地面以下或防潮层以下的砌体，潮湿房间的墙，采用 MU10 黏土多孔砖和 M7.5 水泥砂浆砌筑，其余按要求选用。

骨架结构中的填充砌体均不作承重用，其材料选用按表 5－2。

表 5－2　填充墙材料选用表

砌体部分	适用砌块名称	墙厚	砌块强度等级	砂浆强度等级	备　注
外围护墙	黏土多孔砖	240	MU10	M5	砌块容重$<16\text{kN/m}^3$
卫生间墙	黏土多孔砖	120	MU10	M5	砌块容重$<16\text{kN/m}^3$
楼梯间墙	混凝土空心砌块	240	MU5	M5	砌块容重$<10\text{kN/m}^3$

所用混合砂浆均为石灰水泥混合砂浆。

外墙做法：烧结多孔砖墙面，40 厚聚苯颗粒保温砂浆，5.0 厚耐碱玻纤网布抗裂砂浆，外墙涂料见立面图。

3. 构造做法表

构造做法表是以表格的形式对建筑物各部位构造、做法、层次、选材、尺寸、施工要求等的详细说明。某住宅楼工程做法，见表 5－3。

表 5－3　构造做法表

名　称	构造做法	施工范围
水泥砂浆地面	素土夯实	一层地面
	30 厚 C10 混凝土垫层随捣随抹	
	干铺一层塑料膜	
	20 厚 1∶2 水泥砂浆面层	
卫生间楼地面	钢筋混凝土结构板上 15 厚 1∶2 水泥砂浆找平	卫生间
	刷基层处理剂一遍，上做 2 厚布四涂氯丁沥青防水涂料，四周沿墙上翻 150mm 高	
	15 厚 1∶3 水泥砂浆保护层	
	1∶6 水泥炉渣填充层，最薄处 20 厚 C20 细石混凝土找坡 1%	
	15 厚 1∶3 水泥砂浆抹平	

4. 门窗表

门窗表反映门窗的类型、编号、数量、尺寸规格、所在标准图集等相应内容，以备工程施工、结算所需。表 5－4 所示为某住宅楼门窗表。

表5-4 门窗表

类别	门窗编号	标准图号	图集编号	洞口尺寸/mm		数量	备　注
				宽	高		
门	M1	98ZJ681	GJM301	900	2100	78	木门
	M2	98ZJ681	GJM301	800	2100	52	铝合金推拉门
	MC1	见大样图	无	3000	2100	6	铝合金推拉门
	JM1	甲方自定	无	3000	2000	20	铝合金推拉门
窗	C1	见大样图	无	4260	1500	6	断桥铝合金中空玻璃窗
	C2	见大样图	无	1800	1500	24	断桥铝合金中空玻璃窗
	C3	98ZJ721	PLC70—44	1800	1500	7	断桥铝合金中空玻璃窗
	C4	98ZJ721	PLC70—44	1500	1500	10	断桥铝合金中空玻璃窗
	C5	98ZJ721	PLC70—44	1500	1500	20	断桥铝合金中空玻璃窗
	C6	98ZJ721	PLC70—44	1200	1500	24	断桥铝合金中空玻璃窗
	C7	98ZJ721	PLC70—44	900	1500	48	断桥铝合金中空玻璃窗

特别提示

识读建筑施工图的时候应注意读图的顺序，先把握整体，再熟悉局部，完整地读懂一幅建筑施工图的内容。

5.2 建筑总平面图

5.2.1 总平面图的形成和用途

总平面图是将拟建工程附近一定范围内的建筑物、构筑物及其自然状况，用水平投影方法和相应的图例画出的图样，主要是表示新建房屋的位置、朝向，与原有建筑物的关系，周围道路、绿化布置及地形地貌等内容，是新建房屋施工定位、土方施工，以及绘制水、暖、电等管线总平面图和施工总平面图的依据。

总平面的比例一般为1∶500、1∶1000、1∶2000等。

5.2.2 总平面图的图示内容

(1) 拟建建筑的定位。拟建建筑的定位有3种方式：第一种是利用新建筑与原有建筑或道路中心线的距离确定新建筑的位置；第二种是利用施工坐标确定新建建筑的位置；第三种是利用大地测量坐标确定新建建筑的位置。

(2) 拟建建筑、原有建筑物的位置、形状。在总平面图上将建筑物分成5种情况，即新建建筑物、原有建筑物、计划扩建的预留地或建筑物、拆除的建筑物和新建的地下建筑物或构筑物，阅读总平面图时，要区分哪些是新建建筑物，哪些是原有建筑物。在设计中，为了清楚表示建筑物的总体情况，一般还在总平面图中建筑物的右上角以点数或数字表示楼房层数。

(3) 附近的地形情况。一般用等高线表示，由等高线可以分析出地形的高低起伏情况。

(4) 道路。主要表示道路位置、走向及与新建建筑的联系等。

(5) 风向频率玫瑰图。风玫瑰用于反映建筑场地范围内常年主导风向和六、七、八月3个月的主导风向(虚线表示)，共有16个方向，图中实线表示全年的风向频率，虚线表示夏季(六、七、八月3个月)的风向频率。风由外面吹过建设区域中心的方向称为风向。风向频率是在一定的时间内某一方向出现风向的次数占总观察次数的百分比。

(6) 树木、花草等的布置情况。

(7) 喷泉、凉亭、雕塑等的布置情况。

5.2.3 建筑总平面图图例符号

要能熟练识读建筑总平面图，必须熟悉常用的建筑总平面图图例符号，常用建筑总平面图图例符号如图5.1所示。

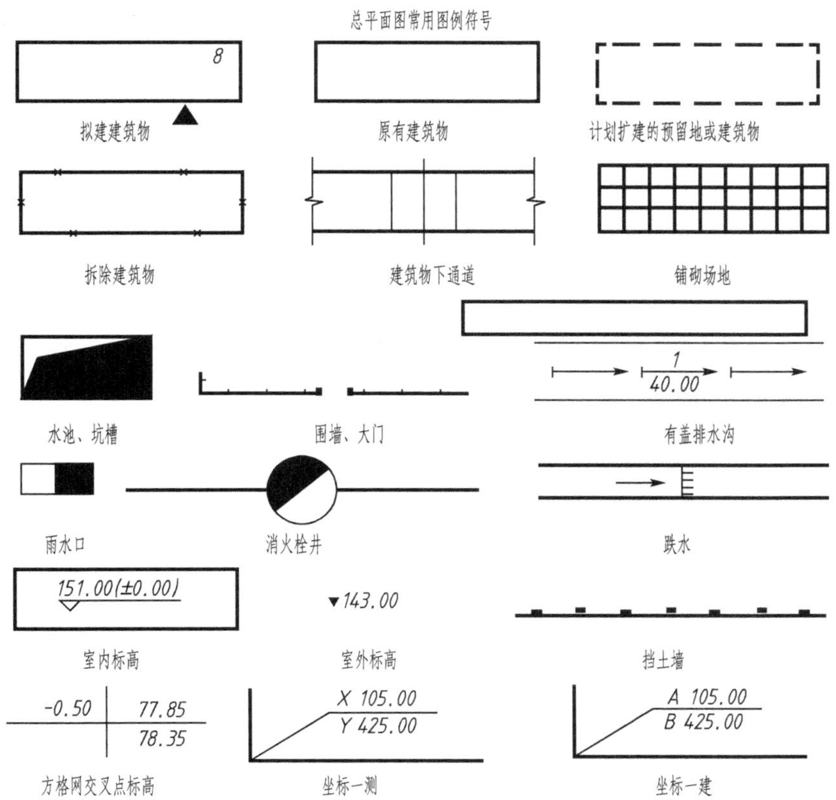

图5.1 常用建筑总平面图图例符号

5.2.4　总平面图的识图示例

如图 5.2 所示为某企业拟建科研综合楼及生产车间，均坐东朝西，拟建筑于比较平坦

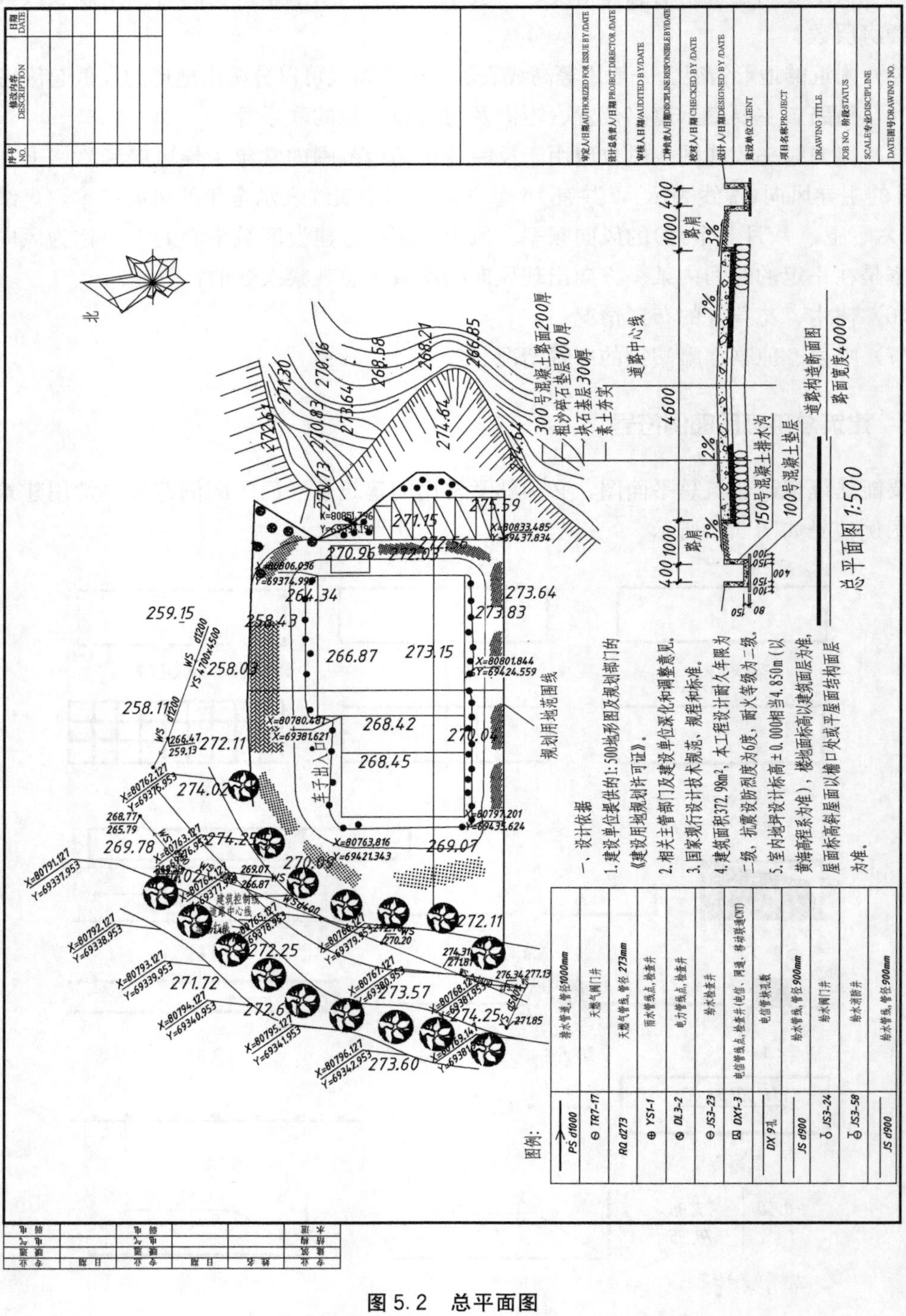

图 5.2　总平面图

的某山脚下，科研综合楼为 4 层，室内地坪绝对标高为 67.45m，相对标高为±0.000，生产车间为两层，室内地坪绝对标高为 67.45m，相对标高为±0.000；科研综合楼有一个朝西主出入口，生产车间有一个朝西主出入口，一个朝南次要出入口及一个朝北次要出入口。建筑物的西侧有一条 7m 宽的主干道，主干道两侧分别是 2.5m 宽的绿化带，生产车间的北面设有一水池，七道生态停车位及一座高低压配电室，一道山体护坡；该场地常年主导风向为西北风。

5.3 建筑平面图

5.3.1 建筑平面图的形成和用途

建筑平面图，简称平面图，它是假想用一水平剖切平面将房屋沿窗台以上适当部位剖切开来，对剖切平面以下部分所做的水平投影图。平面图通常用 1∶50、1∶100、1∶200 的比例绘制，它反映出房屋的平面形状、大小和房间的布置、墙(或柱)的位置、厚度、材料、门窗的位置、大小、开启方向等情况，作为施工时放线、砌墙、安装门窗、室内外装修及编制预算等的重要依据，如图 5.3 所示。

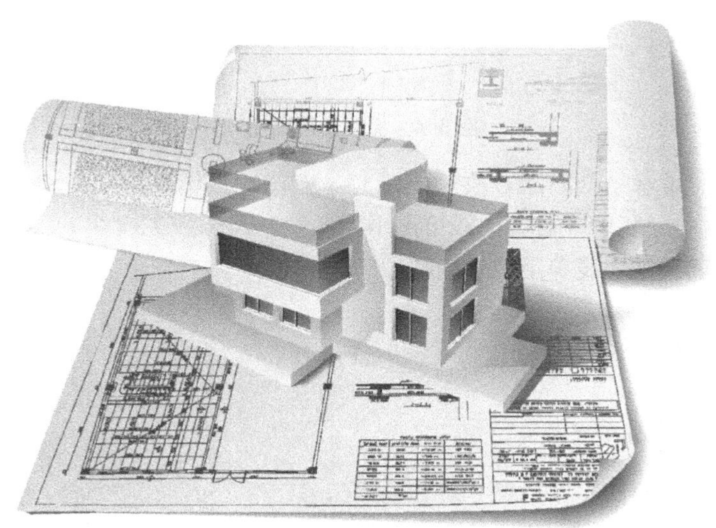

图 5.3 建筑平面图的形成

5.3.2 建筑平面图的图示方法

当建筑物各层的房间布置不同时，应分别画出各层平面图；若建筑物的各层布置相同，则可以用两个或三个平面图表达，即只画底层平面图和楼层平面图(或顶层平面图)。此时楼层平面图代表了中间各层相同的平面，故称标准层平面图，如图 5.4 所示。

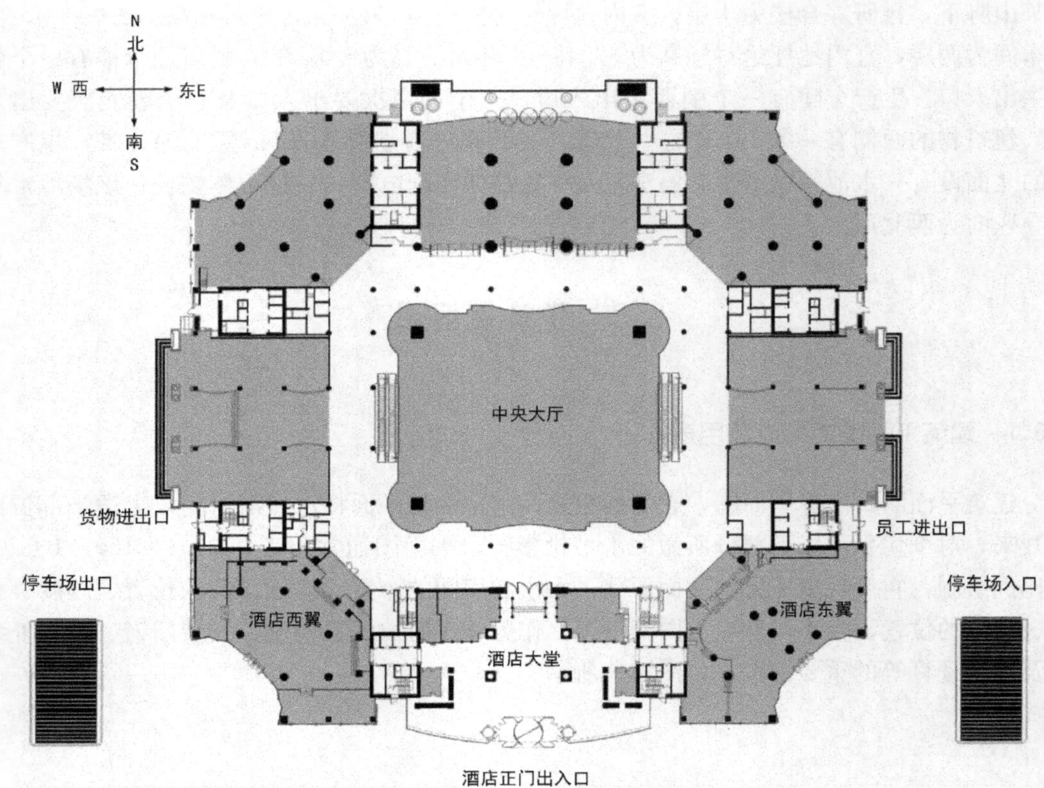

图 5.4 标准层平面图

因建筑平面图是水平剖面图，故在绘制时，应按剖面图的方法绘制，被剖切到的墙、柱轮廓用粗实线(b)，门的开启方向线可用中粗实线($0.5b$)或细实线($0.25b$)，窗的轮廓线以及其他可见轮廓和尺寸线等用细实线($0.25b$)表示。

5.3.3 建筑平面图的图示内容

1. 底层平面图的图示内容

(1) 表示建筑物的墙、柱位置并对其轴线编号。
(2) 表示建筑物的门、窗位置及编号。
(3) 注明各房间名称及室内外楼地面标高。
(4) 表示楼梯的位置及楼梯上下行方向及级数、楼梯平台标高。
(5) 表示阳台、雨篷、台阶、雨水管、散水、明沟、花池等的位置及尺寸。
(6) 表示室内设备(如卫生器具、水池等)的形状、位置。
(7) 画出剖面图的剖切符号及编号。
(8) 标注墙厚、墙段、门、窗、房屋开间、进深等各项尺寸。
(9) 标注详图索引符号。

规范规定：图样中的某一局部或构件，如需另见详图，应以索引符号索引。索引符号是由直径为 10mm 的圆和水平直径组成，圆和水平直径均应以细实线绘制。

索引符号按下列规定编写。

① 索引出的详图，如与被索引的详图同在一张图纸内，应在索引符号的上半圆中用阿拉伯数字注明该详图的编号，并在下半圆中间画一段水平细实线，如图 5.5(a)所示。

② 索引出的详图，如与被索引的详图不同在一张图纸内，应在索引符号的上半圆中用阿拉伯注明该详图的编号，在索引符号的下半圆中阿拉伯数字注明该详图所在图纸的编号。数字较多时，可加文字标注，如图 5.5(b)所示。

③ 索引出的详图，如采用标准图，应在索引符号水平直径的延长线上加注该标准图册的编号。如图 5.5(c)所示。

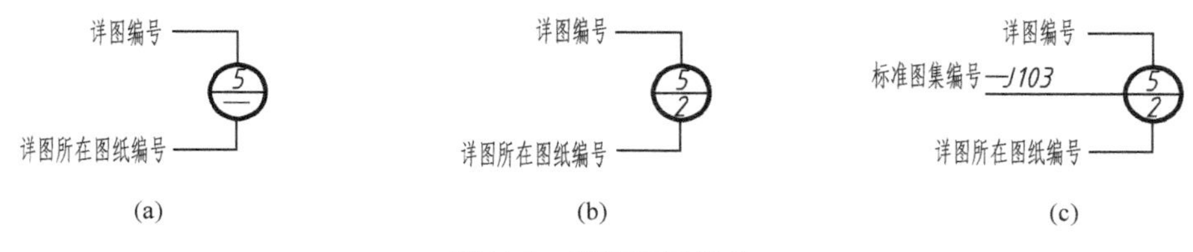

图 5.5　详图索引符号

详图的位置和编号，应以详图符号表示。详图符号的圆应以直径为 14mm 粗实线绘制。详图应按下列规定编号。

① 图与被索引的图样同在一张图纸内时，应在详图符号内用阿拉伯数字注明详图的编号，如图 5.6(a)所示。

② 详图与被索引的图样不在同一张图纸内时，应用细实线在详图符号内画一水平直径，在上半圆中注明详图编号，在下半圆中注明被索引的图纸的编号，如图 5.6(b)所示。

图 5.6　详图符号

(10) 画出指北针。指北针常用来表示建筑物的朝向。指北针外圆直径为 24mm，采用细实线绘制，指北针尾部宽度为 3mm，指北针头部应注明“北”或“N”字。

2. 标准层平面图的图示内容

(1) 表示建筑物的门、窗位置及编号。

(2) 注明各房间名称、各项尺寸及楼地面标高。

(3) 表示建筑物的墙、柱位置并对其轴线编号。

(4) 表示楼梯的位置及楼梯上下行方向、级数及平台标高。

(5) 表示阳台、雨篷、雨水管的位置及尺寸。

(6) 表示室内设备(如卫生器具、水池等)的形状、位置。

(7) 标注详图索引符号。

3. 屋顶平面图的图示内容

屋顶檐口、檐沟、屋顶坡度、分水线与落水口的投影，出屋顶水箱间、上人孔、消防梯及其他构筑物、索引符号等。

5.3.4 建筑平面图的图例符号

阅读建筑平面图应熟悉常用图例符号，如图 5.7 所示从规范中摘录的部分图例符号，读者可参见 GB/T 50001—2007《房屋建筑制图统一标准》(GB/T 50001—2010)。

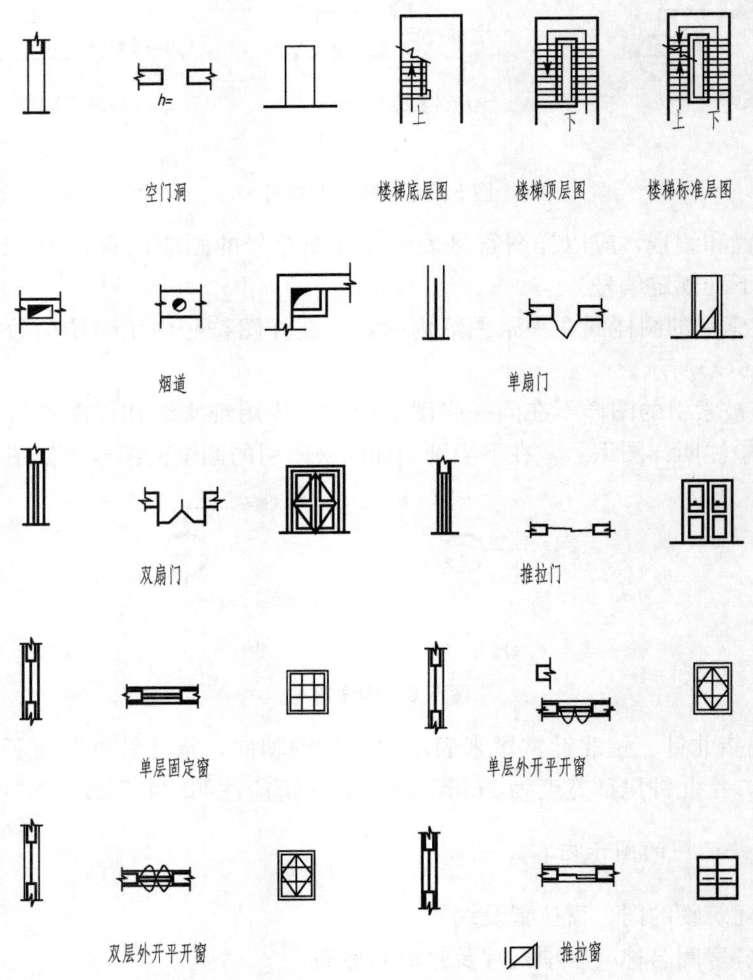

图 5.7 建筑平面图常用图例符号

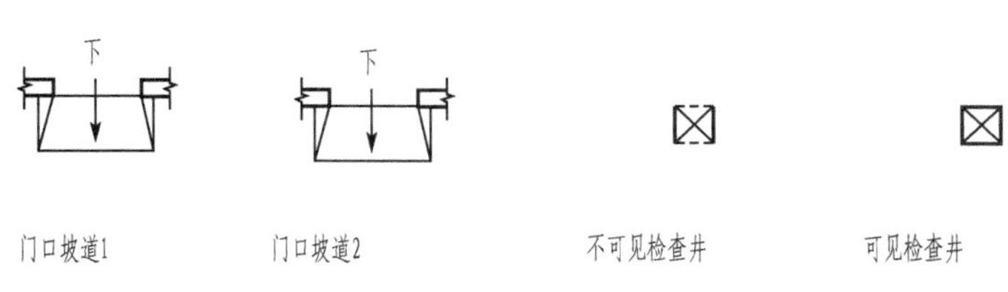

图 5.7 建筑平面图常用图例符号(续)

5.3.5 建筑平面图的识读举例

本建筑平面图分底层平面图(图 5.8)、标准层平面图(图 5.9)及屋顶平面图(图 5.10)。从图中可知比例均为 1∶100，从图名可知是哪一层平面图。从底层平面图的指北针可知该建筑物朝向为坐北朝南；同时可以看出，该建筑为一字形对称布置，主要房间为卧室，内墙厚 240mm，外墙厚 370mm。本建筑设有一间门厅，一个楼梯间，中间有 1.8m 宽的内走廊，每层有一间厕所，一间盥洗室。有两种门，三种类型的窗。房屋开间为 3.6m，进深为 5.1m。从屋顶平面图可知，本建筑屋顶是坡度为 3%的平屋顶，两坡排水，南、北向设有宽为 600mm 的外檐沟，分别布置有 3 根落水管，非上人屋面。剖面图的剖切位置在楼梯间处。

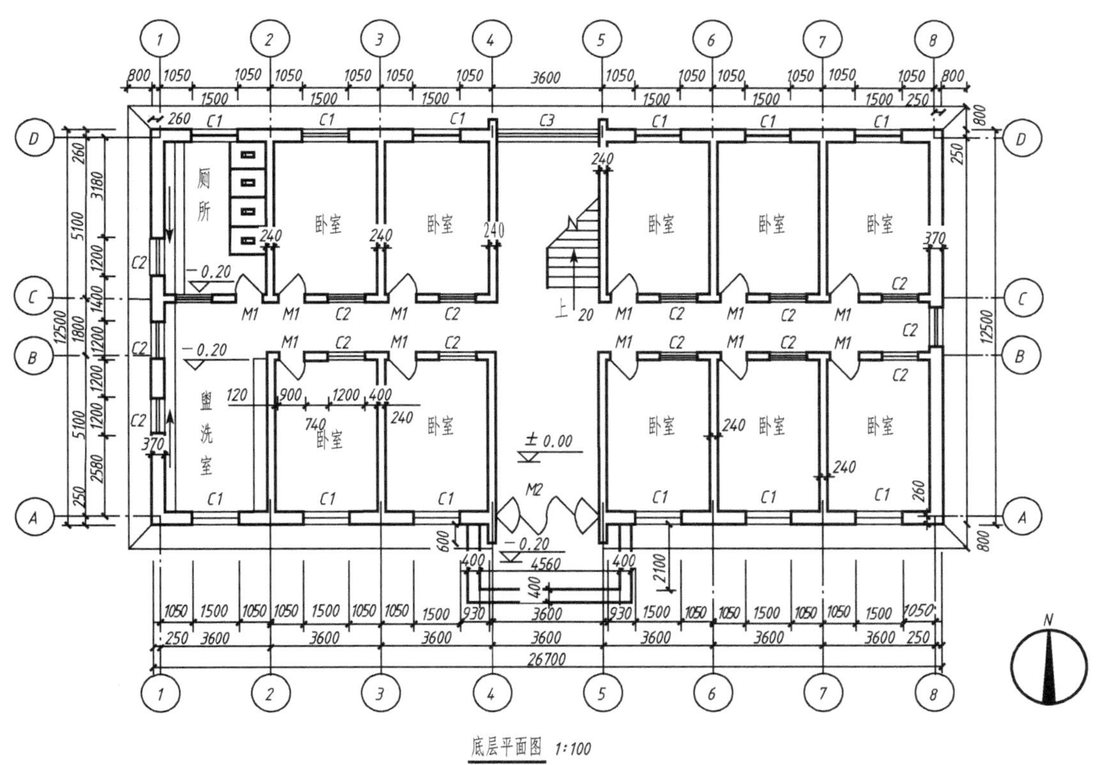

图 5.8 底层平面图

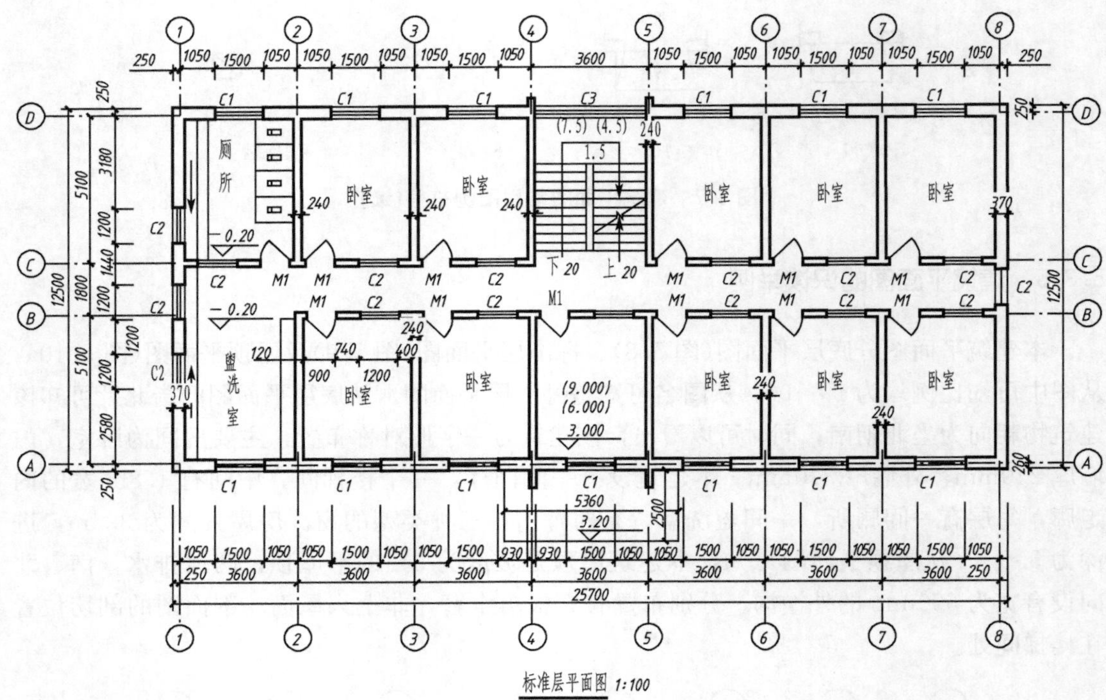

图 5.9　标准层平面图

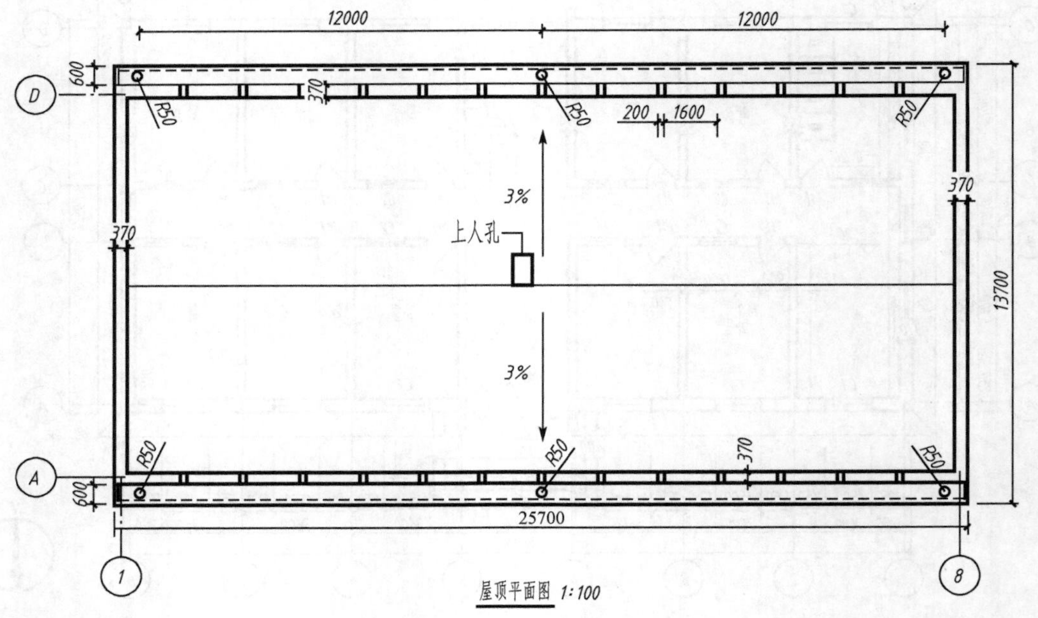

图 5.10　屋顶平面图

5.3.6 建筑平面图的绘制方法和步骤

如图 5.11 所示，建筑平面图的绘制方法和步骤如下。

(1) 绘制墙身定位轴线及柱网，如图 5.11(a)所示。

(2) 绘制墙身轮廓线、柱子、门窗洞口等各种建筑构配件，如图 5.11(b)所示。

(3) 绘制楼梯、台阶、散水等细部，如图 5.11(c)所示。

(4) 检查全图无误后，擦去多余的线条，按建筑平面图的要求加深加粗，并进行门窗编号，画出剖面图剖切位置线等，如图 5.11(d)所示。

(5) 尺寸标注。一般应标注三道尺寸，第一道尺寸为细部尺寸，第二道为轴线尺寸，第三道为总尺寸。

(6) 图名、比例及其他文字内容。汉字写长仿宋字：图名字高一般为 7～10 号字，图内说明字一般为 5 号字。尺寸数字字高通常用 3.5 号字。字形要工整、清晰不潦草。

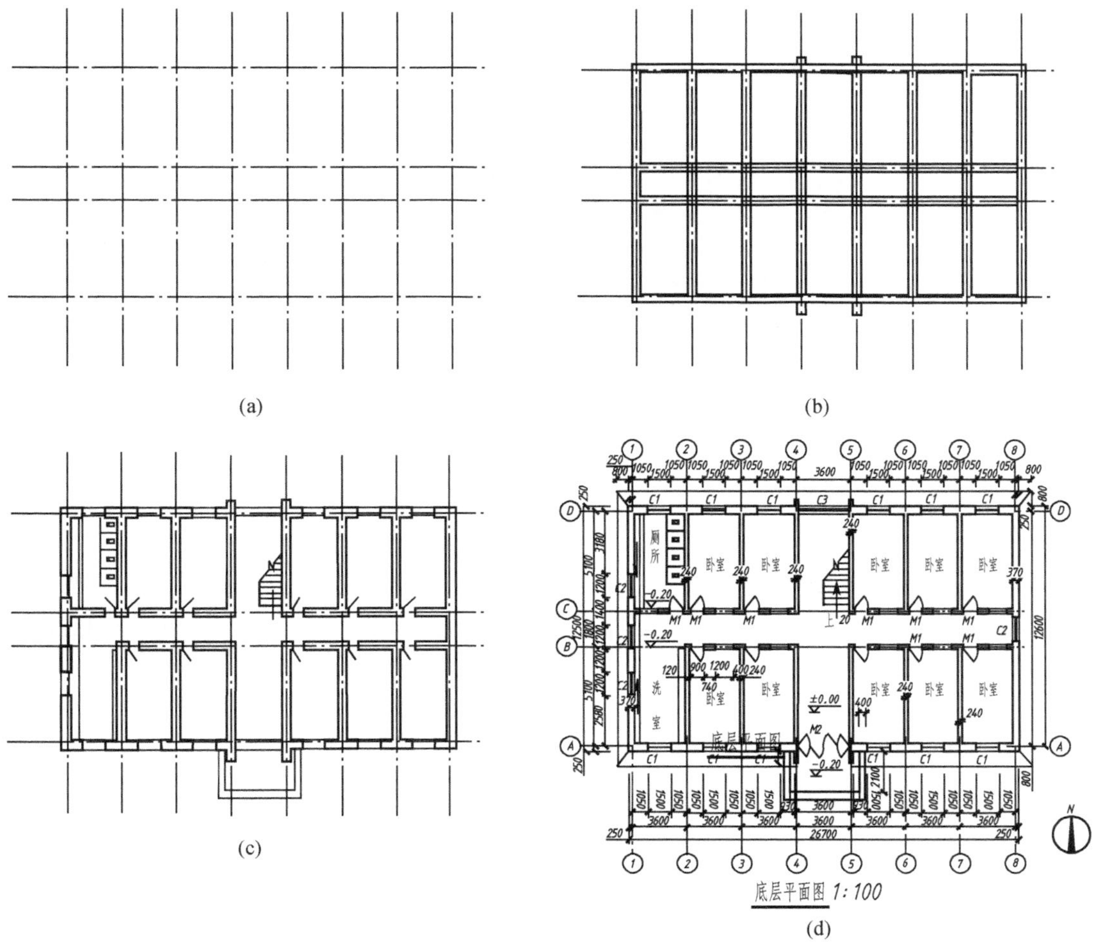

图 5.11 平面图的画法

5.4 建筑立面图

5.4.1 建筑立面图的形成与作用

建筑立面图简称立面图，它是在与房屋立面平行的投影面上所做的房屋正投影图。它主要反映房屋的长度、高度、层数等外貌和外墙装修构造。它的主要作用是确定门窗、檐口、雨篷、阳台等的形状和位置及指导房屋外部装修施工和计算有关预算工程量，如图5.12所示。

图5.12 建筑立面效果

5.4.2 建筑立面图的图示方法及其命名

1. 建筑立面图的图示方法

为使建筑立面图主次分明、图面美观，通常将建筑物不同部位采用粗细的线型来表示。最外轮廓线画粗实线(b)，室外地坪线用加粗实线($1.4b$)，所有突出部位如阳台、雨篷、线脚、门窗洞等用中实线($0.5b$)，其余部分用细实线($0.35b$)表示。

2. 立面图的命名

立面图的命名方式有3种。

(1) 用房屋的朝向命名，如南立面图、北立面图等。

(2) 根据主要出入口命名，如正立面图、背立面图、侧立面图。

(3) 用立面图上首尾轴线命名，如①～⑧轴立面图、⑧～①立面图。

立面图的比例一般与平面图相同。

5.4.3 建筑立面图的图示内容

（1）室外地坪线及房屋的勒脚、台阶、花池、门窗、雨篷、阳台、室外楼梯、墙、柱、檐口、屋顶、雨水管等内容。

（2）尺寸标注。用标高标注出各主要部位的相对高度，如室外地坪、窗台、阳台、雨篷、女儿墙顶、屋顶水箱间及楼梯间屋顶等的标高。同时用尺寸标注的方法标注立面图上的细部尺寸、层高及总高。

（3）建筑物两端的定位轴线及其编号。

（4）外墙面装修。有的用文字说明，有的用详图索引符号表示。

5.4.4 建筑立面图的识读举例

如图 5.13 所示，本建筑立面图的图名为①～⑧立面图，比例为 1∶100，两端的定位轴线编号分别为①、⑧轴；室内外高差为 0.3m，层高 3m，共有 4 层，窗台高 0.9m；在建筑的主要出入口处设有一悬挑雨篷，有一个二级台阶，该立面外形规则，立面造型简单，外墙采用 100×100 黄色釉面瓷砖饰面，窗台线条用 100×100 白色釉面瓷砖点缀，金黄色琉璃瓦檐口；中间用墙垛形成竖向线条划分，使建筑给人一种高耸感。

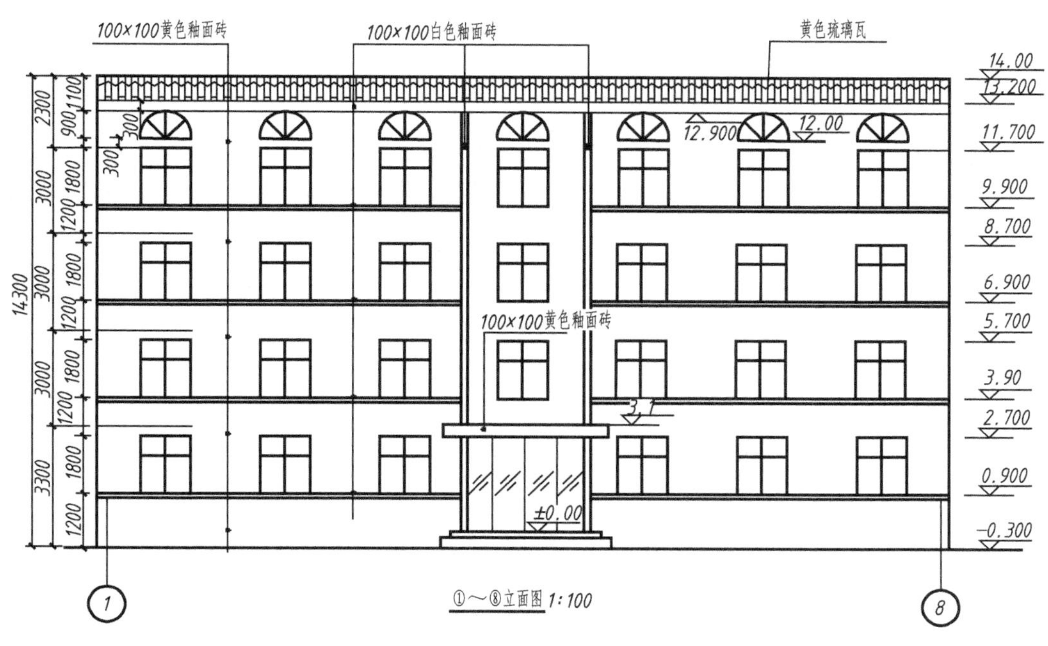

图 5.13 ①～⑧立面图

5.4.5 建筑立面图的绘图方法和步骤

如图 5.14 所示，建筑立面图的绘图方法和步骤如下。

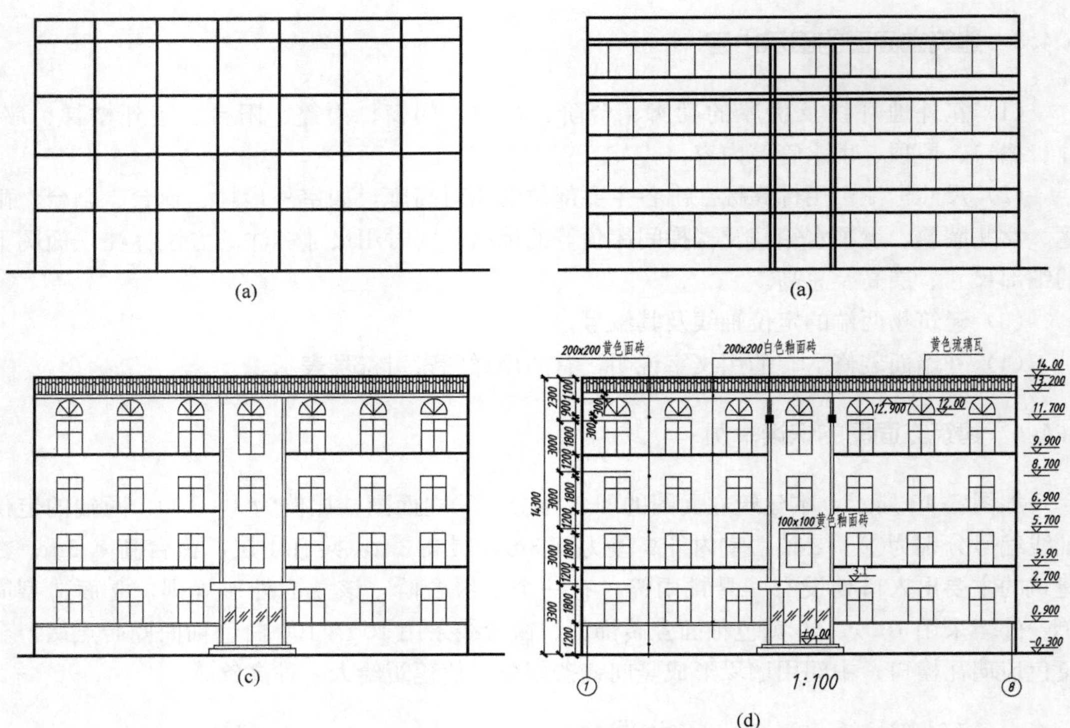

图 5.14　立面图的画法

(1) 室外地坪线、定位轴线、各层楼面线、外墙边线和屋檐线，如图 5.14(a)所示。

(2) 画各种建筑构配件的可见轮廓，如门窗洞、楼梯间、墙身及其暴露在外墙外的柱子，如图 5.14(b)所示。

(3) 画门窗、雨水管、外墙分割线等建筑物细部，如图 5.14(c)所示。

(4) 画尺寸界线、标高数字、索引符号和相关注释文字。

(5) 尺寸标注。

(6) 检查无误后，按建筑立面图所要求的图线加深、加粗，并标注标高、首尾轴线号、墙面装修说明文字、图名和比例，说明文字用 5 号字。如图 5.14(d)所示。

5.5　建筑剖面图

5.5.1　建筑剖面图的形成与作用

建筑剖面图简称剖面图，它是假想用一铅垂剖切面将房屋剖切开后移去靠近观察者的部分，做出剩下部分的投影图。

剖面图用以表示房屋内部的结构或构造方式，如屋面(楼、地面)形式、分层情况、材料、做法、高度尺寸及各部位的联系等。它与平、立面图互相配合用于计算工程量，指导各层楼板和屋面施工、门窗安装和内部装修等，如图 5.15 所示。

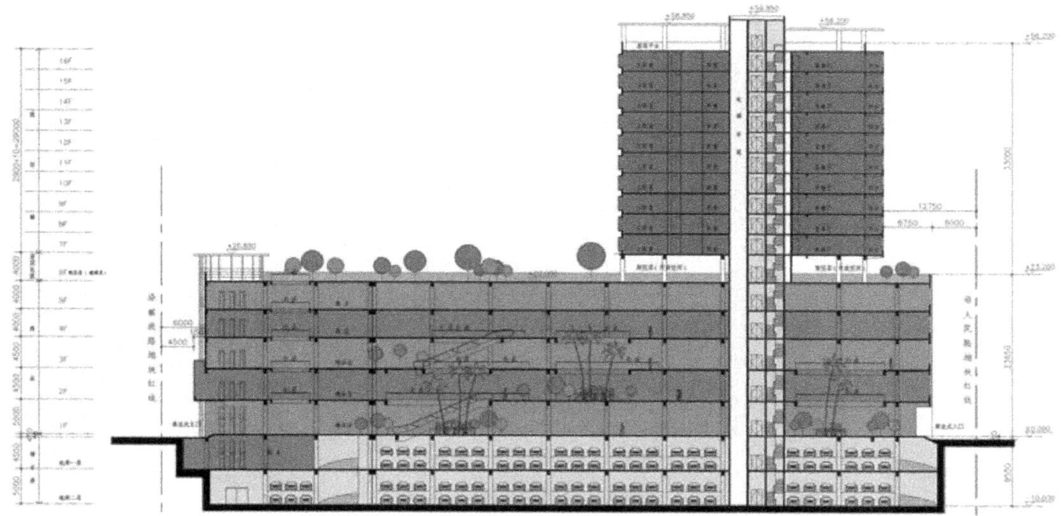

图 5.15 建筑剖面图

剖面图的数量是根据房屋的复杂情况和施工实际需要决定的；剖切面的位置要选择在房屋内部构造比较复杂、有代表性的部位，如门窗洞口和楼梯间等位置，并应通过门窗洞口。剖面图的图名符号应与底层平面图上剖切符号相对应。

5.5.2 建筑剖面图的图示内容

(1) 必要的定位轴线及轴线编号。

(2) 剖切到的屋面、楼面、墙体、梁等的轮廓及材料做法。

(3) 建筑物内部分层情况及竖向、水平方向的分隔。

(4) 即使没被剖切到，但在剖视方向可以看到的建筑物构配件。

(5) 屋顶的形式及排水坡度。

(6) 标高及必须标注的局部尺寸。

(7) 必要的文字注释。

5.5.3 建筑剖面图的识读方法

(1) 结合底层平面图阅读，对应剖面图与平面图的相互关系，建立起建筑内部的空间概念。

(2) 结合建筑设计说明或材料做法表，查阅地面、墙面、楼面、顶棚等的装修做法。

(3) 根据剖面图尺寸及标高，了解建筑层高、总高、层数及房屋室内外地面高差。如图 5.16 所示，本建筑层高 3m，总高 14m，4 层，房屋室内外地面高差 0.3m。

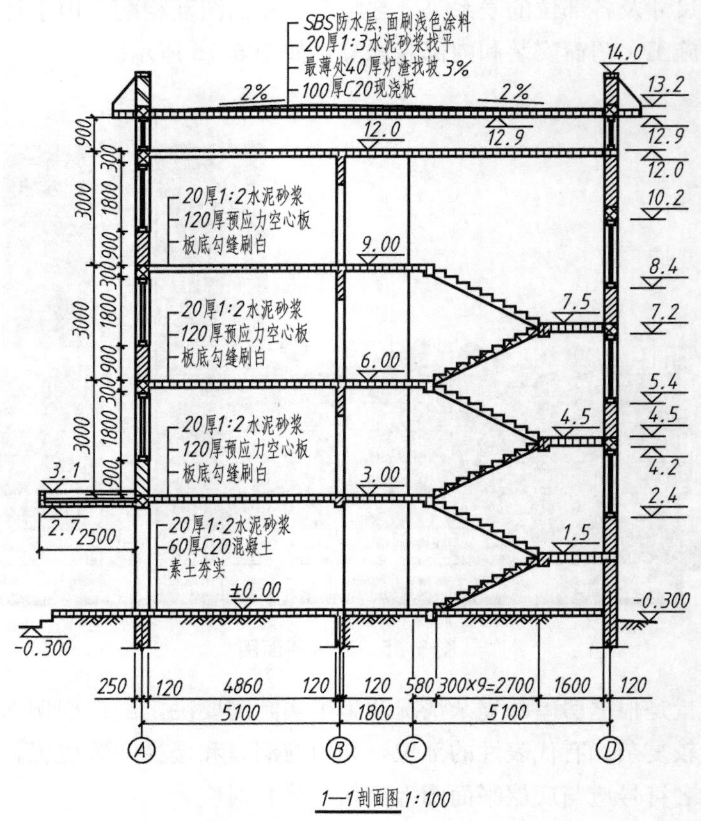

图 5.16 1—1 剖面图

(4) 了解建筑构配件之间的搭接关系。

(5) 了解建筑屋面的构造及屋面坡度的形成。该建筑屋面为架空通风隔热、保温屋面，材料找坡，屋顶坡度 3%，设有外伸 600mm 的天沟，属于有组织排水。

(6) 了解墙体、梁等承重构件的竖向定位关系，如轴线是否偏心。该建筑外墙厚 370mm，向内偏心 90mm，内墙厚 240mm，无偏心。

5.5.4 建筑剖面图的绘制方法和步骤

(1) 画地坪线、定位轴线、各层的楼面线、楼面，如图 5.17(a)所示。

(2) 画剖面图门窗洞口位置、楼梯平台、女儿墙、檐口及其他可见轮廓线，如图 5.17(b)所示。

(3) 画各种梁的轮廓线及断面。

(4) 画楼梯、台阶及其他可见的细节构件，并且绘出楼梯的材质。

(5) 画尺寸界线、标高数字和相关注释文字。

(6) 画索引符号及尺寸标注，如图 5.17(c)所示。

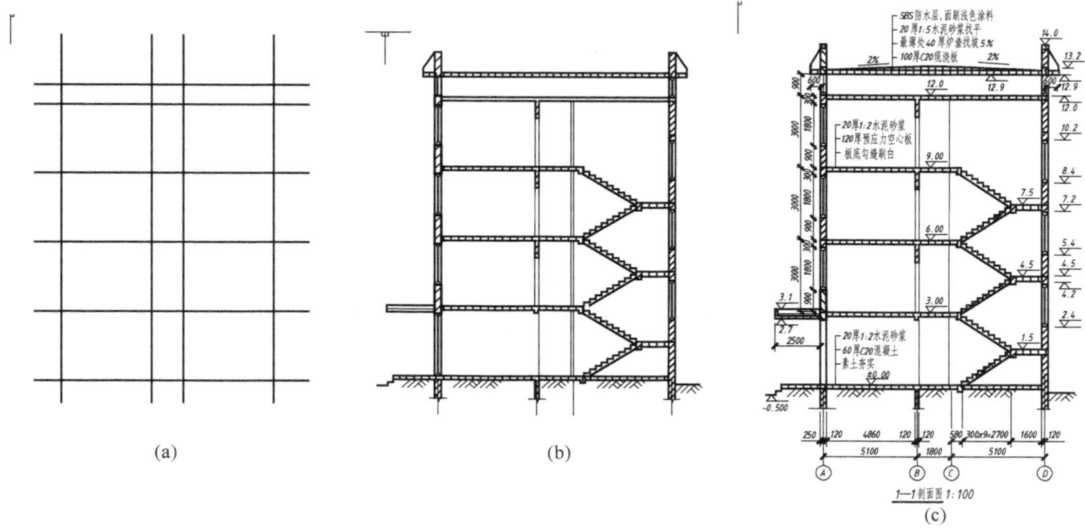

(a) (b) (c)

图 5.17 建筑剖面图的画法

5.6 建筑详图

5.6.1 外墙身详图

墙身详图也叫墙身大样图，实际上是建筑剖面图的有关部位的局部放大图。它主要表达墙身与地面、楼面、屋面的构造连接情况，以及檐口、门窗顶、窗台、勒脚、防潮层、散水、明沟的尺寸、材料、做法等构造情况，是砌墙、室内外装修、门窗安装、编制施工预算及材料估算等的重要依据。有时在外墙详图上引出分层构造，注明楼地面、屋顶等的构造情况，而在建筑剖面图中省略不标。

外墙剖面详图往往在窗洞口处断开，因此在门窗洞口处出现双折断线(该部位图形高度变小，但标注的窗洞竖向尺寸不变)，成为几个节点详图的组合。在多层房屋中，若各层的构造情况一样时，可只画墙脚、檐口和中间层(含门窗洞口)三个节点，按上下位置整体排列。有时墙身详图不以整体形式布置，而把各个节点详图分别单独绘制，也称为墙身节点详图。

1. 墙身详图的图示内容

墙身详图的图示内容如下。

(1) 墙身的定位轴线及编号，墙体的厚度、材料及其本身与轴线的关系。

(2) 勒脚、散水节点构造。主要反映墙身防潮做法、首层地面构造、室内外高差、散水做法，一层窗台标高等，如图 5.18～图 5.20 所示。

图 5.18　建筑室外散水

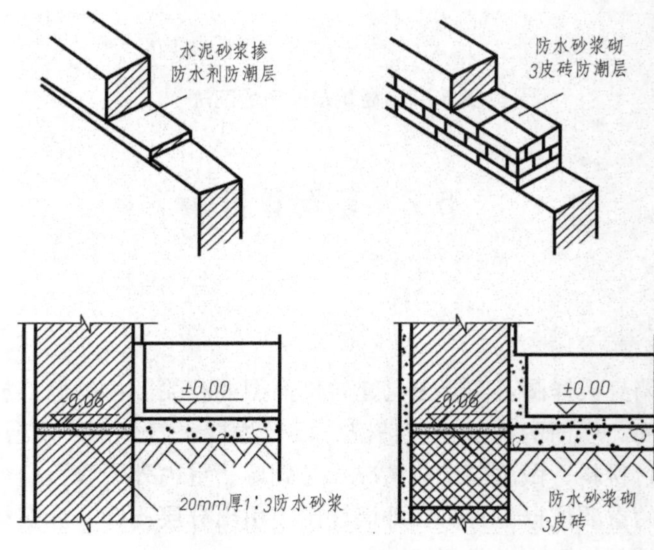

图 5.19　墙身防潮层

图 5.20　室内外高差(台阶)

(3) 标准层楼层节点构造。主要反映标准层梁、板等构件的位置及其与墙体的联系，构件表面抹灰、装饰等内容，如图 5.21～图 5.26 所示。

图 5.21 标准层梁

图 5.22 楼板结构

图 5.23 墙面抹灰

图 5.24　装修吊顶工程

图 5.25　装修隔墙工程

图 5.26　装修地面工程

(4) 檐口部位节点构造。主要反映檐口部位包括封檐构造(如女儿墙或挑檐)、圈梁、过梁、屋顶泛水构造、屋面保温、防水做法和屋面板等结构构件，如图 5.27～图 5.33 所示。

图 5.27 屋顶檐口

图 5.28 女儿墙

图 5.29 圈梁

图 5.30　过梁

图 5.31　屋顶泛水

图 5.32　屋顶保温层

图 5.33　屋面防水

(5) 图中的详图索引符号等。

2. 墙身详图的阅读举例

(1) 如图 5.34 所示，该墙体为Ⓐ轴外墙、厚度 370mm。

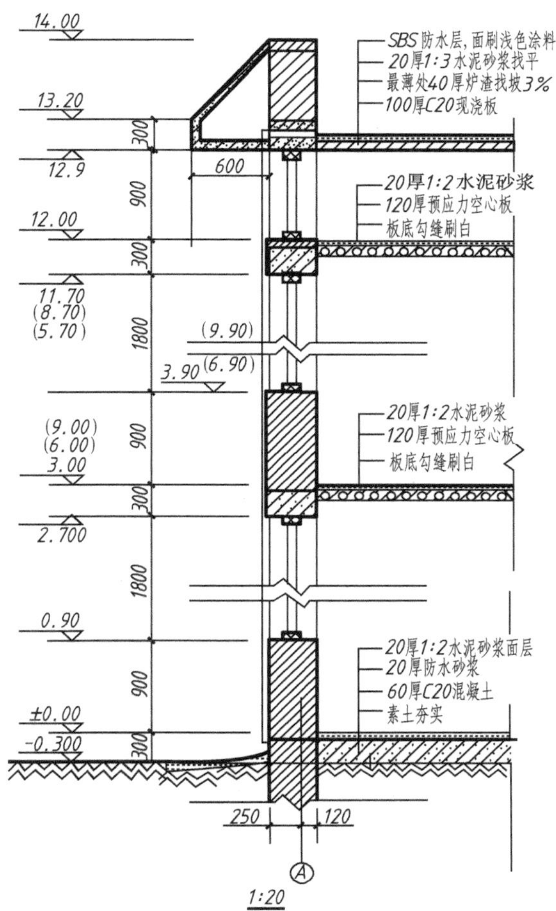

图 5.34　墙身节点详图

（2）室内外高差为0.3m，墙身防潮采用20mm防水砂浆，设置于首层地面垫层与面层交接处，一层窗台标高为0.9m，首层地面做法从上至下依次为20厚1：2水泥砂浆面层，20厚防水砂浆一道，60厚混凝土垫层，素土夯实。

（3）标准层楼层构造为20厚1：2水泥砂浆面层，120厚预应力空心楼板，板底勾缝刷白；120厚预应力空心楼板搁置于横墙上；标准层楼层标高分别为3m、6m、9m。

（4）屋顶采用架空900mm高的通风屋面，下层板为120厚预应力空心楼板，上层板为100厚C20现浇钢筋混凝土板；采用SBS柔性防水，刷浅色涂料保护层；檐口采用外天沟，挑出600mm，为了使立面美观，外天沟用斜向板封闭，并外贴金黄色琉璃瓦。

5.6.2 楼梯详图

楼梯详图主要表示楼梯的类型和结构形式。楼梯是由楼梯段、休息平台、栏杆或栏板组成。楼梯详图主要表示楼梯的类型、结构形式、各部位的尺寸及装修做法等，是楼梯施工放样的主要依据。

楼梯详图一般分建筑详图与结构详图，应分别绘制并编入建筑施工图和结构施工图中。对于一些构造和装修较简单的现浇钢筋混凝土楼梯，其建筑详图与结构详图可合并绘制，编入建筑施工图或结构施工图。

楼梯的建筑详图一般有楼梯平面图、楼梯剖面图及踏步数和栏杆等节点详图。

1. 楼梯平面图

楼梯平面图实际上是在建筑平面图中楼梯间部分的局部放大图，如图5.35所示。

楼梯平面图通常要分别画出底层楼梯平面图、顶层楼梯平面图及中间各层的楼梯平面图。当中间各层的楼梯位置、楼梯数量、踏步数、梯段长度都完全相同时，可以只画一个中间层楼梯平面图，这种相同的中间层的楼梯平面图称为标准层楼梯平面图。在标准层楼梯平面图中的楼层地面和休息平台上应标注出各层楼面及平台面相应的标高，其次序应由下而上逐一注写。

楼梯平面图主要表明梯段的长度和宽度、上行或下行的方向、踏步数和踏面宽度、楼梯休息平台的宽度、栏杆扶手的位置及其他一些平面形状。

楼梯平面图中，楼梯段被水平剖切后，其剖切线是水平线，而各级踏步也是水平线，为了避免混淆，剖切处规定画45°折断符号，首层楼梯平面图中的45°折断符号应以楼梯平台板与梯段的分界处为起始点画出，使第一梯段的长度保持完整。

楼梯平面图中，梯段的上行或下行方向是以各层楼地面为基准标注的。向上者称为上行，向下者称为下行，并用长线箭头和文字在梯段上注明上行、下行的方向及踏步总数。

在楼梯平面图中，除注明楼梯间的开间和进深尺寸、楼地面和平台面的尺寸及标高外，还需注出各细部的详细尺寸。通常用踏步数与踏步宽度的乘积来表示梯段的长度。通常三个平面图画在同一张图纸内，并互相对齐，这样既便于阅读，又可省略标注一些重复的尺寸。

1）楼梯平面图的读图方法

（1）了解楼梯或楼梯间在房屋中的平面位置。如图 5.35 所示，楼梯间位于Ⓒ～Ⓓ轴与④～⑤轴之间。

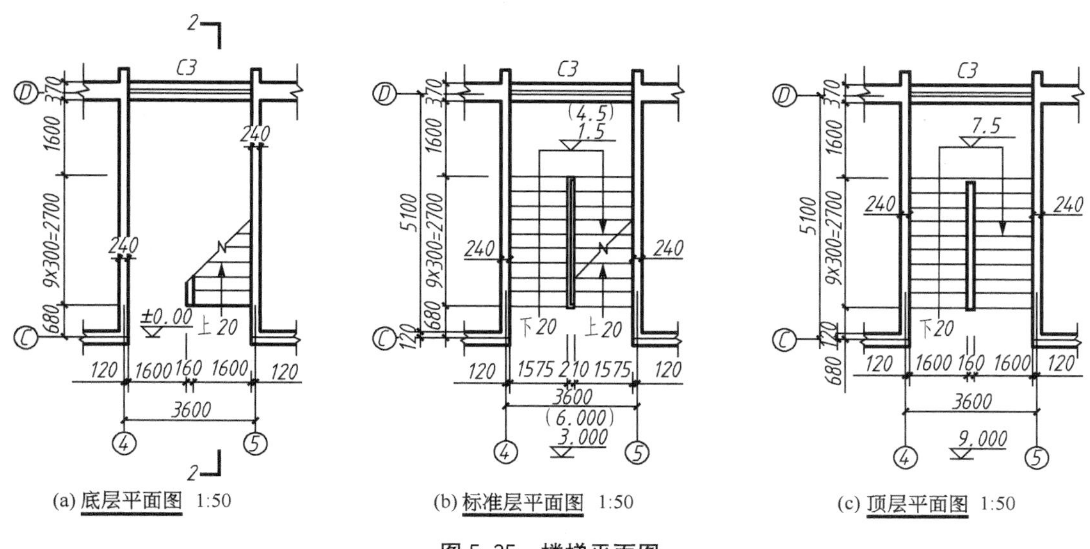

(a) 底层平面图 1:50　　(b) 标准层平面图 1:50　　(c) 顶层平面图 1:50

图 5.35　楼梯平面图

（2）熟悉楼梯段、楼梯井和休息平台的平面形式、位置、踏步的宽度和踏步的数量。本建筑楼梯为等分双跑楼梯，楼梯井宽 160mm，梯段长 2700mm、宽 1600mm，平台宽 1600mm，每层 20 级踏步。

（3）了解楼梯间处的墙、柱、门窗平面位置及尺寸。本建筑楼梯间处承重墙宽 240mm，外墙宽 370mm，外墙窗宽 3240mm。

（4）看清楼梯的走向及楼梯段起步的位置。楼梯的走向用箭头表示。

（5）了解各层平台的标高。本建筑一、二、三层平台的标高分别为 1.5m、4.5m、7.5m。

（6）在楼梯平面图中了解楼梯剖面图的剖切位置。

2）楼梯平面图的画法

（1）根据楼梯间的开间、进深尺寸，画楼梯间定位轴线、墙身及楼梯段、楼梯平台的投影位置，如图 5.36(a)所示。

（2）用平行线等分楼梯段，画出各踏面的投影，如图 5.36(b)所示。

（3）画出栏杆、楼梯折断线、门窗等细部内容，并画出定位轴线，标出尺寸、标高和楼梯剖切符号等。

（4）写出图名、比例、说明文字等，如图 5.36(c)所示。

2. 楼梯剖面图

楼梯剖面图实际上是在建筑剖面图中楼梯间部分的局部放大图，如图 5.37 所示。

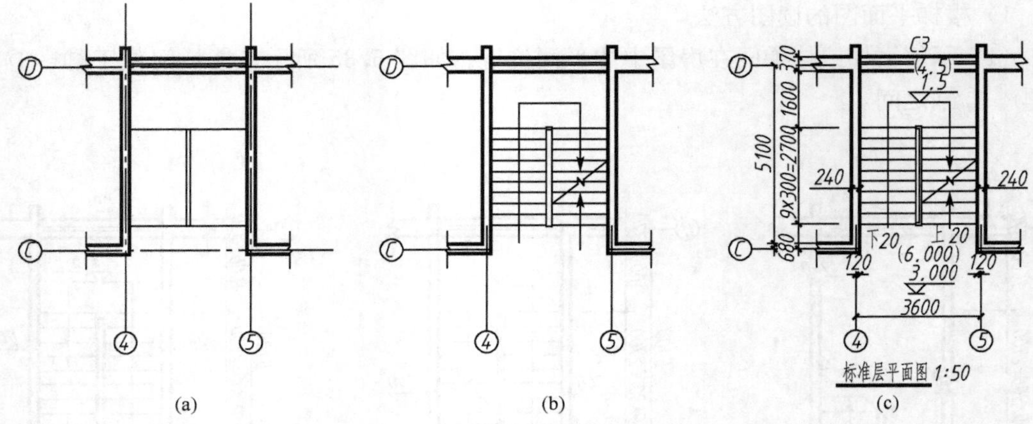

(a) (b) (c)

图 5.36 楼梯平面图的画法

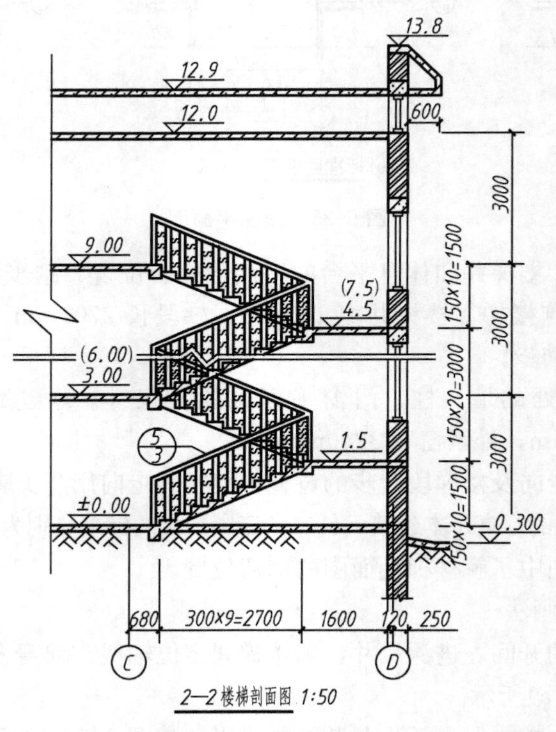

图 5.37 楼梯剖面图

楼梯剖面图能清楚地注明各层楼（地）面的标高，楼梯段的高度、踏步的宽度和高度、级数及楼地面、楼梯平台、墙身、栏杆、栏板等的构造做法及其相对位置。

表示楼梯剖面图的剖切位置的剖切符号应在底层楼梯平面图中画出。剖切平面一般应通过第一剖，并位于能剖到门窗洞口的位置上，剖切后向未剖到的梯段进行投影。

在多层建筑中，若中间层楼梯完全相同时，楼梯剖面图可只画出底层、中间层、顶层的楼梯剖面，在中间层处用折断线符号分开，并在中间层的楼面和楼梯平台面上注写适用于其他中间层楼面的标高。若楼梯间的屋面构造做法没有特殊之处，一般不再画出。

在楼梯剖面图中，应标注楼梯间的进深尺寸及轴线编号，各梯段和栏杆、栏板的高度尺寸，楼地面的标高及楼梯间外墙上门窗洞口的高度尺寸和标高。梯段的高度尺寸可用级数与踢面高度的乘积来表示，应注意的是级数与踏面数相差为1，即踏面数＝级数－1。

1）楼梯剖面图的读图方法

(1) 了解楼梯的构造形式。如图5.37所示，该楼梯为双跑楼梯，现浇钢筋混凝土制作。

(2) 熟悉楼梯在竖向和进深方向的有关标高、尺寸和详图索引符号。该楼梯为等跑楼梯，楼梯平台标高分别为1.5m、4.5m、7.5m。

(3) 了解楼梯段、平台、栏杆、扶手等相互间的连接构造。

(4) 明确踏步的宽度、高度及栏杆的高度。该楼梯踏步宽300mm，踢面高150mm，栏杆的高度为1100mm。

2）楼梯剖面图的画法

(1) 画定位轴线及各楼面、休息平台、墙身线，如图5.38(a)所示。

(2) 确定楼梯踏步的起点，用平行线等分的方法，画出楼梯剖面图上各踏步的投影，如图5.38(b)所示。

(3) 擦去多余线条，画楼地面、楼梯休息平台、踏步板的厚度及楼层梁、平台梁等其他细部内容，如图5.38(c)所示。

(4) 检查无误后，加深、加粗并画详图索引符号，最后标注尺寸、图名等，如图5.38(d)所示。

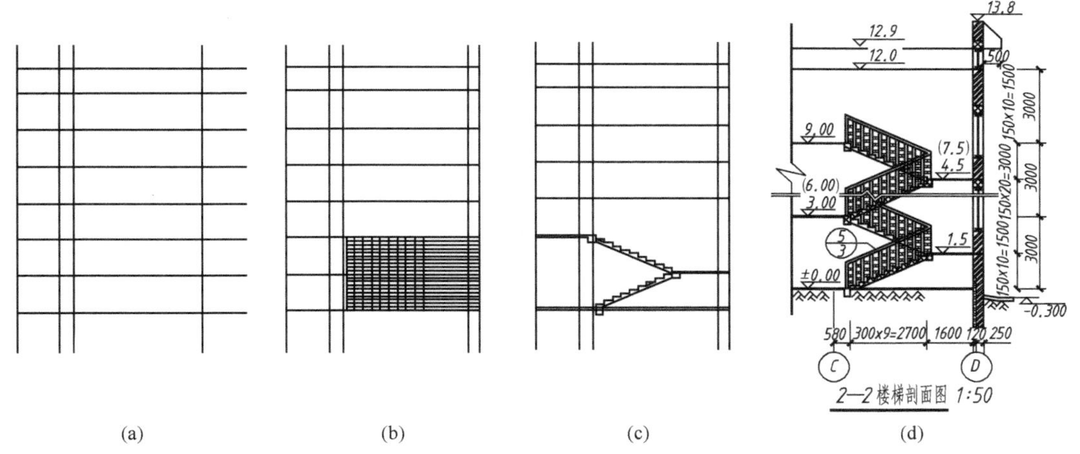

图5.38 楼梯剖面图的画法

3. 楼梯节点详图

楼梯节点详图主要是指栏杆详图、扶手详图及踏步详图。它们分别用索引符号与楼梯平面图或楼梯剖面图联系。

踏步详图表明踏步的截面尺寸、大小、材料及面层的做法。如图5.39所示楼梯踏步的踏面宽300mm，踢面高150mm；现浇钢筋混凝土楼梯，面层为1∶3水泥砂浆找平。

栏板与扶手详图主要表明栏板及扶手的形式、大小、所用材料及其与踏步的连接等情况。如图5.39所示楼梯扶手采用ϕ50无缝钢管，面刷黑色调和漆；栏杆用ϕ18圆钢制成，与踏步用预埋钢筋通过焊接连接。楼梯构造详图如图5.40～图5.42所示。

4. 其他详图

在建筑结构设计中，对大量重复出现的构配件，如门窗(图5.43)、台阶(图5.44)、面层做法等，通常采用标准设计，即由国家或地方编制一般建筑常用的构、配件详图，供设计人员选用，以减少不必要的重复劳动。在读图时要学会查阅这些标准图集。

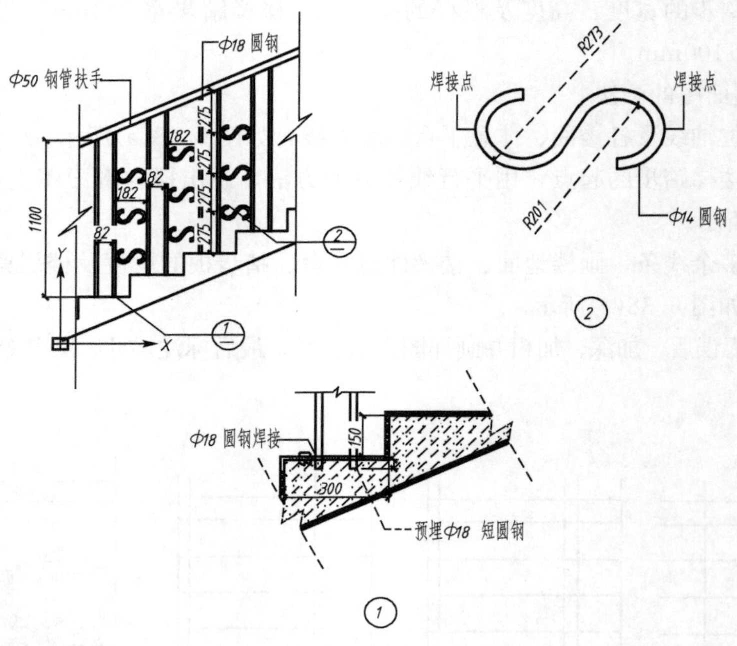

图5.39 楼梯栏杆

图5.40 楼梯栏杆

图 5.41 楼梯踏步及防滑条

图 5.42 楼梯结构

图 5.43 安装门窗

图 5.44　台阶

本章小结

本章主要介绍了建筑总平面图、平面图、立面图、剖面图、详图及工业建筑施工图的作用、图示内容、画法及识读方法。房屋施工图是用来表达建筑物构配件的组成、外形轮廓、平面布置、结构构造及装饰、尺寸、材料做法等的工程图纸，是组织施工和编制预算的依据。要求掌握的内容如下。

（1）掌握建筑施工图的分类。

（2）掌握施工图首页的构成及作用。

（3）掌握建筑总平面图的图示内容及作用。

（4）掌握建筑平面图、建筑立面图、建筑剖面图的作用、图示内容、画法及识读方法。

（5）掌握建筑详图的作用、图示内容、画法及识读方法。

（6）掌握工业厂房建筑施工图的图示内容、画法及识读方法。

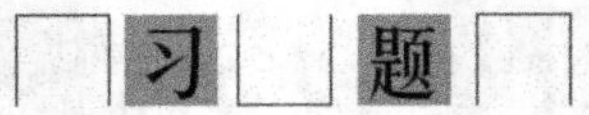

习题

1. 简述结构施工图的分类和内容。

2. 钢筋的分类和作用是什么？钢筋代号的含义是什么？

3. 钢筋的保护层有什么作用？一般保护层的厚度是多少？

4. 简述各种图线的用途。

5. 基础平面图和基础详图的作用是什么？它包括哪些内容？如何表示？

6. 简述楼层结构平面图的作用、内容和图示方法。

7. 简述楼梯结构平面图的作用、内容和图示方法。

第 6 章

结构施工图

教学目标

通过了解结构图的内容和相关的表达方法，初步具备识读基础结构图、楼层和屋面结构图及构件详图的能力，为后续专业课程的学习奠定良好的基础。

教学要求

能力目标	知识要点	权重	自测分数
了解结构图识读的基本知识	结构图的分类	5%	
	结构图的内容	5%	
	钢筋混凝土结构的内容	10%	
	图线和比例	5%	
掌握基础平面结构图和详图的识读	识读基础平面图	15%	
	识读基础详图	15%	
掌握楼层和屋面结构图的识读	识读楼层结构图	15%	
	识读屋面结构图	10%	
掌握楼梯结构详图的识读	识读楼梯结构平面图	10%	
	识读楼梯结构剖面图	10%	

章节导读

通过了解结构施工图的形成，熟悉钢筋混凝土结构的特点，结构施工图是关于承重构件的布置，使用的材料、形状、大小及内部构造的图样，是承重构件以及其他受力构件(包括基础、柱、梁、板等)施工的依据。

本章所讨论的是结构施工图的基本知识和如何识读主要的结构施工图纸，以任务驱动的方式，让读者在学习情境中更好地理解本章的内容，培养正确识读结构施工图的能力。

引例

通过建筑施工图可以了解一个建筑的平面布局、立面造型、内外装修和具体的建筑构造等内容，但是要实现建筑的施工，这些还远远不够。结构构件的选型、布置、构造是另一个十分重要的问题，主要根据力学计算和各种规范加以确定，工程中将结构构件的设计结构绘制成图样表示出来，即结构施工图。本章主要向大家介绍结构施工图的内容，通过本章的学习，可以为以后进一步的学习打下良好的基础。

6.1 结构施工图概述

6.1.1 结构施工图的分类和内容

1. 结构施工图的分类

结构施工图主要包括结构施工图的图纸目录、结构施工说明、基础图、上层结构的布置图、结构构件详图等。

2. 结构施工图的内容

结构施工图主要表示建筑物各承重构件(如基础、承重墙、柱、梁、板等)的布置、形状、大小、材料、构造，并反映其他专业(如建筑、给水排水、采暖通风、电气等)对结构设计的要求，为建造房屋时开挖地基，制作构件，绑扎钢筋，设置预埋件，安装梁、板、柱等构件服务，也是编制建造房屋的工程预算和施工组织计划等的依据。

特别提示

结构施工图是房屋施工图重要的组成部分之一，正确识读结构施工图，对编制施工组织计划和编制工程预算具有重要的作用。

6.1.2 钢筋混凝土结构简介

1. 钢筋混凝土构件、混凝土的强度等级及钢筋混凝土构件

土木建筑中，起承重和支撑作用的基本构件有柱、梁、楼板、基础等，如图 6.1～图 6.4 所示。

钢筋混凝土构件是由钢筋和混凝土两种材料组合而成的，混凝土由水、水泥、黄沙、石子按一定比例拌和而成。混凝土抗压强度高，混凝土的抗压强度分为 C7.5、C10、C15、C20、C25、C30、C35、C40、C45、C50、C55、C60 共 12 个等级，数字越大，表示混凝土的抗压强度越高。混凝土的抗拉强度比抗压强度低得多，而钢筋不但具有良好的抗拉强度，且能与混凝土有良好的黏结力，其热膨胀系数与混凝土相近，因此，两者结合组成钢筋混凝土构件。

图 6.1 钢筋混凝土柱

图 6.2 钢筋混凝土梁

图 6.3 钢筋混凝土楼板

图 6.4 钢筋混凝土基础

如图 6.5 所示，两端搁置在砖墙上的一根钢筋混凝土梁，在外力作用下产生弯曲变形，上部为受压区，由混凝土或混凝土与钢筋承受压力；下部为受拉区，由钢筋承受拉力。为了提高构件的抗拉和抗裂性能，有的构件在制作过程中，通过张拉钢筋对混凝土预

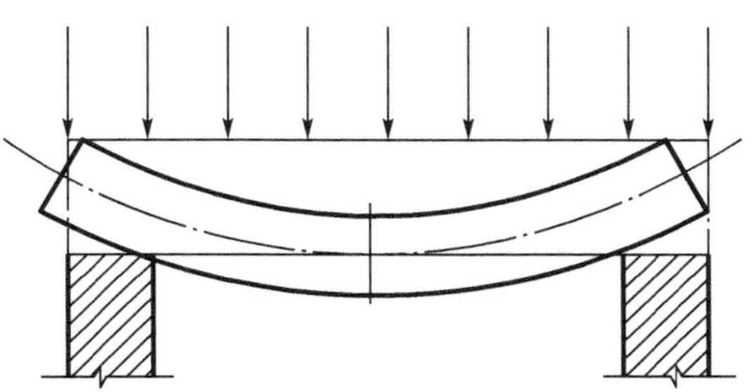

图 6.5 钢筋混凝土梁受力情况示意图

加一定压力，这样的构件称为预应力钢筋混凝土构件。没有钢筋的混凝土构件称为混凝土构件或素混凝土构件。

钢筋混凝土构件按施工方法的不同，可以分为现浇和预制两种。现浇构件是在建筑工地上上现场浇捣制作的构件；预制构件是在混凝土制品厂先预制，然后运到工地进行吊装，或者在工地上预制后吊装。

2. 钢筋

1）钢筋的级别和符号

钢筋按其强度和品种的不同，可分为不同等级，见表 6-1。

表 6-1　钢筋级别和直径符号

级　　别	符　　号	表面形状
HPB300	φ	热轧光圆钢筋
HRB335	Φ	热轧带肋钢筋
HRBF335	Φ^{F}	细晶粒带肋钢筋
HRB400	Φ	热轧带肋钢筋
HRBF400	Φ^{F}	细晶粒带肋钢筋
RRB400	Φ^{R}	余热带肋钢筋
HRB500	Φ	热轧带肋钢筋
HRBF500	Φ^{F}	细晶粒带肋钢筋

2）钢筋的分类和作用

如图 6.6 所示，钢筋按其在构件中所起的作用可分为以下几类。

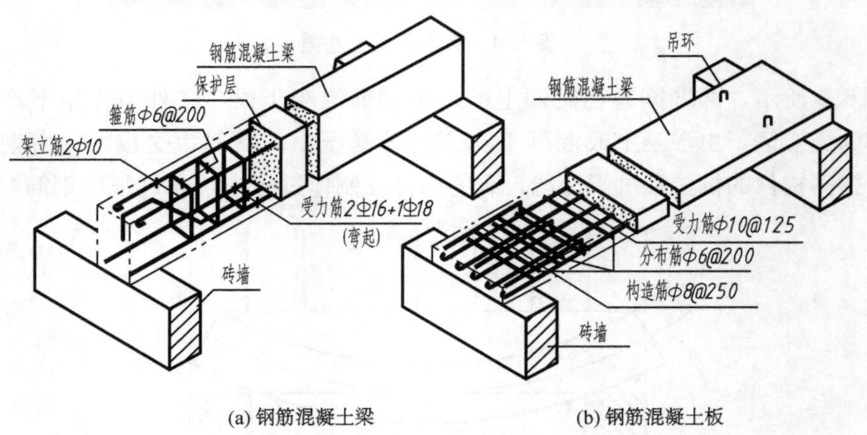

图 6.6　钢筋名称及保护层示意图

(1) 受力筋。承受拉力或压力的钢筋，在梁、板、柱等各种钢筋混凝土构件中应配置。在梁中于支座附近弯起的受力筋，也称为弯起钢筋。

（2）架立筋。不考虑受力作用的钢筋，一般只在梁中使用，与受力筋、箍筋一起形成钢筋骨架，用以固定钢筋位置。

（3）箍筋。一般用于梁和柱内，用以固定受力筋的位置，并承受一部分斜拉应力。

（4）分布筋。一般用于板内，用以固定受力筋的位置，与受力筋一起构成钢筋网。

（5）构造筋。因构件在构造上的要求或施工安装需要配置的钢筋。

为了保护钢筋，做到防锈、防火、防腐蚀，钢筋混凝土构件中的钢筋不能外露，在钢筋的外边缘与构件表面之间应留有一定厚度的混凝土保护层，见表6-2。

表6-2　钢筋混凝土构件的保护层

<table>
<tr><th>钢　　筋</th><th colspan="2">构件种类</th><th>保护层厚度(mm)</th></tr>
<tr><td rowspan="5">受力筋</td><td rowspan="2">板</td><td>断面厚度≤100mm</td><td>10</td></tr>
<tr><td>断面厚度＞100mm</td><td>15</td></tr>
<tr><td colspan="2">梁和柱</td><td>25</td></tr>
<tr><td rowspan="2">基础</td><td>有垫层</td><td>35</td></tr>
<tr><td>无垫层</td><td>70</td></tr>
<tr><td>箍筋</td><td colspan="2">梁和柱</td><td>15</td></tr>
<tr><td>分布筋</td><td colspan="2">板</td><td>10</td></tr>
</table>

3）钢筋弯钩

为了使钢筋和混凝土具有良好的黏结力，应在光圆钢筋两端做成半圆形的弯钩或直钩，统称为弯钩；带肋钢筋与混凝土的黏结力较强，钢筋两端可以不做弯钩。光圆钢筋两端在交接处也要做出弯钩，弯钩的常用形式和画法如图6.7所示，一般施工图上都按简化画法。箍筋的弯钩的长度，一般分别在箍筋两端各伸长50mm左右。

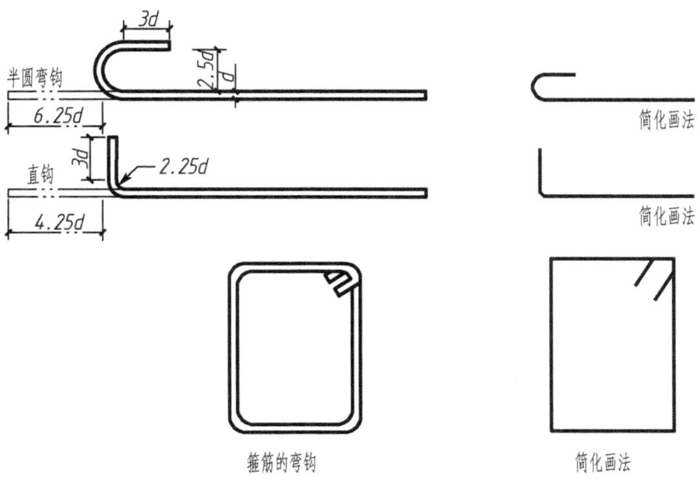

图6.7　钢筋及钢筋的弯钩

4）钢筋的表示方法和标注

一般钢筋的表示方法，见表 6-3，表中序号为 2、6 的图中用 45°短线表示钢筋投影重叠时无弯钩钢筋的末端。

表 6-3　一般钢筋的表示方法

序　号	名　称	图　例
1	钢筋断面	
2	无弯钩的钢筋端部	
3	带半圆形弯钩的钢筋端部	
4	带直钩的钢筋端部	
5	带丝扣的钢筋端部	
6	无弯钩的钢筋搭接	
7	带半圆弯钩的钢筋搭接	
8	带直钩的钢筋搭接	
9	套管接头(花篮螺栓)	

为了区分各种类型、不同直径和数量的钢筋，要求对所表示的各种钢筋加以标注，采用引出线的方法，一般有下列两种标注方法。

（1）标注钢筋的根数、直径和等级，如图 6.8 所示。

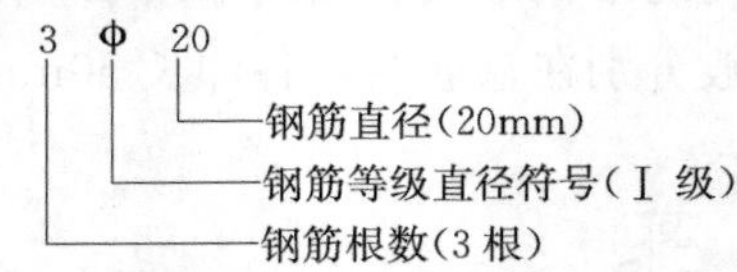

图 6.8　标注钢筋的根数、直径和等级

（2）标注钢筋的等级、直径和相邻钢筋中心距，如图 6.9 所示。

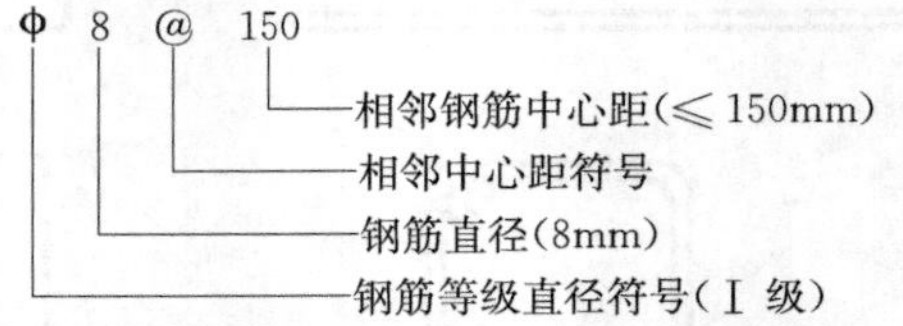

图 6.9　标注钢筋的等级、直径和相邻钢筋中心距

钢筋的长度一般列入构件的钢筋材料表中，该表通常由施工单位编制。

5）常用构件代号

为了简明扼要地表示基础、梁、板、柱等构件，构件名称可用代号表示，常用的构件代号，见表6-4。代号后面应用阿拉伯数字标注该构件的型号或编号，例如J-1，其中J为基础的代号，代号后面的数字1，表示该基础的编号为1。

表6-4 常用的构件代号

序号	名称	代号	序号	名称	代号	序号	名称	代号
1	板	B	15	吊车梁	DL	29	基础	J
2	屋面板	WB	16	圈梁	QL	30	设备基础	SJ
3	空心板	KB	17	过梁	GL	31	桩	ZH
4	槽形板	CB	18	连系梁	LL	32	柱间支撑	ZC
5	折板	ZB	19	基础梁	JL	33	垂直支撑	CC
6	密肋板	MB	20	楼梯梁	TL	34	水平支撑	SC
7	楼梯板	TB	21	檩条	LT	35	梯	T
8	盖板或沟盖板	GB	22	屋架	WJ	36	雨篷	YP
9	挡雨板或檐口板	YB	23	托架	TJ	37	阳台	YT
10	吊车安全走道板	DB	24	天窗架	CJ	38	梁垫	LD
11	墙板	QB	25	框架	KJ	39	预埋件	M
12	天沟板	TGB	26	钢架	GJ	40	天窗端壁	TD
13	梁	L	27	支架	ZJ	41	钢筋网	W
14	屋面梁	WL	28	柱	Z	42	钢筋骨架	G

预制钢筋混凝土构件、现浇钢筋混凝土构件、钢构件、木构件，一般可直接采用表6-4中的代号。在设计中，当需要区别上述构件种类时，应在图纸中加以说明。

预应力钢筋混凝土构件代号，应在构件代号前加注“Y-”，如Y-DL表示预应力钢筋混凝土吊车梁。

当选用标准图集或通用图集中的定型构件时，其代号或型号应按图集规定注写，并说明采用图集的名称和编号，以便查阅。

结构布置图表示结构中各种构件(包括承重构件、支撑和连系构件)的总体布置，如基础平面布置图、楼层结构平面布置图、柱网平面布置图、连系梁或墙梁立面布置图。

构件详图表示各个构件的形状、大小、材料和构造，如基础、柱、梁等构件的详图。

节点详图表示构件的细部节点、构件间连接点等的详细构造，如屋架节点详图显示屋架与柱、屋面板等构件间的连接情况。

节点详图实际上是构件详图中没有表达清楚的细部和连接构造的补充，因此可以把构件详图和节点详图合并成一类，称之为结构详图。

6.1.3 图线和比例

1. 图线

钢筋混凝土构件要有适合于表达结构构件的特殊的图示方法。因此，绘图时，除了要遵守《房屋建筑制图统一标准》之外，还应遵守《建筑结构制图标准》，以及国家现行的相关标准、规范的规定。结构施工图中采用的各种线型应符合表 6-5 的规定。

表 6-5 线型

名称	线 型	线 宽	一般用途
粗实线	————————	b	螺栓、钢筋线、结构平面图布置图中的单线、结构构件线及钢、木支撑线
中实线	————————	$0.5b$	结构平面图中及详图中剖到或可见墙身轮廓线、钢木结构轮廓线
细实线	————————	$0.35b$	钢筋混凝土构件的轮廓线、尺寸线、基础平面图中的基本轮廓线
粗虚线	— — — — — —	b	不可见的钢筋、螺栓线、结构平面布置图中不可见的钢、木支撑线及单线结构构件线
中虚线	- - - - - - - - - - -	$0.5b$	结构平面图中不可见的墙身轮廓线及钢、木构件轮廓线
细虚线	- - - - - - - - - - - - - -	$0.35b$	基础平面图中管沟轮廓线、不可见的钢筋混凝土构件轮廓线
粗点划线	———·———	b	垂直支撑、柱间支撑线
细点划线	———·———	$0.35b$	中心线、对称线、定位轴线
粗双点划线	———··———	b	预应力钢筋线

2. 比例

图样的比例，应为图形与实物相对应的线性尺寸之比。比例的大小，是指比值的大小，如 1∶50 大于 1∶100。比例宜注写在图名的右侧，字的底线应取平，比例的字高应比图名的字高小一号或两号，绘图所用的比例应根据图样的用途与被绘对象的复杂程度进行选用。

了解结构施工图的分类、内容及常用构件的表示方法，对于掌握正确的读图方法打下良好的基础。

6.2 基础结构平面图和基础详图

6.2.1 识读基础结构平面图

1. 基础平面图的内容

1）基础概述

基础是建筑物的主要组成部分，作为建筑物最下部的承重构件埋于地下，承受建筑物的全部，并传递至地基。

基础图表示了建筑物室内地面以下基础部分的平面布置及详细构造。通常用基础平面图和基础详图来表示。建筑物上部的结构形式相应地决定基础的形式。如住宅上部结构为砖墙承重，则采用墙下条形基础，常用的还有以独立基础作为柱子的基础，此外，还可以按需采用筏形基础和箱形基础等。

2）基础平面图的形成

假想在建筑物底层室内地面下方作一水平剖切面，将剖切面下方的构件向下作水平投影，即基础平面图。为了便于读图和施工，基础平面图表示了基坑未回填土时的情况，如图 6.10 所示为某住宅的基础平面图。

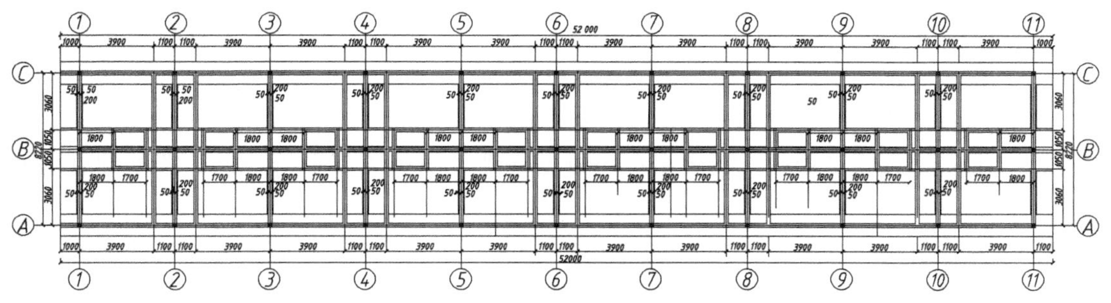

图 6.10　某住宅的基础平面图

3）基础平面图的内容

基础平面图中只需画出基础墙、基础底面轮廓线(表示基坑开挖的最小宽度)。基础的可见轮廓线可省略不画，基础的细部形状等用基础详图表示。

在基础平面图中，用中实线表示剖切到的基础墙身线，用细实线表示基础底面的轮廓线，用粗实线(单线)表示可见的基础梁，用粗虚线(单线)表示不可见的基础梁。

在基础平面图中，当被剖切到的部分断面较窄，材料图例不易画出时，可以进行简化，如基础砖墙的材料图例可省略不画，用涂红表示，钢筋混凝土柱的材料图例用涂黑表示。

根据上部结构荷载的不同，基础底面的宽度和配筋也不同，为了便于区分不同宽度和配筋的基础，可用后面标注编号的代号标注，如J-1、J-2等，其中J为基础的代号，横线后面的数字是基础的编号，用阿拉伯数字顺序编号。带有编号的基础代号注写在基础断面的剖切符号的一侧，兼作基础断面的剖切符号的编号，以便与基础详图相对应。为了便于施工，也可用基础的宽度作为基础的编号，例如用J180表示宽度为1800mm的基础，这种形式常见于条形基础的基础平面图中。

当建筑物底层有较大的洞口时，在条形基础中常设置基础梁，一般在基础平面图中用粗虚线表示了基础梁的位置，并写明基础梁的代号及编号，如JL-1、JL-2等，以便在基础详图中查明基础梁的具体做法。

在基础平面图的基础墙中间所画的粗虚线，还表示基础圈梁(JQL)的平面位置，涂黑的矩形断面是构造柱(GZ)的断面，这是由于抗震的构造需要而设置的。

4) 基础平面图的画法

基础平面图的常用比例是1∶50、1∶100、1∶200等，通常采用与建筑平面图相同的比例。根据建筑平面图的定位轴线，确定基础的定位轴线，然后画出基础墙、基础宽度轮廓线等。在基础平面图中，应标出基础的定型尺寸和定位尺寸。定形尺寸包括基础墙宽、基础底面宽度、柱外形尺寸和独立基础的外形尺寸等。这些尺寸可直接标注在基础平面图上，也可用文字加以说明或用基础代号等形式标注。定位尺寸也就是基础梁、柱等的轴线尺寸，必须与建筑平面图的定位轴线及编号一致。

2. 识读基础平面图

(1) 首先看图名、比例，了解当前的图纸是否为基础平面图，绘图的比例是多大。

(2) 接着看基础平面中采用了哪种形式或者是哪几种形式的基础。

(3) 看基础墙线是否用中实线表示，墙体的厚度是多少。

(4) 看基础底面是否用细实线表示，通过基础平面中的剖切符号，了解基础有哪些宽度。

(5) 看用粗实线或粗虚线表示的基础梁的位置，以及基础圈梁在平面图中的位置。

(6) 看涂黑的部分在基础平面图中表示了什么。

(7) 看基础平面图中的定位轴线和尺寸的位置，并结合该建筑物的平面图进行对应。

6.2.2 识读基础详图

1. 基础详图的内容

基础详图主要表明基础各组成部分的具体形状、大小、材料及基础埋深等。

1) 图示内容

基础详图通常采用垂直剖视图或断面图表示，应与基础平面图中被剖切的相应代号及剖切符号一致。

基础详图中一般包括基础的垫层、基础、基础墙(包括大放脚)、基础梁、防潮层等所用的材料、尺寸及配筋。为使基础墙逐步放宽，而将基础墙做成阶梯形的砌体，称为大放脚。防潮层则是为了防止地下水沿墙体上升而设置的，位于室内地坪之下，室外地面之上。当设置基础圈梁时，可将基础圈梁代替防潮层。

基础详图用断面图或剖视图表示，为了突出表示基础钢筋的配置，轮廓线全部用细实线表示，不再画出钢筋混凝土的材料图例，且用粗实线表示钢筋。

如图 6.11 所示的基础平面图中的各个基础的基础详图，因为各条形基础的断面形状和配筋形式较类似，就采用了通用详图的形式，240mm 墙下的基础(J-1、J-2、J-6)归成一个基础详图，370mm 墙下的基础(J-3、J-4、J-5)归成另一个基础详图，基础的宽度尺寸 B 以及基础中的受力钢筋，都可以在基础表(表 6-6)中查出。

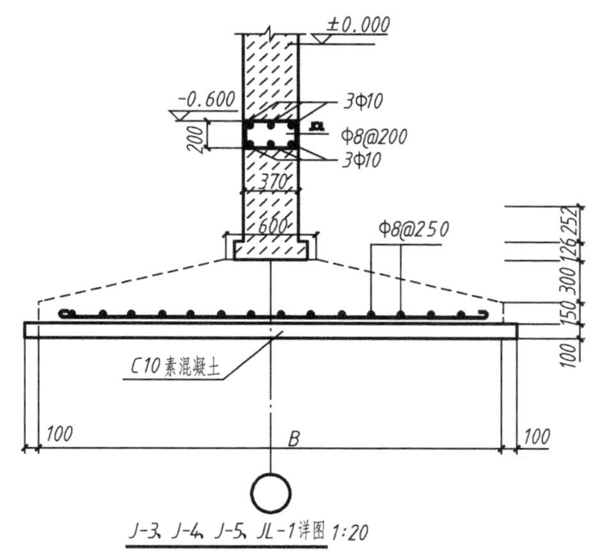

图 6.11 通用基础详图

表 6-6 基础表

基础编号	基础宽度(mm)	配　　筋	备　　注
J-1	700	素混凝土	
J-2	900	ϕ 10@180	
J-3	1800	ϕ 12@200	
J-4	2000	ϕ 12@160	
J-5	3000	ϕ 14@125	
J-6	3100	ϕ 14@120	

因为在楼梯间门洞下的基础 J-3 处，有基础梁 JL-1，且 J-3 和 JL-1 的高度相等，所以将 JL-1 合并画在 J-3、J-4、J-5 的通用详图中，对照基础平面图可知，只有 J-3 在门洞口有 JL-1、J-4、J-5，而其他部位的 J-3 各处都没有 JL-1。用双点划线画出

JL－1假想的轮廓线，由于JL－1是直接浇筑在基础J－3内，所以实际上是不存在的，用假想投影线画出它的宽度为400mm的断面，是为了在J－3、JL－1详图中显示JL－1的钢筋骨架形状、大小和位置。通用详图在轴线符号的圆圈内不注明具体编号，用基础注明各基础的宽度和受力筋的配置。

2）基础详图的画法

基础详图通常采用1∶10、1∶20、1∶50等比例绘制，先定出基础的轴线位置，基础和基础圈梁的轮廓画细实线，基础砖墙的轮廓线画中实线，但在与钢筋混凝土构件交接处，仍按钢筋混凝土构件画细实线，钢筋画粗实线或小圆点断面。基础墙断面上应画上砖的材料图例，但钢筋混凝土基础为了清楚地表示钢筋，不再用材料图例表示，垫层的材料已用文字标明，也可不用材料图例表示。

基础详图中须标注基础各部分的详细尺寸及室内、室外、基础底面标高等，当尺寸数字与图线重叠时，则图线应断开，保证尺寸数字的清晰和完整。

2. 识读基础详图

（1）首先看图名、比例，了解当前图纸是哪个基础的详图，绘图的比例是多大。
（2）接着看基础详图画的是哪种基础形式。
（3）看基础详图中基础由哪几部分组成。
（4）看基础墙线是否用中实线表示，基础墙宽是多少。
（5）看大放脚的形式和尺寸是多少。
（6）通过标高判断室内外高差是多少，基础防潮层的位置在哪里及内部的配筋情况。
（7）看大放脚的配筋情况，区分受力筋和分布筋。
（8）看基础详图各部分尺寸，了解基础的埋深。
（9）通过基础表，查阅基础的宽度。

6.2.3 识读基础详图举例

以J－3、J－4、J－5、JL－1详图(图6.11)为例，首先从图名和比例进行识读，明确该基础详图采用了1∶20的比例。接着识读基础详图所表示的内容，从图中可以看出基础由基础墙、大放脚和基础的垫层组成。

然后重点识读防潮层的位置和配筋情况，从图中可以看出基础防潮层的标高为－0.060m，截面尺寸为200mm×370mm；防潮层内主要配置了受力筋和箍筋，其中受力筋共6根，采用一级钢筋，直径为10mm，箍筋为一级钢筋，直径为8mm，间距为200mm。

按照同样的方法可以分析该基础上大放脚的尺寸和配筋情况。

最后我们可以看到该基础的垫层采用了C10素混凝土。

由于此图实际上表示了J－3、J－4、J－5、JL－1四种钢筋，所以要结合表6－6基础表来分析不同基础的具体尺寸。

各种类型基础的施工图如图6.12～图6.21所示。

图 6.12 条形基础

图 6.13 独立基础

图 6.14 筏板基础

图 6.15　箱形基础

图 6.16　桩基础

图 6.17　基础垫层

图 6.18 基础承台

图 6.19 基础施工

图 6.20 基础梁施工

图 6.21 基础配筋

6.3 楼层、屋面结构平面图

6.3.1 识读楼层结构平面图

1. 楼层平面图的内容

结构平面图也称为结构平面布置图，表示了墙、梁、板、柱等承重构件在平面图中的位置，是施工中布置各层承重构件的依据。

1）楼层结构平面图的形成

楼层结构平面图是假想用一个紧贴楼面的水平面剖切楼层后所得到的水平剖视图。如图 6.22 所示是一张结构平面图，楼面上的荷载通过楼板传给横墙或梁。

2）楼层结构平面图的内容

一部分楼面的平面分隔比较规则，采用了预应力钢筋混凝土多孔板，厨房、卫生间因需要安装管道，预留管道孔洞，防漏水，就与相邻的布置得不规则的部分一起采用现浇楼板。现浇楼板用规定的代号 B 表示。如图 6.22 所示中代号分别为 B1 和 B2，板的厚度 $h=120$mm，标注在现浇板部分对角线一侧。

预应力多孔板由于各个房间的开间和进深不同，布置了不同数量和不同型号的多孔板，如图 6.23 所示，分别以对角线表示铺设各片楼板的总范围，对角线的一侧注明了预应力多孔板的块数和型号。

下面以 6－YKB－39－6－3 为例讲解预应力多孔板代号及数字的含义。

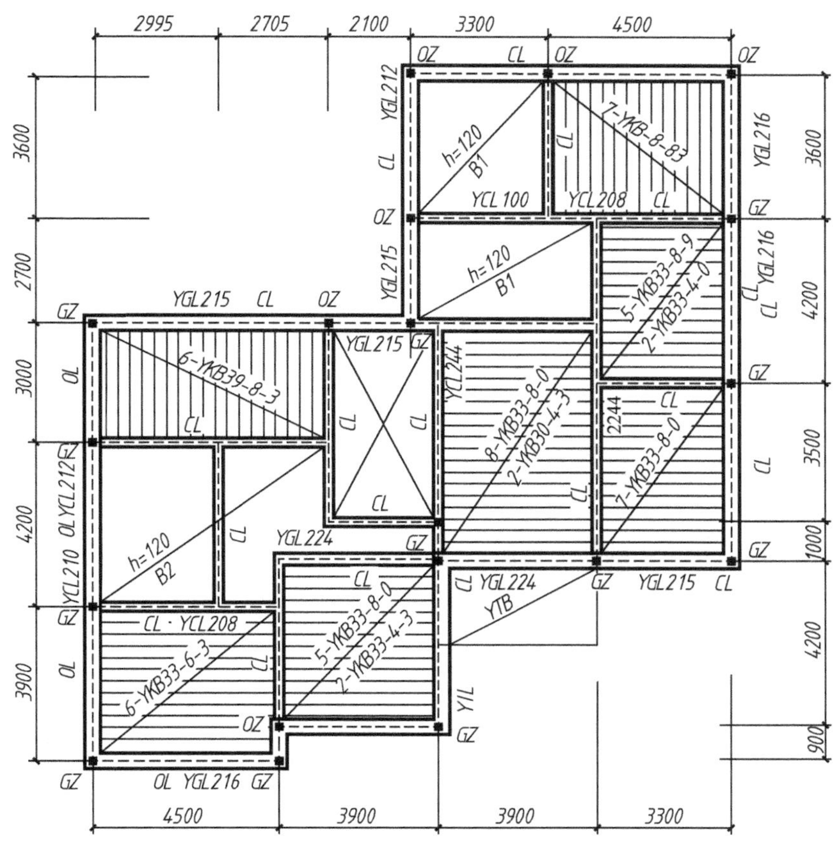

图 6.22　结构平面图

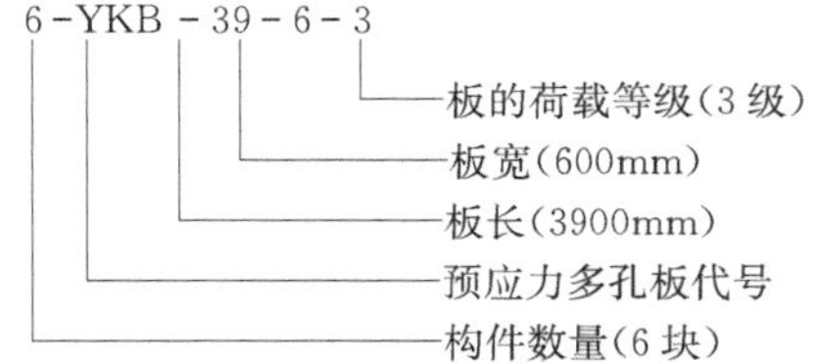

图 6.23　预应力的孔板代号及数字的含义

图 6.22 中的阳台板(YTB)都是现浇的。在结构平面图上，构件可用其投影轮廓线表示，若能用单线表示清楚的，也可以用单线表示。楼梯间的结构布置一般用较大比例单独绘制表示，所以在图中楼梯间部分用细实线画出其对角线，通过另外的详图来进行绘制。

图中涂黑处表示钢筋混凝土柱的断面，其代号为 Z，GZ 为构造柱，是为防震的要求而设置的。

过梁是为门、窗等洞口而设置的，可以现浇，也可以预制。若是预制过梁，习惯上用 YGL 表示。由于门、窗洞口的大小不同，过梁的断面尺寸、配筋和长度也不同，为此可编制过梁表，标注各种过梁的受力筋、箍筋、断面尺寸和梁长，以便于对照断面图，将不同编号的过梁完整地表达清楚，预制过梁代号 YGL 后面的数字是过梁的编号，习惯上编号与过梁的断面及过梁所在门、窗洞口的宽度有关。YGL表，见表6-7。例如YGL209，其中2代表过梁的断面大小的分段编号，09表示洞口的宽度为900mm，以此类推。

表6-7　YGL表

编号	梁长 L(mm)	梁宽 B(mm)	钢筋	
			①	②
YGL109	1400	120	2Φ10	φ8@200
YGL209	1400	240	2Φ10	φ8@200
YGL212	1700	240	2Φ10	φ8@200
YGL215	2000	240	2Φ10	φ8@200
YGL218	2300	240	2Φ12	φ8@200
YGL324	2900	240	2Φ20	φ10@200

圈梁是为了增强建筑物的整体性而设置的，通常沿建筑物墙体和楼板下同一标高处现浇而成。圈梁习惯上也采用断面图的方式表达，代号为QL，断面图中标注出圈梁的断面尺寸和钢筋配置。当圈梁通过门、窗洞口时，可与过梁浇筑在一起，当圈梁与其他梁(如雨篷梁、阳台梁等)的平面位置重叠时，它们应互相拉通。

构造柱是房屋抗震的一项重要措施，在多层混合结构房屋中，构造柱与基础、墙体及圈梁等其他构件可靠连接，提高了房屋的整体性和砌体的抗剪强度，在有关的建筑抗震设计规程中，对构造柱的位置、最小截面、钢筋配置及与墙体的连接、与圈梁的连接等都有具体的规定。

3）结构平面图的画法

结构平面图一般采用1∶50、1∶100、1∶200的比例绘制，通常与建筑平面图采用相同的比例。

为了清晰地表达结构构件的布置情况，结构平面图中可见的钢筋混凝土楼板的轮廓线采用细实线表示，剖切到的墙体轮廓线用中实线表示，楼板下面不可见的墙体轮廓线用中虚线表示(包括下层门窗洞口的位置)，剖切到的钢筋混凝土柱的断面用涂黑表示。对于楼板下的梁，在平面图中若用单线表示时，则用单虚线表示梁的中心线位置。

在结构平面图中，当若干房间的预制板的布置相同时(即型号和数量都相同)，则可在一处用直接正投影法详细画出，标注出书写在圆圈中代号，在其他布置相同的地方，只要用细实线画出铺设这一片楼板的范围，并标注出由甲、乙、丙等相对应文字的代号圆圈。

2. 识读楼层平面图

(1) 首先看图名、比例，了解当前图纸是哪个楼层的平面图，绘图的比例是多大。

(2) 通过识读楼层平面图，了解楼板是现浇还是预制和它们的分布情况。

(3) 了解当前的平面图中有哪些构件，分别用什么符号表示。

(4) 识读预应力过梁表，了解当前楼层平面图中过梁的分布情况。

(5) 理解圈梁和构造柱的作用。

(6) 识读圈梁和过梁的断面图，了解他们的配筋情况。

6.3.2 识读屋面结构平面图

1. 屋面平面图的内容

一个房屋如果有若干层楼面的结构布置情况相同，则可合用一个结构平面图，但应注明合用各层的层数。不同结构布置的楼面应有各自的结构平面图。屋顶由于结构布置要适应排水、隔热等特殊要求，例如需要设置天沟、屋面板需按坡度方向布置，所以屋面的结构布置通常需要另用屋面结构平面图表示，它的图示内容和图示形式与楼层结构平面图相类似。

2. 识读屋面平面图

识读屋面平面图的方法同识读楼层平面图的方法。

6.3.3 识读结构平面图举例

下面以图 6.22 所示的结构平面图为例，让大家掌握识读结构平面图的方法。

首先看图名和比例，此图为楼层的结构平面图，比例同建筑平面图一样，采用 1∶100 的比例。接着分析该结构平面图中钢筋混凝土楼板的分布情况和具体含义，对任一空间楼板的分布表示能正确识读，以左下角为例，该空间的开间为 4500mm，进深为 3900mm，图中用 6－YKB－39－6－3 来表示钢筋混凝土楼板的分布，其中 6 表示该空间有 6 块板，YKB 表示该板为预应力空心板，39 表示板长为 3900mm，6 表示板宽为 600mm，3 表示该板能承受的荷载等级为 3 级。然后需要理解 QL 表示该空间上的圈梁，GZ 表示构造柱，YGL 表示预制过梁，通过前面的学习，要明确圈梁、构造柱和预制过梁在结构图上的作用。按照同样的方法，可以分析该结构平面图中其他部分楼板的分布情况。

各种类型墙、梁、板、柱等承重构件的施工图如图 6.24～图 6.36 所示。

图 6.24 混凝土墙

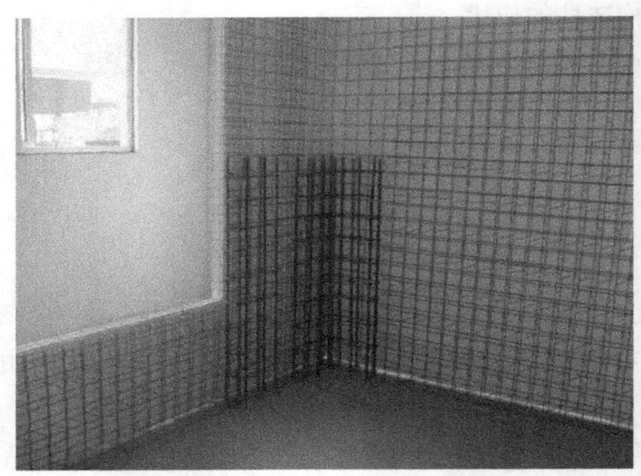

图 6.25　混凝土墙配筋

图 6.26　钢筋混凝土梁

图 6.27　钢筋混凝土梁外观

图 6.28 悬挑梁

图 6.29 钢筋混凝土主次梁结构

图 6.30 井字梁

图 6.31　预制混凝土楼板

图 6.32　槽形板

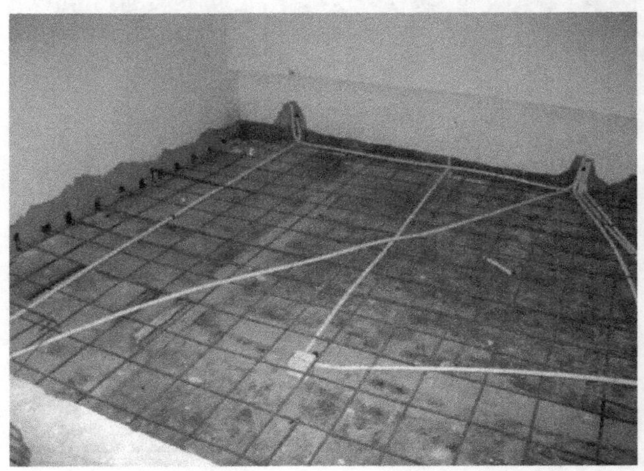

图 6.33　现浇板

图 6.34 现浇板配筋图

图 6.35 钢筋混凝土柱

图 6.36 钢筋混凝土柱配筋图

6.4　楼梯结构详图

6.4.1　识读楼梯结构平面图

1. 楼梯结构平面图的组成

楼梯结构平面图用来表示楼梯段、楼梯梁和平台板的平面布置、代号、尺寸及结构标高。多层房屋应分别表示出底层、中间层和顶层楼梯结构平面图。

2. 楼梯结构平面图的内容

结构平面图中轴线编号应和建筑平面图一致，楼梯的剖视图的剖切符号通常在底层楼梯结构平面图中表示。

为了表示楼梯梁、楼梯板(即梯段板)和平台板的布置情况，楼梯结构平面图的剖切位置通常放在层间楼梯平台的上方。例如底层楼梯结构平面图的剖切位置在一、二层之间楼梯平台的上方，与建筑平面图的剖切位置略有不同。如图 6.37 所示为底层平面图，投影

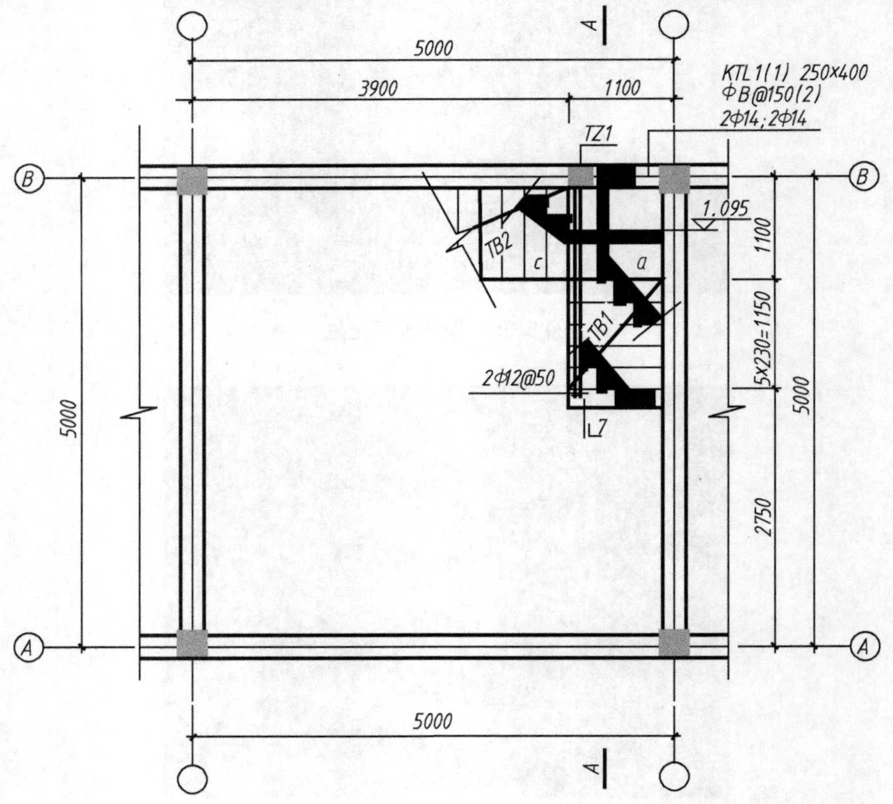

图 6.37　楼梯底层结构平面图

上得到是上行第一段楼梯、楼梯平台及上行第二梯段的一部分。如图 6.38 所示为楼梯中间层平面图。在楼梯结构平面图中，除了要标注出平面尺寸，通常还应标注出各梁底的结构标高和板的厚度。

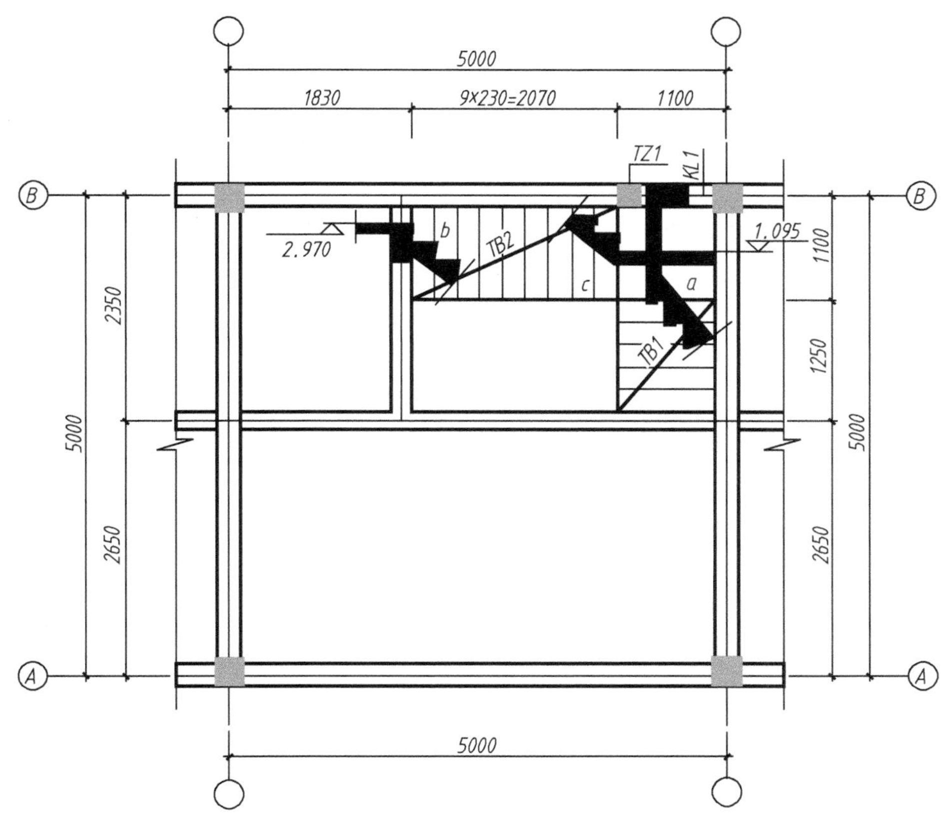

图 6.38　楼梯中间层结构平面图

楼梯结构平面图通常采用 1∶50 画出，也可以用 1∶40、1∶30 画出。钢筋混凝土楼梯的可见轮廓线用细实线表示，不可见的轮廓线用细虚线表示，剖到的砖墙轮廓线用中实线表示。钢筋混凝土楼梯的楼梯梁、梯段板、楼板和平台板的重合断面，可直接画在平面图上。

3. 识读楼梯结构平面图

(1) 首先看图名、比例，了解当前图纸是哪层楼梯的平面图，绘图的比例是多大。
(2) 通过识读楼梯平面图，了解梯段、楼梯平台的分布情况。
(3) 通过识读，了解楼梯结构平面图中梯段的断面形式、尺寸和配筋。
(4) 理解 TB 表示梯段，TL 表示楼梯梁。
(5) 通过识读楼梯平面图，区分不同线宽表示的内容。

6.4.2 识读楼梯结构剖面图

1. 楼梯结构剖面图的形成

楼梯结构剖面图表示楼梯的承重构件的竖向布置、构造和连接情况。楼梯结构剖面图也可以作为配筋图。当在楼梯结构剖面图中不能详细表示楼梯板和楼梯梁的配筋时，可用较大比例另画出配筋图。

2. 楼梯结构剖面图的内容

如图 6.39 所示，是楼梯 A—A 剖面图和楼梯的配筋图。

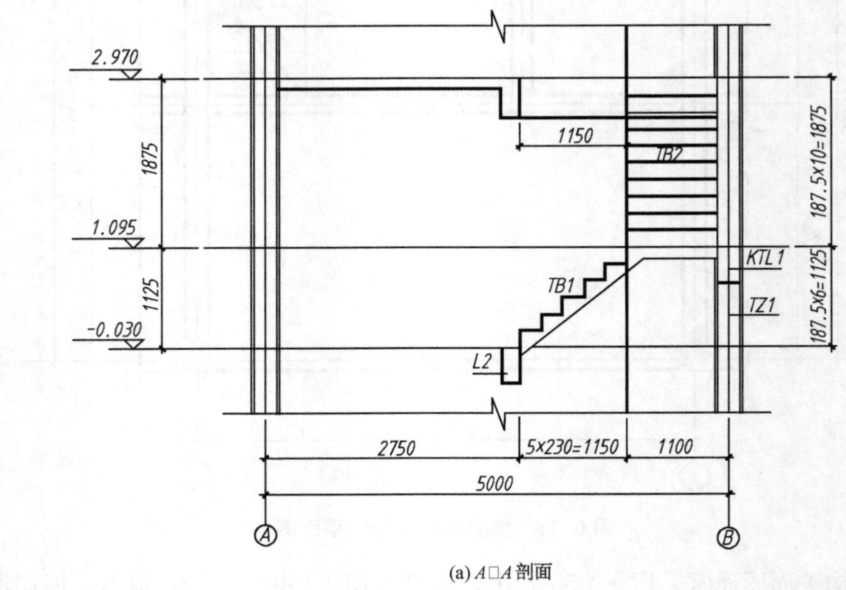

(a) A□A 剖面

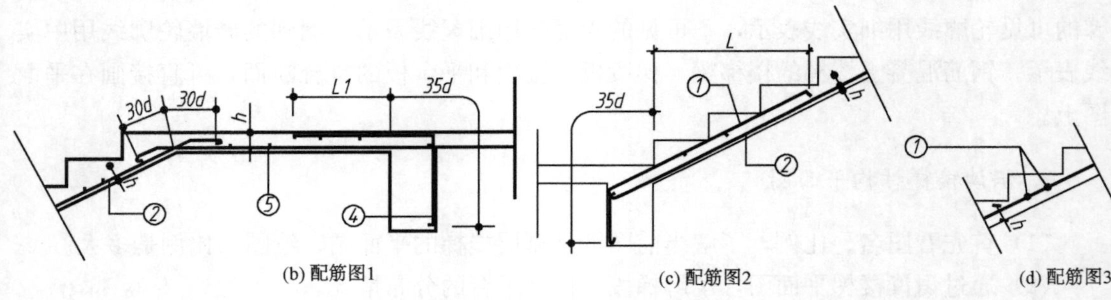

(b) 配筋图1　(c) 配筋图2　(d) 配筋图3

图 6.39　楼梯结构剖面图和配筋图

楼梯板表，见表 6－8。对照表 6－8 和图 6.39，我们可以了解 TB1 的板厚是 120mm，里面配置的受力筋是二级钢筋，直径为 12mm，间距为 150mm；TB2 的板厚是 100mm，里面配置的受力筋是一级钢筋，直径为 10mm，间距为 120mm。

表 6-8 楼梯板表

编　　号	类　　型	板厚(mm)	钢筋	L1(mm)
			①②③④⑤	
TB1	aB	120	ϕ 12@150	600
TB2	bA	100	ϕ 10@120	600

楼梯结构剖面图一般采用与楼梯结构平面图相同的比例，配筋图可采用较大的比例画出。剖面图中应标注出楼梯平台板底标高和楼梯梁的梁底标高，用结构标高标注，梯段板的尺寸标注方式与建筑施工图相同。

为了清楚地表达钢筋的配置，楼梯配筋图中的钢筋采用粗实线表示，可见的轮廓线用细实线表示。

3. 识读楼梯结构剖面图

(1) 首先看图名、比例，结合楼梯结构平面图对照，判断楼梯剖面图所在的位置。
(2) 通过识读楼梯剖面图和配筋图，了解梯段的厚度和配筋情况。
(3) 对照梯板表，进一步识读楼梯结构剖面图和配筋图。
(4) 识读楼梯柱的配筋图，了解其内部结构。
(5) 通过识读楼梯剖面图，区分不同线宽表示的内容。

特别提示

识读结构施工图的时候应注意读图的顺序，先把握整体，再熟悉局部，完整地读懂一幅结构施工图的内容。

6.4.3 识读楼梯结构详图举例

下面我们以图 6.37 楼层底层结构平面图为例，分析楼梯结构详图的识读方法。

首先要识读该图的名称和比例，明确画图的内容和画图的大小。接着要识读该平面图中楼梯段和平台在空间的位置，从图中可以看到，该楼梯位于空间的右上角，是一个直行转折楼梯。通过识读该楼梯的断面，可以确定该楼梯采用钢筋混凝土材料，其中 TB 表示楼梯段，该图中共有 TB1 和 TB2 两段楼梯。通过标注的尺寸，可以确定 TB1 楼梯的踏步宽为 230mm，踏步的高度为两平台的标高差除以踏步数，通过计算，得到踏步的高度为 182mm。

对于 TL 楼梯梁所表示的内容，需按照梁的平法图示方法进行识读，其中 KTL 表示楼梯框架梁，1 表示 1 跨，250mm×400mm 为梁的截面尺寸，其中 b 为 250mm，h 为 400mm。ϕ 6@150(2)表示箍筋采用 1 级钢筋，直径为 6mm，间距为 150mm，两肢箍。2 ϕ14；2 ϕ 14 表示梁的上部纵筋和下部纵筋。

按照同样的方法可以识读楼梯的其他结构详图。

楼梯的施工图如图 6.40～图 6.44 所示。

图 6.40　钢筋混凝土楼梯

图 6.41　旋转楼梯

图 6.42　楼梯施工图

图 6.43 楼梯踏步

图 6.44 楼梯栏杆和扶手

本章小结

本章主要介绍了结构施工图。结构施工图主要表示建筑物各承重构件的布置、形状、大小、材料及构造，并反映其他专业对结构设计的要求，为建造房屋时开挖地基、制作构件、绑扎钢筋、设置预埋件、安装梁、板、柱等构件服务，同时也是编制建造房屋的工程预算和施工组织计划等的依据。本章要求掌握的内容如下。

(1) 结构施工图的主要内容。

(2) 识读基础结构平面图和基础详图的主要内容。

(3) 识读楼层结构施工图和屋面结构施工图的主要内容。

(4) 识读楼梯结构详图的主要内容。

习　题

1. 简述结构施工图的分类和内容。
2. 钢筋的分类和作用是什么？钢筋代号的含义是什么？
3. 钢筋的保护层有什么作用？一般保护层的厚度是多少？
4. 简述各种图线的用途。
5. 基础平面图和基础详图的作用是什么？它包括哪些内容？如何表示？
6. 简述楼层结构平面图的作用、内容和图示方法。
7. 简述楼梯结构平面图的作用、内容和图示方法。

参 考 文 献

[1] 邬琦姝，曹雪梅．建筑工程制图[M]. 北京：中国水利水电出版社，2008.

[2] 何铭新．建筑工程制图[M]. 4 版．北京：高等教育出版社，2004.

[3] 白丽红．建筑工程制图与识图[M]. 北京：北京大学出版社，2009.

[4] 曹雪梅．道路工程制图与识图[M]. 重庆：重庆大学出版社，2006.

[5] 游普元．建筑工程图识读与绘制[M]. 天津：天津大学出版社，2008.

[6] 郭燕沫．建筑工程施工图块数识读与实例精选[M]. 上海：上海科学技术出版社，2008.

[7] 吴学清．建筑识图与构造[M]. 北京：化学工业出版社，2008.

[8] 赵研．建筑识图与构造[M]. 2 版．北京：中国建筑工业出版社，2008.

北京大学出版社高职高专土建系列教材书目

序号	书　　名	书　　号	编著者	定价	出版时间	配套情况
"互联网+"创新规划教材						
1	建筑工程概论	978-7-301-25934-4	申淑荣等	40.00	2015.8	PPT/二维码
2	建筑构造(第二版)	978-7-301-26480-5	肖　芳	42.00	2016.1	APP/PPT/二维码
3	建筑三维平法结构图集(第二版)	978-7-301-29049-1	傅华夏	68.00	2018.1	APP
4	建筑三维平法结构识图教程(第二版)	978-7-301-29121-4	傅华夏	68.00	2018.1	APP/PPT
5	建筑构造与识图	978-7-301-27838-3	孙　伟	40.00	2017.1	APP/二维码
6	建筑识图与构造	978-7-301-28876-4	林秋怡等	46.00	2017.11	PPT/二维码
7	建筑结构基础与识图	978-7-301-27215-2	周　晖	58.00	2016.9	APP/二维码
8	建筑工程制图与识图(第2版)	978-7-301-24408-1	白丽红等	34.00	2016.8	APP/二维码
9	建筑制图习题集(第二版)	978-7-301-30425-9	白丽红等	28.00	2019.5	APP/答案
10	建筑制图(第三版)	978-7-301-28411-7	高丽荣	38.00	2017.7	APP/PPT/二维码
11	建筑制图习题集(第三版)	978-7-301-27897-0	高丽荣	35.00	2017.7	APP
12	AutoCAD 建筑制图教程(第三版)	978-7-301-29036-1	郭　慧	49.00	2018.4	PPT/素材/二维码
13	建筑装饰构造(第二版)	978-7-301-26572-7	赵志文等	39.50	2016.1	PPT/二维码
14	建筑工程施工技术(第三版)	978-7-301-27675-4	钟汉华等	66.00	2016.11	APP/二维码
15	建筑施工技术(第三版)	978-7-301-28575-6	陈雄辉	54.00	2018.1	PPT/二维码
16	建筑施工技术	978-7-301-28756-9	陆艳侠	58.00	2018.1	PPT/二维码
17	建筑施工技术	978-7-301-29854-1	徐　淳	59.50	2018.9	APP/PPT/二维码
18	高层建筑施工	978-7-301-28232-8	吴俊臣	65.00	2017.4	PPT/答案
19	建筑力学(第三版)	978-7-301-28600-5	刘明晖	55.00	2017.8	PPT/二维码
20	建筑力学与结构(少学时版)(第二版)	978-7-301-29022-4	吴承霞等	46.00	2017.12	PPT/答案
21	建筑力学与结构(第三版)	978-7-301-29209-9	吴承霞等	59.50	2018.5	APP/PPT/二维码
22	工程地质与土力学（第三版）	978-7-301-30230-9	杨仲元	50.00	2019.3	PPT/二维码
23	建筑施工机械(第二版)	978-7-301-28247-2	吴志强等	35.00	2017.5	PPT/答案
24	建筑设备基础知识与识图(第二版)	978-7-301-24586-6	靳慧征等	47.00	2016.8	二维码
25	建筑供配电与照明工程	978-7-301-29227-3	羊　梅	38.00	2018.2	PPT/答案/二维码
26	建筑工程测量(第二版)	978-7-301-28296-0	石　东等	51.00	2017.5	PPT/二维码
27	建筑工程测量(第三版)	978-7-301-29113-9	张敬伟等	49.00	2018.1	PPT/答案/二维码
28	建筑工程测量实验与实训指导(第三版)	978-7-301-29112-2	张敬伟等	29.00	2018.1	答案/二维码
29	建筑工程资料管理(第二版)	978-7-301-29210-5	孙　刚等	47.00	2018.3	PPT/二维码
30	建筑工程质量与安全管理(第二版)	978-7-301-27219-0	郑　伟	55.00	2016.8	PPT/二维码
31	建筑工程质量事故分析(第三版)	978-7-301-29305-8	郑文新等	39.00	2018.8	PPT/二维码
32	建设工程监理概论（第三版）	978-7-301-28832-0	徐锡权等	44.00	2018.2	PPT/答案/二维码
33	工程建设监理案例分析教程(第二版)	978-7-301-27864-2	刘志麟等	50.00	2017.1	PPT/二维码
34	工程项目招投标与合同管理(第三版)	978-7-301-28439-1	周艳冬	44.00	2017.7	PPT/二维码
35	建设工程招投标与合同管理(第四版)	978-7-301-29827-5	宋春岩	42.00	2018.9	PPT/答案/试题/教案
36	工程项目招投标与合同管理(第三版)	978-7-301-29692-9	李洪军等	47.00	2018.8	PPT/二维码
37	建设工程项目管理（第三版）	978-7-301-30314-6	王　辉	40.00	2018.8	PPT/二维码
38	建设工程法规(第三版)	978-7-301-29221-1	皇甫婧琪	44.00	2018.4	PPT/二维码
39	建筑工程经济(第三版)	978-7-301-28723-1	张宁宁等	36.00	2017.9	PPT/答案/二维码
40	建筑施工企业会计（第三版）	978-7-301-30273-6	辛艳红	44.00	2019.3	PPT/二维码
41	建筑工程施工组织设计(第二版)	978-7-301-29103-0	鄢维峰等	37.00	2018.1	PPT/答案/二维码
42	建筑工程施工组织实训(第二版)	978-7-301-30176-0	鄢维峰等	41.00	2019.1	PPT/二维码
43	建筑施工组织设计	978-7-301-30236-1	徐运明等	43.00	2019.1	PPT/二维码
44	建筑工程计量与计价——透过案例学造价(第二版)	978-7-301-23852-3	张　强	59.00	2017.1	PPT/二维码
45	建筑工程计量与计价	978-7-301-27866-6	吴育萍等	49.00	2017.1	PPT/二维码
46	建筑工程计量与计价(第三版)	978-7-301-25344-1	肖明和等	65.00	2017.1	APP/二维码
47	安装工程计量与计价(第四版)	978-7-301-16737-3	冯　钢	59.00	2018.1	PPT/答案/二维码
48	建筑工程材料	978-7-301-28982-2	向积波等	42.00	2018.1	PPT/二维码
49	建筑材料与检测(第二版)	978-7-301-25347-2	梅　杨等	35.00	2015.2	PPT/答案/二维码
50	建筑材料与检测	978-7-301-28809-2	陈玉萍	44.00	2017.11	PPT/二维码
51	建筑材料与检测实验指导（第二版）	978-7-301-30269-9	王美芬等	24.00	2019.3	二维码
52	市政工程概论	978-7-301-28260-1	郭　福等	46.00	2017.5	PPT/二维码
53	市政工程计量与计价(第三版)	978-7-301-27983-0	郭良娟等	59.00	2017.2	PPT/二维码

序号	书　　名	书　　号	编著者	定价	出版时间	配套情况
54	市政管道工程施工	978-7-301-26629-8	雷彩虹	46.00	2016.5	PPT/二维码
55	市政道路工程施工	978-7-301-26632-8	张雪丽	49.00	2016.5	PPT/二维码
56	市政工程材料检测	978-7-301-29572-2	李继伟等	44.00	2018.9	PPT/二维码
57	中外建筑史(第三版)	978-7-301-28689-0	袁新华等	42.00	2017.9	PPT/二维码
58	房地产投资分析	978-7-301-27529-0	刘永胜	47.00	2016.9	PPT/二维码
59	城乡规划原理与设计(原城市规划原理与设计)	978-7-301-27771-3	谭婧婧等	43.00	2017.1	PPT/素材/二维码
60	BIM 应用：Revit 建筑案例教程	978-7-301-29693-6	林标锋等	58.00	2018.9	APP/PPT/二维码/试题/教案
61	居住区规划设计（第二版）	978-7-301-30133-3	张　燕	59.00	2019.5	PPT/二维码
	“十二五”职业教育国家规划教材					
1	★建筑装饰施工技术(第二版)	978-7-301-24482-1	王　军	37.00	2014.7	PPT
2	★建筑工程应用文写作(第二版)	978-7-301-24480-7	赵　立等	50.00	2014.8	PPT
3	★建筑工程经济(第二版)	978-7-301-24492-0	胡六星等	41.00	2014.9	PPT/答案
4	★工程造价概论	978-7-301-24696-2	周艳冬	31.00	2015.1	PPT/答案
5	★建设工程监理(第二版)	978-7-301-24490-6	斯　庆	35.00	2015.1	PPT/答案
6	★建筑节能工程与施工	978-7-301-24274-2	吴明军等	35.00	2015.5	PPT
7	★土木工程实用力学(第二版)	978-7-301-24681-8	马景善	47.00	2015.7	PPT
8	★建筑工程计量与计价(第三版)	978-7-301-25344-1	肖明和等	65.00	2017.1	APP/二维码
9	★建筑工程计量与计价实训(第三版)	978-7-301-25345-8	肖明和等	29.00	2015.7	
	基础课程					
1	建设法规及相关知识	978-7-301-22748-0	唐茂华等	34.00	2013.9	PPT
2	建筑工程法规实务(第二版)	978-7-301-26188-0	杨陈慧等	49.50	2017.6	PPT
3	建筑法规	978-7301-19371-6	董　伟等	39.00	2011.9	PPT
4	建设工程法规	978-7-301-20912-7	王先恕	32.00	2012.7	PPT
5	AutoCAD 建筑绘图教程(第二版)	978-7-301-24540-8	唐英敏等	44.00	2014.7	PPT
6	建筑 CAD 项目教程(2010 版)	978-7-301-20979-0	郭　慧	38.00	2012.9	素材
7	建筑工程专业英语(第二版)	978-7-301-26597-0	吴承霞	24.00	2016.2	PPT
8	建筑工程专业英语	978-7-301-20003-2	韩　薇等	24.00	2012.2	PPT
9	建筑识图与构造(第二版)	978-7-301-23774-8	郑贵超	40.00	2014.2	PPT/答案
10	房屋建筑构造	978-7-301-19883-4	李少红	26.00	2012.1	PPT
11	建筑识图	978-7-301-21893-8	邓志勇等	35.00	2013.1	PPT
12	建筑识图与房屋构造	978-7-301-22860-9	贠　禄等	54.00	2013.9	PPT/答案
13	建筑构造与设计	978-7-301-23506-5	陈玉萍	38.00	2014.1	PPT/答案
14	房屋建筑构造	978-7-301-23588-1	李元玲等	45.00	2014.1	PPT
15	房屋建筑构造习题集	978-7-301-26005-0	李元玲	26.00	2015.8	PPT/答案
16	建筑构造与施工图识读	978-7-301-24470-8	南学平	52.00	2014.8	PPT
17	建筑工程识图实训教程	978-7-301-26057-9	孙　伟	32.00	2015.12	PPT
18	◎建筑工程制图(第二版)(附习题册)	978-7-301-21120-5	肖明和	48.00	2012.8	PPT
19	建筑制图与识图(第二版)	978-7-301-24386-2	曹雪梅	38.00	2015.8	PPT
20	建筑制图与识图习题册	978-7-301-18652-7	曹雪梅等	30.00	2011.4	
21	建筑制图与识图(第二版)	978-7-301-25834-7	李元玲	32.00	2016.9	PPT
22	建筑制图与识图习题集	978-7-301-20425-2	李元玲	24.00	2012.3	PPT
23	新编建筑工程制图	978-7-301-21140-3	方筱松	30.00	2012.8	PPT
24	新编建筑工程制图习题集	978-7-301-16834-9	方筱松	22.00	2012.8	
	建筑施工类					
1	建筑工程测量	978-7-301-16727-4	赵景利	30.00	2010.2	PPT/答案
2	建筑工程测量实训(第二版)	978-7-301-24833-1	杨凤华	34.00	2015.3	答案
3	建筑工程测量	978-7-301-19992-3	潘益民	38.00	2012.2	PPT
4	建筑工程测量	978-7-301-28757-6	赵　昕	50.00	2018.1	PPT/二维码
5	建筑工程测量	978-7-301-22485-4	景　铎等	34.00	2013.6	PPT
6	建筑施工技术	978-7-301-16726-7	叶　雯等	44.00	2010.8	PPT/素材
7	建筑施工技术	978-7-301-19997-8	苏小梅	38.00	2012.1	PPT
8	基础工程施工	978-7-301-20917-2	董　伟等	35.00	2012.7	PPT
9	建筑施工技术实训(第二版)	978-7-301-24368-8	周晓龙	30.00	2014.7	
10	PKPM 软件的应用(第二版)	978-7-301-22625-4	王　娜等	34.00	2013.6	
11	◎建筑结构(第二版)(上册)	978-7-301-21106-9	徐锡权	41.00	2013.4	PPT/答案
12	◎建筑结构(第二版)(下册)	978-7-301-22584-4	徐锡权	42.00	2013.6	PPT/答案

序号	书　名	书　号	编著者	定价	出版时间	配套情况
13	建筑结构学习指导与技能训练(上册)	978-7-301-25929-0	徐锡权	28.00	2015.8	PPT
14	建筑结构学习指导与技能训练(下册)	978-7-301-25933-7	徐锡权	28.00	2015.8	PPT
15	建筑结构(第二版)	978-7-301-25832-3	唐春平等	48.00	2018.6	PPT
16	建筑结构基础	978-7-301-21125-0	王中发	36.00	2012.8	PPT
17	建筑结构原理及应用	978-7-301-18732-6	史美东	45.00	2012.8	PPT
18	建筑结构与识图	978-7-301-26935-0	相秉志	37.00	2016.2	
19	建筑力学与结构	978-7-301-20988-2	陈水广	32.00	2012.8	PPT
20	建筑力学与结构	978-7-301-23348-1	杨丽君等	44.00	2014.1	PPT
21	建筑结构与施工图	978-7-301-22188-4	朱希文等	35.00	2013.3	PPT
22	建筑材料(第二版)	978-7-301-24633-7	林祖宏	35.00	2014.8	PPT
23	建筑材料与检测(第二版)	978-7-301-26550-5	王　辉	40.00	2016.1	PPT
24	建筑材料与检测试验指导(第二版)	978-7-301-28471-1	王　辉	23.00	2017.7	PPT
25	建筑材料选择与应用	978-7-301-21948-5	申淑荣等	39.00	2013.3	PPT
26	建筑材料检测实训	978-7-301-22317-8	申淑荣等	24.00	2013.4	
27	建筑材料	978-7-301-24208-7	任晓菲	40.00	2014.7	PPT/答案
28	建筑材料检测试验指导	978-7-301-24782-2	陈东佐等	20.00	2014.9	PPT
29	◎地基与基础(第二版)	978-7-301-23304-7	肖明和等	42.00	2013.11	PPT/答案
30	地基与基础实训	978-7-301-23174-6	肖明和等	25.00	2013.10	PPT
31	土力学与地基基础	978-7-301-23675-8	叶火炎等	35.00	2014.1	PPT
32	土力学与基础工程	978-7-301-23590-4	宁培淋等	32.00	2014.1	PPT
33	土力学与地基基础	978-7-301-25525-4	陈东佐	45.00	2015.2	PPT/答案
34	建筑施工组织与进度控制	978-7-301-21223-3	张廷瑞	36.00	2012.9	PPT
35	建筑施工组织项目式教程	978-7-301-19901-5	杨红玉	44.00	2012.1	PPT/答案
36	钢筋混凝土工程施工与组织	978-7-301-19587-1	高　雁	32.00	2012.5	PPT
37	建筑施工工艺	978-7-301-24687-0	李源清等	49.50	2015.1	PPT/答案
		工程管理类				
1	建筑工程经济	978-7-301-24346-6	刘晓丽等	38.00	2014.7	PPT/答案
2	建筑工程项目管理(第二版)	978-7-301-26944-2	范红岩等	42.00	2016. 3	PPT
3	建设工程项目管理(第二版)	978-7-301-28235-9	冯松山等	45.00	2017.6	PPT
4	建筑施工组织与管理(第二版)	978-7-301-22149-5	翟丽旻等	43.00	2013.4	PPT/答案
5	建设工程合同管理	978-7-301-22612-4	刘庭江	46.00	2013.6	PPT/答案
6	建筑工程招投标与合同管理	978-7-301-16802-8	程超胜	30.00	2012.9	PPT
7	工程招投标与合同管理实务	978-7-301-19035-7	杨甲奇等	48.00	2011.8	ppt
8	工程招投标与合同管理实务	978-7-301-19290-0	郑文新等	43.00	2011.8	ppt
9	建设工程招投标与合同管理实务	978-7-301-20404-7	杨云会等	42.00	2012.4	PPT/答案/习题
10	工程招投标与合同管理	978-7-301-17455-5	文新平	37.00	2012.9	PPT
11	建筑工程安全管理(第 2 版)	978-7-301-25480-6	宋　健等	42.00	2015.8	PPT/答案
12	施工项目质量与安全管理	978-7-301-21275-2	钟汉华	45.00	2012.10	PPT/答案
13	工程造价控制(第 2 版)	978-7-301-24594-1	斯　庆	32.00	2014.8	PPT/答案
14	工程造价管理(第二版)	978-7-301-27050-9	徐锡权等	44.00	2016.5	PPT
15	建筑工程造价管理	978-7-301-20360-6	柴　琦等	27.00	2012.3	PPT
16	工程造价管理(第 2 版)	978-7-301-28269-4	曾　浩等	38.00	2017.5	PPT/答案
17	工程造价案例分析	978-7-301-22985-9	甄　凤	30.00	2013.8	PPT
18	建设工程造价控制与管理	978-7-301-24273-5	胡芳珍等	38.00	2014.6	PPT/答案
19	◎建筑工程造价	978-7-301-21892-1	孙咏梅	40.00	2013.2	PPT
20	建筑工程计量与计价	978-7-301-26570-3	杨建林	46.00	2016.1	PPT
21	建筑工程计量与计价综合实训	978-7-301-23568-3	龚小兰	28.00	2014.1	
22	建筑工程估价	978-7-301-22802-9	张　英	43.00	2013.8	PPT
23	安装工程计量与计价综合实训	978-7-301-23294-1	成春燕	49.00	2013.10	素材
24	建筑安装工程计量与计价	978-7-301-26004-3	景巧玲等	56.00	2016.1	PPT
25	建筑安装工程计量与计价实训(第二版)	978-7-301-25683-1	景巧玲等	36.00	2015.7	
26	建筑水电安装工程计量与计价(第二版)	978-7-301-26329-7	陈连姝	51.00	2016.1	PPT
27	建筑与装饰装修工程工程量清单(第二版)	978-7-301-25753-1	翟丽旻等	36.00	2015.5	PPT
28	建筑工程清单编制	978-7-301-19387-7	叶晓容	24.00	2011.8	PPT
29	建设项目评估(第二版)	978-7-301-28708-8	高志云等	38.00	2017.9	PPT
30	钢筋工程清单编制	978-7-301-20114-5	贾莲英	36.00	2012.2	PPT
31	建筑装饰工程预算(第二版)	978-7-301-25801-9	范菊雨	44.00	2015.7	PPT
32	建筑装饰工程计量与计价	978-7-301-20055-1	李茂英	42.00	2012.2	PPT

序号	书　　名	书　　号	编著者	定价	出版时间	配套情况
33	建筑工程安全技术与管理实务	978-7-301-21187-8	沈万岳	48.00	2012.9	PPT
	建筑设计类					
1	建筑装饰CAD项目教程	978-7-301-20950-9	郭　慧	35.00	2013.1	PPT/素材
2	建筑设计基础	978-7-301-25961-0	周圆圆	42.00	2015.7	
3	室内设计基础	978-7-301-15613-1	李书青	32.00	2009.8	PPT
4	建筑装饰材料(第二版)	978-7-301-22356-7	焦　涛等	34.00	2013.5	PPT
5	设计构成	978-7-301-15504-2	戴碧锋	30.00	2009.8	PPT
6	设计色彩	978-7-301-21211-0	龙黎黎	46.00	2012.9	PPT
7	设计素描	978-7-301-22391-8	司马金桃	29.00	2013.4	PPT
8	建筑素描表现与创意	978-7-301-15541-7	于修国	25.00	2009.8	
9	3ds Max效果图制作	978-7-301-22870-8	刘　晗等	45.00	2013.7	PPT
10	Photoshop效果图后期制作	978-7-301-16073-2	脱忠伟等	52.00	2011.1	素材
11	3ds Max & V-Ray建筑设计表现案例教程	978-7-301-25093-8	郑恩峰	40.00	2014.12	PPT
12	建筑表现技法	978-7-301-19216-0	张　峰	32.00	2011.8	PPT
13	装饰施工读图与识图	978-7-301-19991-6	杨丽君	33.00	2012.5	PPT
14	构成设计	978-7-301-24130-1	耿雪莉	49.00	2014.6	PPT
15	装饰材料与施工(第2版)	978-7-301-25049-5	宋志春	41.00	2015.6	PPT
	规划园林类					
1	居住区景观设计	978-7-301-20587-7	张群成	47.00	2012.5	PPT
2	园林植物识别与应用	978-7-301-17485-2	潘　利等	34.00	2012.9	PPT
3	园林工程施工组织管理	978-7-301-22364-2	潘　利等	35.00	2013.4	PPT
4	园林景观计算机辅助设计	978-7-301-24500-2	于化强等	48.00	2014.8	PPT
5	建筑·园林·装饰设计初步	978-7-301-24575-0	王金贵	38.00	2014.10	PPT
	房地产类					
1	房地产开发与经营(第2版)	978-7-301-23084-8	张建中等	33.00	2013.9	PPT/答案
2	房地产估价(第2版)	978-7-301-22945-3	张　勇等	35.00	2013.9	PPT/答案
3	房地产估价理论与实务	978-7-301-19327-3	褚菁晶	35.00	2011.8	PPT/答案
4	物业管理理论与实务	978-7-301-19354-9	裴艳慧	52.00	2011.9	PPT
5	房地产营销与策划	978-7-301-18731-9	应佐萍	42.00	2012.8	PPT
6	房地产投资分析与实务	978-7-301-24832-4	高志云	35.00	2014.9	PPT
7	物业管理实务	978-7-301-27163-6	胡大见	44.00	2016.6	
	市政与路桥					
1	市政工程施工图案例图集	978-7-301-24824-9	陈亿琳	43.00	2015.3	PDF
2	市政工程计价	978-7-301-22117-4	彭以舟等	39.00	2013.3	PPT
3	市政桥梁工程	978-7-301-16688-8	刘　江等	42.00	2010.8	PPT/素材
4	市政工程材料	978-7-301-22452-6	郑晓国	37.00	2013.5	PPT
5	路基路面工程	978-7-301-19299-3	偶昌宝等	34.00	2011.8	PPT/素材
6	道路工程技术	978-7-301-19363-1	刘　雨等	33.00	2011.12	PPT
7	城市道路设计与施工	978-7-301-21947-8	吴颖峰	39.00	2013.1	PPT
8	建筑给排水工程技术	978-7-301-25224-6	刘　芳等	46.00	2014.12	PPT
9	建筑给水排水工程	978-7-301-20047-6	叶巧云	38.00	2012.2	PPT
10	数字测图技术	978-7-301-22656-8	赵　红	36.00	2013.6	PPT
11	数字测图技术实训指导	978-7-301-22679-7	赵　红	27.00	2013.6	PPT
12	道路工程测量(含技能训练手册)	978-7-301-21967-6	田树涛等	45.00	2013.2	PPT
13	道路工程识图与AutoCAD	978-7-301-26210-8	王容玲等	35.00	2016.1	PPT
	交通运输类					
1	桥梁施工与维护	978-7-301-23834-9	梁　斌	50.00	2014.2	PPT
2	铁路轨道施工与维护	978-7-301-23524-9	梁　斌	36.00	2014.1	PPT
3	铁路轨道构造	978-7-301-23153-1	梁　斌	32.00	2013.10	PPT
4	城市公共交通运营管理	978-7-301-24108-0	张洪满	40.00	2014.5	PPT
5	城市轨道交通车站行车工作	978-7-301-24210-0	操　杰	31.00	2014.7	PPT
6	公路运输计划与调度实训教程	978-7-301-24503-3	高福军	31.00	2014.7	PPT/答案
	建筑设备类					
1	建筑设备识图与施工工艺(第2版)	978-7-301-25254-3	周业梅	44.00	2015.12	PPT
2	水泵与水泵站技术	978-7-301-22510-3	刘振华	40.00	2013.5	PPT
3	智能建筑环境设备自动化	978-7-301-21090-1	余志强	40.00	2012.8	PPT
4	流体力学及泵与风机	978-7-301-25279-6	王　宁等	35.00	2015.1	PPT/答案

注：为"互联网+"创新规划教材；★为"十二五"职业教育国家规划教材；◎为国家级、省级精品课程配套教材，省重点教材。如需相关教学资源如电子课件、习题答案、样书等可联系我们获取。联系方式：010-62756290，010-62750667，pup_6@163.com，欢迎来电咨询。